联邦学习实战
Practicing Federated Learning

杨 强　黄安埠　刘 洋　陈天健　著

电子工业出版社
Publishing House of Electronics Industry
北京·BEIJING

内容简介

数据孤岛和隐私保护已经成为制约人工智能发展的关键因素。联邦学习作为一种新型的隐私保护计算方案，在数据不出本地的前提下，能有效联合各参与方联合建模，从而实现"共同富裕"，成为当下人工智能领域备受关注的热点。

本书以实战为主（包括对应用案例的深入讲解和代码分析），兼顾对理论知识的系统总结。全书由五部分共 19 章构成。第一部分简要介绍了联邦学习的理论知识；第二部分介绍如何使用 Python 和 FATE 进行简单的联邦学习建模；第三部分是联邦学习的案例分析，筛选了经典案例进行讲解，部分案例用 Python 代码实现，部分案例采用 FATE 实现；第四部分主要介绍和联邦学习相关的高级知识点，包括联邦学习的架构和训练的加速方法等；第五部分是回顾与展望。

本书适合对联邦学习和隐私保护感兴趣的高校研究者、企业研发人员阅读。

未经许可，不得以任何方式复制或抄袭本书之部分或全部内容。

版权所有，侵权必究。

图书在版编目 (CIP) 数据

联邦学习实战 / 杨强等著． -- 北京 ：电子工业出版社，2021.5
ISBN 978-7-121-40792-5

Ⅰ．①联… Ⅱ．①杨… Ⅲ．①机器学习 Ⅳ．① TP181

中国版本图书馆 CIP 数据核字（2021）第 046758 号

责任编辑：刘皎
印　　刷：中国电影出版社印刷厂
装　　订：中国电影出版社印刷厂
出版发行：电子工业出版社
　　　　　北京市海淀区万寿路 173 信箱　邮编：100036
开　　本：787×980　1/16　　印张：21.25　　字数：411 千字
版　　次：2021 年 5 月第 1 版
印　　次：2022 年 6 月第 3 次印刷
定　　价：119.00 元

凡所购买电子工业出版社图书有缺损问题，请向购买书店调换。若书店售缺，请与本社发行部联系，联系及邮购电话：(010) 88254888，88258888。

质量投诉请发邮件至 zlts@phei.com.cn，盗版侵权举报请发邮件至 dbqq@phei.com.cn。

本书咨询联系方式：010-51260888-819，faq@phei.com.cn。

致 谢

为完成本书的撰写，一群非常敬业的学者和工程师付出了巨大的努力。除了在本书封面署名的作者，许多博士研究生、研究人员和研究伙伴为本书的写作和编辑做出了贡献。我们衷心地感谢以下人士：

- 感谢程勇协助撰写第 1 章、第 2 章、第 16 章和第 17 章。
- 感谢新加坡南洋理工大学于涵老师协助撰写第 13 章和第 14 章。
- 感谢衣志昊协助撰写第 11 章。
- 感谢鞠策、魏锡光协助撰写第 12 章。
- 感谢骆家焕提供第 10 章的代码实现。
- 感谢 FATE 工程团队提供 FATE 实验环境。
- 感谢微众银行 AI 营销决策团队提供第 9 章的代码实现。
- 感谢电子工业出版社的编辑对书稿进行细致编辑和校对。

最后，感谢我们的家人对本书撰写工作的支持和理解。

Preface 前 言

人工智能和大数据技术使我们对未来的社会产生了很多期待，但同时这些高端技术的发展瓶颈也越来越清晰。我们知道，AI 的力量来自大数据，但我们在日常工作和生活中所面临的实际场景往往只有小数据。在法律这个应用领域，获取一个完整的案例样本往往需要很多的时间和资源：每一个案子的处理要经过很多步骤，从立案到结案可能需要几年的时间；毫无疑问，如此积累起来的完整案件样本数量非常少。金融领域也是如此，比如积累的洗钱案例数量可能非常有限，在风控建模中，如果把反洗钱案例看成正样例，那么这样的正样例数据非常珍贵。在医疗领域，CT 胸片的自动检验和诊断需要专业医生来标注数据，但医生的时间十分宝贵，因此对于罕见疾病，能获得的病例数据更是少之又少。这些例子说明，在现实中能获取的往往是小数据。如果把这个情况延展开来，我们会看到，在人工智能的主战场，如无人车、智能终端等，每一台设备上的数据也是有限的，每一个数据集都不足以建立可用的机器学习模型。

那么，我们可不可以把这些数据汇聚起来形成大数据呢？长久以来，工业界聚集大数据的办法就是在云端上传众多终端的数据集，形成大数据。我们熟知的包括图像训练数据集如 ImageNet，语音训练数据集如 Common Voice，自然语言训练数据集如 bAbi 等。应该说，用这种方式获取的大数据为人工智能的发展开创了很好的先例。

但是，现代社会不仅要有强大的技术，同时对技术的社会责任也有严格的限定。随着人工智能和大数据技术的不断发展，社会和政府也对数据的权益和保护有了逐步完善的监管法律法规。例如，欧盟在 2018 年施行了《通用数据保护条例》(General Data Protection Regulation，简称 GDPR)，我国对数据的保护也日趋完善，从国家机关到地方政府，各行各业的数据隐私保护立法日趋完善。所以，一方面人工智能和大数据技术为人类的发展提供了光明的前景和技术保障；另一方面，人类自身的权益保护又限制了数据按照粗放方式进行简单的汇聚。那么，如何在这两者之间找到平衡点，继续推动技术向前发展呢？

在这里，我们给大家讲一个小故事。2018 年，本书的作者之一杨强教授在瑞典举办的国际人工智能大会（IJCAI）上遇到了瑞典的一位工业部长，进行了一些问答交流。对于 GDPR 会不会限制欧洲人工智能的成长这一问题，这位部长的回答是：虽然看上去 GDPR 会限制人工智能的发展，但是他希望欧洲公司有提出一些满足 GDPR 的人工智能方案的理想。今天看来，这个想法是非常好的，因为如果真的做到了，人工智能的技术就能够螺旋式上升，掌握这一技术的人就可以走在世界的前列。

我们看到，随着数字经济的发展，数字经济也演变成"数据经济"，其特点是数据本身成为了重要的生产要素，而数据的交易和流通要满足数据监管及保护数据隐私的要求。这个趋势在全世界范围内将形成一个新的数据化潮流，因为不管是政府还是社会，人们对数据隐私的安全保护都是非常在意的。今天，一项新技术正在中国蓬勃发展，这项技术就是联邦学习。

联邦学习的技术产生于上述的社会和法律背景下。联邦学习的目的是，不管在面对单个消费者的 to C 场景，还是面对企业或机构的 to B 场景，都希望各自的数据可以不出本地，数据集不为其他人所有，保护用户隐私和数据权益。在这一要求下，数据的价值可以同时得到充分体现。机器学习模型在极小损失的前提下，能够达到和传统数据汇聚几乎一样的效果，并且这个模型能够为所有参与者使用。

不久前，本书的作者团队出版了世界第一本联邦学习的书籍，包括中文和英文版。在该书中，我们做了一个形象的比喻来描述联邦学习的思想：把联邦学习训练模型的过程类比成喂养一只羊。过去的做法是把草放到羊圈里喂养，就像把数据聚合到中心服务器来建立机器学习模型。但出于隐私利益的考虑，草不能离开本地。为了满足这一要求，且让羊持续得到喂养，我们可以带着羊去访问各个草场，同时保证在这个过程中不泄露隐私。这样，羊可以长大，隐私也可以受到保护。

联邦学习就是采用上面这种分布式隐私计算的思想：在多方合作建模过程中，各方不交换原始数据；在建立模型的过程中，各方可以交换加密后的参数，以保护用户隐私。这就需要我们做几个层面的研究和工程实现，包括分布式建模、安全合规、抵御攻击、网络设计、计算效率、加密算法、边缘计算、生态建设和激励机制等。所以，联邦学习是一个多学科交融的领域，也特别适合跨学科研究。

关于联邦学习，我们常说的有两句话。第一句话是"数据不动模型动"，这是联邦学习的核心，让模型在不同机构之间、端和云之间进行沟通交流。它产生的效果是什么？就是第二句话——"数据可用不可见"。这里所说的不可见，是别人看不见你的数据，你也看不见别人的数据，即数据和模型都保留在本地，建模的过程也保证了数据的安全。

本书在阐述联邦学习原理的同时，着重描述了联邦学习的落地应用实践，以联邦学习开源平台 FATE 为基础，涵盖多个领域。既可以为工业实践者提供很好的应用案例，也可以手把手地为初学者引路。读者可以在粗通人工智能及机器学习基本知识的前提下，在本书指引下深入了解人工智能项目落地实践的过程。

总之，我们建立的人工智能体系离不开人的因素，而保护人的隐私是当下人工智能发展中特别重要的一个方面。这也是从政府到个人、企业及社会的要求。另外，人工智能的发展也需要保护模型的安全，保证用户的隐私不被泄露，使用户的权益得到保障。我们衷心希望读者朋友们能够从本书中窥见人工智能的未来，并动手建立负责任的、可信赖的、安全的人工智能和大数据的社会。

本书的部分案例章节有对应的代码实现，读者可以在 GitHub 网站上查找本书配套的资源。其中，第 3 章、第 10 章和第 15 章的案例使用了 Python 实现；第 4 章、第 5 章、第 8 章和第 9 章的案例使用了联邦学习平台 FATE 实现；第 11 章、第 12 章和第 13 章是实际的落地案例，由于签署了保密协议，我们不会对外公开这部分的代码细节。书中所涉链接，读者可以扫封底二维码获取。

基于本书和《联邦学习》一书的内容，本书作者杨强教授、刘洋老师在香港科技大学开设世界上首批"联邦学习"的全日制研究生课程（2021 年春季学期启动）。相关教学资源（链接 0-1），包括视频、课件等，已部分对外开放。

联邦学习目前正处在高速发展的阶段：一方面，联邦学习的理论知识仍在不断完善和丰富；另一方面，随着联邦学习的应用越来越广泛，很多新的挑战和新的解决方案也会陆续产生。因此，虽然本书力求在理论和实践上都能兼顾最新的发展趋势，但难免有遗漏或者不完善的地方。欢迎读者提出宝贵意见，帮助我们不断完善本书的内容。

杨强，黄安埠，刘洋，陈天健
2021 年 3 月，中国，深圳

Contents 目 录

第一部分 联邦学习基础

第 1 章 联邦学习概述 /3
1.1 数据资产的重要性 /4
1.2 联邦学习提出的背景 /5
1.3 联邦学习的定义 /7
1.4 联邦学习的分类 /10
1.5 联邦学习算法现状 /12

第 2 章 联邦学习的安全机制 /15
2.1 基于同态加密的安全机制 /16
  2.1.1 同态加密的定义 /16
  2.1.2 同态加密的分类 /18
2.2 基于差分隐私的安全机制 /20
  2.2.1 差分隐私的定义 /20
  2.2.2 差分隐私的实现机制 /23
2.3 基于安全多方计算的安全机制 /26
  2.3.1 秘密共享 /26
  2.3.2 不经意传输 /28
  2.3.3 混淆电路 /29
2.4 安全机制的性能效率对比 /30
2.5 基于 Python 的安全计算库 /31

第二部分 联邦学习快速入门

第 3 章 用 Python 从零实现横向联邦图像分类 /35
- 3.1 环境配置 /36
- 3.2 PyTorch 基础 /37
  - 3.2.1 创建 Tensor /37
  - 3.2.2 Tensor 与 Python 数据结构的转换 /38
  - 3.2.3 数据操作 /39
  - 3.2.4 自动求导 /40
- 3.3 用 Python 实现横向联邦图像分类 /41
  - 3.3.1 配置信息 /41
  - 3.3.2 训练数据集 /42
  - 3.3.3 服务端 /43
  - 3.3.4 客户端 /45
  - 3.3.5 整合 /46
- 3.4 联邦训练的模型效果 /47
  - 3.4.1 联邦训练与集中式训练的效果对比 /47
  - 3.4.2 联邦模型与单点训练模型的对比 /48

第 4 章 微众银行 FATE 平台 /51
- 4.1 FATE 平台架构概述 /52
- 4.2 FATE 安装与部署 /53
  - 4.2.1 单机部署 /53
  - 4.2.2 集群部署 /54
  - 4.2.3 KubeFATE 部署 /55
- 4.3 FATE 编程范式 /55
- 4.4 FATE 应用案例 /57

第 5 章 用 FATE 从零实现横向逻辑回归 /59
- 5.1 数据集的获取与描述 /60
- 5.2 逻辑回归 /60

5.3　横向数据集切分　　　　　　　　　　　　　　/61
5.4　横向联邦模型训练　　　　　　　　　　　　　/62
　　5.4.1　数据输入　　　　　　　　　　　　　　/63
　　5.4.2　模型训练　　　　　　　　　　　　　　/65
　　5.4.3　模型评估　　　　　　　　　　　　　　/67
5.5　多参与方环境配置　　　　　　　　　　　　　/71

第 6 章　用 FATE 从零实现纵向线性回归　　　　/73

6.1　数据集的获取与描述　　　　　　　　　　　　/74
6.2　纵向数据集切分　　　　　　　　　　　　　　/74
6.3　纵向联邦训练　　　　　　　　　　　　　　　/76
　　6.3.1　数据输入　　　　　　　　　　　　　　/76
　　6.3.2　样本对齐　　　　　　　　　　　　　　/78
　　6.3.3　模型训练　　　　　　　　　　　　　　/78
　　6.3.4　模型评估　　　　　　　　　　　　　　/81

第 7 章　联邦学习实战资源　　　　　　　　　　/85

7.1　FATE 帮助文档　　　　　　　　　　　　　　/86
7.2　本书配套的代码　　　　　　　　　　　　　　/86
7.3　其他联邦学习平台　　　　　　　　　　　　　/86
　　7.3.1　TensorFlow-Federated　　　　　　　　/86
　　7.3.2　OpenMined PySyft　　　　　　　　　　/87
　　7.3.3　NVIDIA Clara 联邦学习平台　　　　　　/88
　　7.3.4　百度 PaddleFL　　　　　　　　　　　　/89
　　7.3.5　腾讯 AngelFL　　　　　　　　　　　　/90
　　7.3.6　同盾知识联邦平台　　　　　　　　　　/90

第三部分　联邦学习案例实战详解

第 8 章　联邦学习在金融保险领域的应用案例　/95
8.1　概述　/96
8.2　基于纵向联邦学习的保险个性化定价案例　/97
  8.2.1　案例描述　/97
  8.2.2　保险个性化定价的纵向联邦建模　/98
  8.2.3　效果对比　/102
8.3　基于横向联邦的银行间反洗钱模型案例　/103
  8.3.1　案例描述　/103
  8.3.2　反洗钱模型的横向联邦建模　/104
  8.3.3　效果对比　/105
8.4　金融领域的联邦建模难点　/106
  8.4.1　数据不平衡　/106
  8.4.2　可解析性　/107

第 9 章　联邦个性化推荐案例　/109
9.1　传统的集中式个性化推荐　/110
  9.1.1　矩阵分解　/110
  9.1.2　因子分解机　/112
9.2　联邦矩阵分解　/114
  9.2.1　算法详解　/114
  9.2.2　详细实现　/116
9.3　联邦因子分解机　/119
  9.3.1　算法详解　/119
  9.3.2　详细实现　/122
9.4　其他联邦推荐算法　/126
9.5　联邦推荐云服务使用　/127

第 10 章　联邦学习视觉案例　/129
10.1　概述　/130

10.2　案例描述　/131
10.3　目标检测算法概述　/131
  10.3.1　边界框与锚框　/132
  10.3.2　交并比　/133
  10.3.3　基于候选区域的目标检测算法　/133
  10.3.4　单阶段目标检测　/134
10.4　基于联邦学习的目标检测网络　/136
  10.4.1　动机　/136
  10.4.2　FedVision-联邦视觉产品　/137
10.5　方法实现　/138
  10.5.1　Flask-SocketIO 基础　/138
  10.5.2　服务端设计　/141
  10.5.3　客户端设计　/143
  10.5.4　模型和数据集　/145
  10.5.5　性能分析　/146

第 11 章　联邦学习在智能物联网中的应用案例　/149

11.1　案例的背景与动机　/150
11.2　历史数据分析　/152
11.3　出行时间预测模型　/153
  11.3.1　问题定义　/153
  11.3.2　构造训练数据集　/154
  11.3.3　模型结构　/155
11.4　联邦学习实现　/156
  11.4.1　服务端设计　/157
  11.4.2　客户端设计　/158
  11.4.3　性能分析　/159

第 12 章　联邦学习医疗健康应用案例　/161

12.1　医疗健康数据概述　/162
12.2　联邦医疗大数据与脑卒中预测　/164
  12.2.1　脑卒中预测案例概述　/164

12.2.2　联邦数据预处理　　　　　　　　　　　/164
12.2.3　联邦学习脑卒中预测系统　　　　　　/165
12.3　联邦学习在医疗影像中的应用　　　　　　　/169
12.3.1　肺结节案例描述　　　　　　　　　　/170
12.3.2　数据概述　　　　　　　　　　　　　/170
12.3.3　模型设计　　　　　　　　　　　　　/171
12.3.4　联邦学习的效果　　　　　　　　　　/173

第 13 章　联邦学习智能用工案例　　　　　　/175

13.1　智能用工简介　　　　　　　　　　　　　　/176
13.2　智能用工平台　　　　　　　　　　　　　　/176
13.2.1　智能用工的架构设计　　　　　　　　/176
13.2.2　智能用工的算法设计　　　　　　　　/177
13.3　利用横向联邦提升智能用工模型　　　　　　/180
13.4　设计联邦激励机制，提升联邦学习系统的可持续性　/180
13.4.1　FedGame 系统架构　　　　　　　　　/181
13.4.2　FedGame 设计原理　　　　　　　　　/182
13.5　系统设置　　　　　　　　　　　　　　　　/183

第 14 章　构建公平的大数据交易市场　　　　/185

14.1　大数据交易　　　　　　　　　　　　　　　/187
14.1.1　数据交易的定义　　　　　　　　　　/187
14.1.2　数据确权　　　　　　　　　　　　　/188
14.1.3　数据定价　　　　　　　　　　　　　/189
14.2　基于联邦学习构建新一代大数据交易市场　　/189
14.3　联邦学习激励机制助力数据交易　　　　　　/190
14.4　联邦学习激励机制的问题描述　　　　　　　/191
14.5　FedCoin 支付系统设计　　　　　　　　　　/192
14.5.1　PoSap 共识算法　　　　　　　　　　/193
14.5.2　支付方案　　　　　　　　　　　　　/197
14.6　FedCoin 的安全分析　　　　　　　　　　　/198
14.7　实例演示　　　　　　　　　　　　　　　　/199

14.7.1　演示系统的实现　　　　　　　　　　/199
　　14.7.2　效果展示　　　　　　　　　　　　　/200

第 15 章　联邦学习攻防实战　　　　　　　　　/203
15.1　后门攻击　　　　　　　　　　　　　　　　/204
　　15.1.1　问题定义　　　　　　　　　　　　　/204
　　15.1.2　后门攻击策略　　　　　　　　　　　/205
　　15.1.3　详细实现　　　　　　　　　　　　　/207
15.2　差分隐私　　　　　　　　　　　　　　　　/210
　　15.2.1　集中式差分隐私　　　　　　　　　　/211
　　15.2.2　联邦差分隐私　　　　　　　　　　　/213
　　15.2.3　详细实现　　　　　　　　　　　　　/215
15.3　模型压缩　　　　　　　　　　　　　　　　/217
　　15.3.1　参数稀疏化　　　　　　　　　　　　/217
　　15.3.2　按层敏感度传输　　　　　　　　　　/219
15.4　同态加密　　　　　　　　　　　　　　　　/222
　　15.4.1　Paillier 半同态加密算法　　　　　　　/222
　　15.4.2　加密损失函数计算　　　　　　　　　/222
　　15.4.3　详细实现　　　　　　　　　　　　　/224

第四部分　联邦学习进阶

第 16 章　联邦学习系统的通信机制　　　　　　/231
16.1　联邦学习系统架构　　　　　　　　　　　　/232
　　16.1.1　客户–服务器架构　　　　　　　　　　/232
　　16.1.2　对等网络架构　　　　　　　　　　　/233
　　16.1.3　环状架构　　　　　　　　　　　　　/234
16.2　网络通信协议简介　　　　　　　　　　　　/235
16.3　基于 socket 的通信机制　　　　　　　　　　/237
　　16.3.1　socket 介绍　　　　　　　　　　　　/237
　　16.3.2　基于 Python 内置 socket 库的实现　　/238

16.3.3　基于 Python-SocketIO 的实现　　　　　　　/239
16.3.4　基于 Flask-SocketIO 的实现　　　　　　　　/241
16.4　基于 RPC 的通信机制　　　　　　　　　　　　　/241
16.4.1　RPC 介绍　　　　　　　　　　　　　　　　/241
16.4.2　基于 gRPC 的实现　　　　　　　　　　　　/243
16.4.3　基于 ICE 的实现　　　　　　　　　　　　　/244
16.5　基于 RMI 的通信机制　　　　　　　　　　　　　/248
16.5.1　RMI 介绍　　　　　　　　　　　　　　　　/248
16.5.2　在 Python 环境下使用 RMI　　　　　　　　/249
16.6　基于 MPI 的通信机制　　　　　　　　　　　　　/249
16.6.1　MPI 简介　　　　　　　　　　　　　　　　/249
16.6.2　在 Python 环境下使用 MPI　　　　　　　　/249
16.7　本章小结　　　　　　　　　　　　　　　　　　　/250

第 17 章　联邦学习加速方法　　　　　　　　　　　　/251

17.1　同步参数更新的加速方法　　　　　　　　　　　　/252
17.1.1　增加通信间隔　　　　　　　　　　　　　　/253
17.1.2　减少传输内容　　　　　　　　　　　　　　/254
17.1.3　非对称的推送和获取　　　　　　　　　　　/256
17.1.4　计算和传输重叠　　　　　　　　　　　　　/256
17.2　异步参数更新的加速方法　　　　　　　　　　　　/257
17.3　基于模型集成的加速方法　　　　　　　　　　　　/258
17.3.1　One-Shot 联邦学习　　　　　　　　　　　　/258
17.3.2　基于学习的联邦模型集成　　　　　　　　　/260
17.4　硬件加速　　　　　　　　　　　　　　　　　　　/261
17.4.1　使用 GPU 加速计算　　　　　　　　　　　　/261
17.4.2　使用 FPGA 加速计算　　　　　　　　　　　/263
17.4.3　混合精度训练　　　　　　　　　　　　　　/264

第 18 章　联邦学习与其他前沿技术　　　　　　　　　/267

18.1　联邦学习与 Split Learning　　　　　　　　　　　/268
18.1.1　Split Learning 设计模式　　　　　　　　　　/268

18.1.2　Split Learning 与联邦学习的异同	/270
18.2　联邦学习与区块链	/271
18.2.1　区块链技术原理	/271
18.2.2　联邦学习与区块链的异同点	/275
18.3　联邦学习与边缘计算	/277
18.3.1　边缘计算综述	/277
18.3.2　联邦学习与边缘计算的异同点	/279

第五部分　回顾与展望

第 19 章　总结与展望	/285
19.1　联邦学习进展总结	/287
19.1.1　联邦学习标准建设	/287
19.1.2　理论研究总结	/288
19.1.3　落地应用进展总结	/290
19.2　未来展望	/292
19.2.1　联邦学习的可解析性	/293
19.2.2　联邦学习的安全性	/295
19.2.3　联邦学习的公平性激励机制	/296
19.2.4　联邦学习的模型收敛性和性能效率	/297
参考文献	/299

第一部分

联邦学习基础

CHAPTER 1
联邦学习概述

本章将介绍联邦学习的基本概念和相关知识,包括提出的背景、定义和分类等,让读者对联邦学习有一个初步认识。本章是综述性章节,如果读者想了解更全面的理论知识,推荐阅读《联邦学习》专著[284],以便对联邦学习有更深入的理解。

1.1 数据资产的重要性

随着算法的不断创新、训练数据的不断收集、硬件算力的不断增强，机器学习技术，特别是深度学习技术（Deep Learning，DL）在人工智能（Artificial Intelligence，AI）应用领域取得了巨大的成功[232, 279, 113]。例如，在图像识别领域，通过卷积网络实现的视觉算法在识别错误率上早已超越人类[128]；在自然语言处理领域，Google 在 2018 年提出的 BERT 算法[84]，刷新了自然语言处理的 11 项纪录；在推荐系统领域，YouTube[75]、Facebook[216]、Netflix[112] 等科技公司正在使用智能的推荐引擎，通过分析用户的历史数据，为用户推荐个性化的内容和商品，有效提升用户的黏性和留存率。

但我们也应该注意到，当前深度学习所取得的成功，无一不是建立在大量数据基础之上的[232, 279, 268]。图 1-1 展示了互联网数据中心（IDC）对当前互联网每年产生的数据总量的统计预测[79]，预计 2021 年全球将产生超过 50 ZB 的数据，到 2025 年更是将达到 175 ZB。

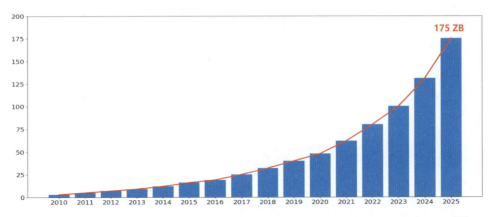

图 1-1　互联网数据中心（IDC）对互联网数据总量的预测（图片来源于 IDC 白皮书[79]）

在过去很长的一段时间里，数据的价值主要体现在作为一种"燃料"，为人工智能模型提供大量的样本训练数据，帮助提升模型的效果。但随着移动互联网的快速发展，数据的规模变得越来越庞大、复杂，数据的价值已经不再局限于训练数据，而是以资产的形式服务于企业，并给企业带来经济收益。

这种经济收益可以体现在两个方面：一方面是数据作用于产品或者业务，间接帮助提高产品的收益，比如各运营商或者社交网络服务商都拥有丰富的用户数据，因此可以基于用户的行为数据、位置信息等，为每个客户构建完善的用户画像，帮助企业深入了解客户行为偏好和需求；另一方面，数据直接与企业收益相关，比如各金融机构有用户的历史逾期数据,一个有效的对逾期客户的识别模型,能够大大降低金融机构的贷款风险,减少潜在的经济损失。数据的资产属性也催生了一种新的商品交易模式:大数据交易。我们将在第 14 章详细讲解基于联邦学习构建的大数据交易市场。

1.2 联邦学习提出的背景

正是因为数据具有资产的属性,政府、企业乃至个人,都越来越重视数据。但由于相互之间的竞争,各方的数据很难进行共享,导致数据呈现出割裂的状态,影响了极度依赖数据的人工智能的发展。为了满足日益增长的算法设计需要,越来越多的机构开始创建和开源大型的数据集项目。通过这些开源的数据集,一方面能够为深度学习算法设计提供重要的数据"燃料",另一方面提供了一个较为公平的算法对比基准。一个典型的案例是由斯坦福大学李飞飞团队主持的、用于视觉对象识别软件研究的大型图像数据库项目 ImageNet[82],它通过众包方式收集各类图像数据集。得益于 ImageNet 的开源数据,我们见证了卷积神经网络在最近 10 年的快速发展。

大型的数据集建设虽然对深度学习的发展起到了非常重要的作用,但在现实生活中,像 ImageNet 这样规模的数据量通过人工标注并众包上传是很困难、甚至是无法实现的。这主要是由于,在现实生活中能够获得的数据,要么规模较小,要么缺少重要信息(如缺少标签信息或者缺少部分特征数值)。这些数据通常不能直接使用,需要进行大量的预处理操作。例如,为了解决标签缺失的问题,需要聘请大量的专家来进行标注,但这一过程无疑非常费时。因此,要获取数量大且质量高的训练数据通常非常困难。

此外,人们对于用户隐私和数据安全的关注度也在不断提高。用户开始更加关注个人隐私信息的使用是否经过本人许可。许多互联网企业由于泄露用户数据而被重罚。2019 年 1 月,法国一家监管机构对 Google 罚款 5000 万欧元,指责 Google 在收集数据用于定向投放广告时在征得用户有效同意方面做得不够[5]。2019 年 10 月,爱尔兰数据保护委员会(Data Protection Commission)结束了针对 Facebook 旗下 WhatsApp 可能违反欧盟数据隐私规定的调查,Facebook 可能面临高达数十亿美元的罚款[11]。垃圾邮件制作者和不法数据交易也常常被曝光和处罚。这些现象使得即使在众包收集数据的前提下,公开用户个人数据也变得不可能(因为基于众包的方法不能标注带有用户隐私的数据,更不能暴露标注者个人信息)。

在法律法规层面,立法机构和监管机构正在考虑出台新的法律来规范数据的管理和使用。一个典型的例子便是 2018 年欧盟施行的《通用数据保护条例》(General Data Protection Regulation,GDPR)[27]。在美国,《加利福尼亚州消费者隐私法》(California

Consumer Privacy Act，CCPA）于 2020 年 1 月在加利福尼亚州正式生效[26]。此外，我国的《中华人民共和国民法通则》[1] 以及 2017 年开始实施的《中华人民共和国网络安全法》[3] 同样对数据的收集和处理提出了严格的约束和控制。有关这些数据保护法律和法规的更加深入的解析，读者可以参考 Federated Learning[284] 一书的附录 A。

由于前述各方面原因，使得我们过去使用的大数据正面临着严重的数据割裂问题，并呈现出"数据孤岛"的现状，导致在进行人工智能模型训练时无法有效利用各参与方的数据，阻碍了算法模型的效果提升。

为此，人们开始寻求一种方法，它不必将所有数据集中到一个中心存储点就能够训练机器学习模型。一种可行的方法就是：每一个拥有数据源的机构利用自身的数据单独训练一个模型，之后各机构的模型彼此之间进行交互，最终通过模型聚合得到一个全局模型。为了确保用户隐私和数据安全，各机构间交换模型信息的过程将会被精心设计，使得没有机构能够猜测到其他任何机构的隐私数据内容。同时，在构建全局模型时，其效果与数据源被整合在一起进行集中式训练的效果几乎一致，这便是联邦机器学习（Federated Machine Learning，FML）提出的动机和核心思想。

联邦学习强调的核心理念是：**数据不动模型动，数据可用不可见**。这可以保证数据在不出本地的前提下，各参与方之间协同构建训练模型。一方面，数据不出本地可以很好地保护用户的隐私和数据安全；另一方面，能充分利用各参与方的数据来协同训练模型。假如把机器学习模型比作羊，把训练数据比作草，传统的集中式（或中心化）训练方法需要到各个草场收集草来喂羊，这就像从不同的地方收集数据一样。如前所述，这种训练模式当前正面临包括法律法规层面在内的、越来越多的现实挑战，在未来将难以实现。联邦学习的出现，则提供了一种新的思路，就是可以把羊送到各个草场吃草，而草不出本地，就像联邦学习系统里的数据不出本地一样。羊吃了各个草场的草，可以逐渐长大，就像联邦模型在各参与方的数据集上都获得训练一样，模型效果变得越来越好，如图 1-2 所示。

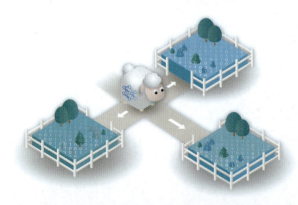

图 1-2 羊吃草与联邦学习，羊代表机器学习模型，不同的草场代表各自的训练数据[284]

1.3 联邦学习的定义

联邦学习是利用分散在各参与方的数据集,通过隐私保护技术融合多方数据信息,协同构建全局模型的一种分布式训练方式。在模型训练过程中,模型的相关信息(如模型参数、模型结构、参数梯度等)能够在各参与方之间交换(交换方式可以是明文、数据加密、添加噪声等),但本地训练数据不会离开本地。这一交换不会暴露本地的用户数据,降低了数据泄露的风险。训练好的联邦学习模型可以在各数据参与方之间共享和部署使用。

我们首先来回顾 *Federated Learning*[284] 中概括的、关于联邦学习描述的一些共同特征,这些特征也是当前所有联邦学习类型(包括横向联邦学习、纵向联邦学习[1]和联邦迁移学习)在进行算法设计、理论分析时都应遵循的原则和前提。这些共同的特征包括:

- 有两个(或以上)的联邦学习参与方协作构建一个共享的机器学习模型。每一个参与方都拥有若干各自希望能够用来训练模型的训练数据。
- 在联邦学习模型训练过程中,每一个参与方拥有的数据都不会离开该参与方,即数据不离开数据拥有者。
- 与模型相关的信息(如模型参数、模型结构、参数梯度等)能够以加密方式在各方之间传输和交换,并且需要任何一个参与方在接收到这些信息时都不能推测出其本地的原始数据。
- 联邦学习模型的性能要能够充分逼近理想模型(理想模型是指通过将所有训练数据集中在一起并训练获得的机器学习模型)的性能。
- 联邦学习模型的构建不影响客户端设备的正常使用,即客户端在本地训练的过程中,应能够保证该设备其他进程的正常运行(如控制 CPU 占用率、内存使用率等)。

下面给出联邦学习的定义。首先定义参与方和数据的变量符号。设当前有 N 位数据拥有者共同参与训练,记为 $\{\mathcal{F}_i\}_{i=1}^N$,他们各自拥有的训练数据集分别记为 $\{\mathcal{D}_i\}_{i=1}^N$。

传统的训练方法是将所有参与方的数据 $\{\mathcal{D}_i\}_{i=1}^N$ 收集起来,存储在中心服务器中,并在该服务器上使用集中后的数据集训练一个机器学习模型 $\mathcal{M}_{\text{SUM}}$。这种训练范式也被称为集中式训练(又称为中心化训练)。

---

[1] 为简洁起见,书中会视上下文情况将横向联邦学习、纵向联邦学习分别简述为横向联邦、纵向联邦,含义完全一样。

传统的训练方法需要每一个参与方 $\mathcal{F}_i$ 将自己的数据 $\mathcal{D}_i$ 上传至服务器，这样，所有参与方的数据都相互可见，更糟糕的是，数据上传后，其使用控制权便交给了服务器，服务器可以利用该部分数据做任何其他事情，进一步增加了数据泄露的风险。

联邦学习是不需要收集各数据方所拥有的数据 $\{\mathcal{D}_i\}_{i=1}^N$ 便能协作地训练一个模型 $\mathcal{M}_{\text{FED}}$ 的机器学习过程。设 $\mathcal{V}_{\text{SUM}}$ 和 $\mathcal{V}_{\text{FED}}$ 分别为集中型模型 $\mathcal{M}_{\text{SUM}}$ 和联邦型模型 $\mathcal{M}_{\text{FED}}$ 的性能量度（如准确度、召回度和 F1 分数等）。下面定义狭义状态下的联邦学习性能损失概念。

定义 1–1　狭义联邦学习性能损失[285]　设 δ 为任意一个非负实数，我们认为，在满足以下条件时，联邦学习模型 $\mathcal{M}_{\text{FED}}$ 具有 δ 的性能损失：

$$|\mathcal{V}_{\text{SUM}} - \mathcal{V}_{\text{FED}}| < \delta. \tag{1.1}$$

通常来说，δ 是一个数值很小的浮点数（如 $\delta = 0.1$，$\delta = 0.01$ 等）。式 (1.1) 表达了以下的客观事实：如果我们使用安全的联邦学习在分布式数据源上构建机器学习模型，这个模型的性能将以 δ 的性能损失近似于把所有数据集中到一个地方所训练得到的模型的性能。特别地，当 $\delta = 0$ 时，则表示联邦训练的模型 $\mathcal{M}_{\text{FED}}$ 与集中式训练的模型 $\mathcal{M}_{\text{SUM}}$ 的效果等价。

此外，对定义 1–1 进行扩展，可以进一步得到如下的广义联邦学习性能损失的定义。

定义 1–2　广义联邦学习性能损失　设 δ 为任意一个非负实数，我们认为，在满足以下条件时，联邦学习模型 $\mathcal{M}_{\text{FED}}$ 具有 δ 的性能损失：

$$\mathcal{V}_{\text{SUM}} - \mathcal{V}_{\text{FED}} < \delta. \tag{1.2}$$

观察定义 1–1 与定义 1–2，不难发现，它们的区别在于是否需要绝对值。这个细微的区别，导致了联邦学习模型的性能 $\mathcal{V}_{\text{FED}}$ 的取值范围不同，其差异如图 1–3 所示。

可以看到，在图 1–3(a) 展示的狭义联邦学习性能损失的定义中，$\mathcal{V}_{\text{FED}}$ 的取值范围可以是以 $\mathcal{V}_{\text{SUM}}$ 为圆心、以 δ 为半径的圆内的任意值；在图 1–3(b) 展示的广义联邦学习性能损失的定义中，$\mathcal{V}_{\text{FED}}$ 的取值可以是大于 $\{\mathcal{V}_{\text{SUM}} - \delta\}$ 的任意值。

两者之所以出现差异，主要是参与方的数据分布不平衡导致的。在通常情况下，期望联邦学习的性能 $\mathcal{V}_{\text{FED}}$ 与中心化训练的模型性能 $\mathcal{V}_{\text{SUM}}$ 接近，也就是定义 1–1 中的狭义联邦学习性能损失。但如果数据分布极度不平衡，我们来考虑这样一种情况：当前有多个参与方进行联邦训练，其中部分客户端的数据质量都非常差（比如这些客户端的数据采集设备出现硬件故障导致数据质量不佳），这种由于客户端的硬件设备故障导致的数据问题，在现实场景中是比较常见的问题。那么，如果采用集中式训练的方法，我们就需要将这些参与方的数据都上传到中心数据库进行训练，而由于存在低质量的训练数据，将全部数据融合后进行集中训练的效果 $\mathcal{V}_{\text{SUM}}$ 可能会非常糟糕。相反，如果进行联邦训练，在通常情况下，联邦学习系统在开始训练时，本地会对其硬件设备进行检测，以确保硬件设备的正常。如果排查出有问题的客户端，那么联邦学习系统会将这些异常的客户端剔除，然后在剩余的客户端设备中进行联邦训练。所以，在模型的性能效果上，$\mathcal{V}_{\text{FED}}$ 自然要比 $\mathcal{V}_{\text{SUM}}$ 好很多。

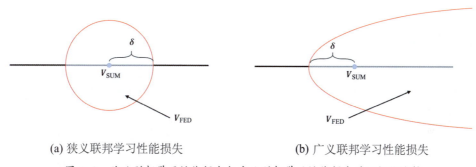

(a) 狭义联邦学习性能损失　　　　　　(b) 广义联邦学习性能损失

图 1-3　狭义联邦学习性能损失与广义联邦学习性能损失的可视化比较

在实际的落地应用中，这个性能的损失容忍度 δ 的值，需要根据业务场景的不同而设置不同的值。对于精度要求较高、隐私性要求较低的场景，δ 的值会相应较小，即联邦学习的性能应最大限度地接近中心化训练的效果；相反，在隐私性要求较高、精度要求较低的场景，δ 的值可以适当变大，即能容忍联邦学习模型的性能比中心化训练的模型效果要稍差一些。

联邦学习的设计模式带来了许多益处。它不需要各参与方直接进行数据交换，将模型的训练计算交给了边缘端设备，从而最大化地保障了用户的隐私和数据安全。此外，联邦学习不是单点的训练，而是联合各参与方来协同地训练一个机器学习模型。因此，在通常情况下，全局模型的效果比基于本地数据训练的本地模型效果更好。

例如，联邦学习能够用于商业银行检测多方借贷活动，而这在银行产业，尤其是在互联网金融业中，一直是一个很难解决的问题[337]。通过联邦学习，我们不再需要建立一个中央数据库，并且任何参与联邦学习的金融机构都可以向联邦系统内的其他机构发起新的用户查询请求。其他机构仅仅需要回答关于本地借贷的问题，并不需要了解用户的具体信息。这不仅保护了用户隐私和数据完整，还实现了识别多方贷款的重要业务目标。我们将在第 8 章介绍联邦学习在金融场景的案例。

1.4 联邦学习的分类

在本节，我们给出联邦学习的三大类别。设 $\mathcal{D}_i$ 表示数据拥有者（参与方）$\{\mathcal{F}_i\}$ 的本地训练数据，通常 $\mathcal{D}_i$ 以矩阵的形式存在，$\mathcal{D}_i$ 的每一行表示一条训练样本数据，我们将样本 ID 空间设为 $\mathcal{I}$；每一列表示一个具体的数据特征（feature），我们将特征空间设为 $\mathcal{X}$；同时，一些数据集还可能包含标签数据（label），我们将标签空间设为 $\mathcal{Y}$。特征空间 $\mathcal{X}$、标签空间 $\mathcal{Y}$ 和样本 ID 空间 $\mathcal{I}$ 组成了一个训练数据集 $\mathcal{D}_i$：$(\mathcal{I}, \mathcal{X}, \mathcal{Y})$。

根据不同的数据拥有者的数据特征空间 $\mathcal{X}$ 和样本 ID 空间 $\mathcal{I}$ 的重叠关系不同，可以将联邦学习划分为下面三种类型[285]：横向联邦学习（Horizontal Federated Learning，HFL）、纵向联邦学习（Vertical Federated Learning，VFL）、联邦迁移学习（Federated Transfer Learning，FTL）。

如图 1-4 所示，横向联邦学习适用于联邦学习参与方的数据有重叠的数据特征的情况，即数据特征在参与方之间是对齐的，但是参与方拥有的数据样本是不同的（或者可以理解为用户的样本 ID 集合不同）。它类似于在表格视图中将数据进行水平划分的情况。因此，横向联邦学习也被称为样本划分的联邦学习（sample-partitioned federated learning，或者 example-partitioned federated learning[149]）。

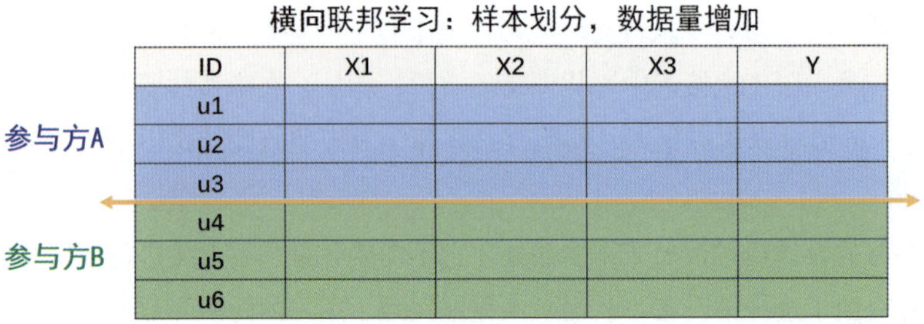

图 1-4 横向联邦学习（HFL），也被称为样本划分的联邦学习[285]

例如，有两家服务于不同地区的银行，它们虽然可能只有很少的重叠客户，但是客户的数据可能因为相似的商业模式而有相似的特征。也就是说，这两家银行的用户群体集合重叠部分较小，但在数据特征维度上的重叠部分较大。这两家银行就可以通过横向联邦学习共同建立一个机器学习模型，更好地为客户推荐理财产品[285, 184]。我们将在本书的第三部分讲述更多横向联邦学习的应用案例。

与横向联邦学习不同，纵向联邦学习（图 1-5）适用于联邦学习参与方的训练数据有重叠的数据样本，即参与方之间的数据样本是对齐的，但是它们在数据特征上有所不同。

它类似于在表格视图中垂直划分数据的情况。因此,我们也将纵向联邦学习称为特征划分的联邦学习(feature-partitioned federated learning[149])。

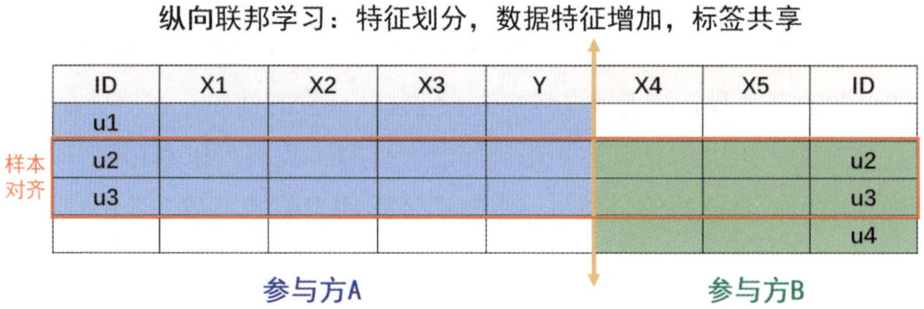

纵向联邦学习:特征划分,数据特征增加,标签共享

	ID	X1	X2	X3	Y	X4	X5	ID
	u1							
样本对齐	u2							u2
	u3							u3
								u4

参与方A　　　　　参与方B

图 1-5　纵向联邦学习(VFL),也被称为特征划分的联邦学习[285]

例如,当两家公司提供不同的服务(例如,一家银行和一家电子商务公司),但在客户群体上有着非常大的交集时,它们可以为得到一个更好的机器学习模型,在各自的不同数据特征空间上协作。在电子商务公司中我们要预测用户对某一个物品的购买概率,但通常电子商务公司内部只有用户的购买行为信息,而银行等金融机构有用户的资产数据,这部分特征信息能很好体现用户的消费水平,如果能将这部分特征补充到我们的推荐建模中,无疑将极大提升模型预测的能力。同样地,我们也将在本书的第三部分讲述更多纵向联邦学习的应用案例。

如图 1-6 所示,联邦迁移学习适用于参与方的数据样本和数据特征都很少重叠的情况。以两个参与方为例,其中一方代表源域(source domain),另一方代表目标域(target domain),我们在源域中学习特征的分布,将源域的特征信息迁移到目标域中,但在这一迁移过程中,本地数据同样不会离开本地。

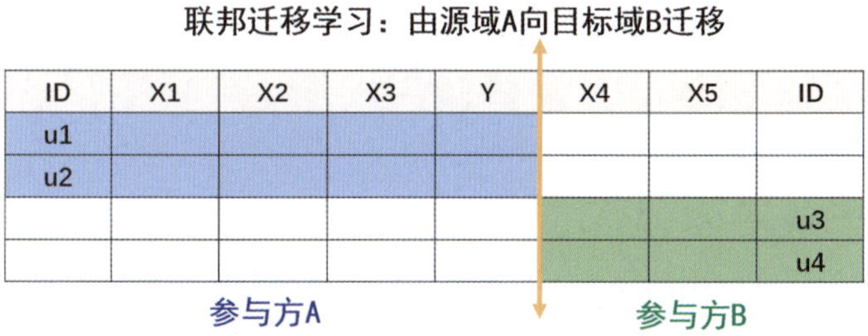

联邦迁移学习:由源域A向目标域B迁移

ID	X1	X2	X3	Y	X4	X5	ID
u1							
u2							
							u3
							u4

参与方A　　　　　参与方B

图 1-6　联邦迁移学习(FTL)[285]

联邦迁移学习特别适合处理异构数据的联邦问题。例如,一家公司有丰富的图片信息,另一家公司有文字等自然语言信息,图片和文字属于不同的特性维度空间。利用联邦

学习，可以在数据不出本地的前提下，在两家公司之间通过知识迁移来学习到另一方的特征数据，扩充自身的特征信息，提升模型的性能效果[138, 321]。

联邦迁移学习同样适用于金融场景中的风控建模。近年来，随着监管机构大力支持和改善小微企业等实体经济金融服务，推进降低小微企业融资成本，各金融机构也在不断加大对于小微企业的金融服务及支持。但小微企业往往成立时间短，在信贷业务应用中存在数据稀缺、不全面、历史信息沉淀不足等问题。这时，我们可以利用联邦迁移学习，依据金融机构在中大型企业的信贷模型，将知识迁移到当前的小微企业中，帮助提升模型效果。

前面描述了联邦学习按照特征和样本空间不同而划分的三种类别。但事实上，联邦学习的主要目的是在保证数据不出本地的前提下，协调各客户端共建模型，因此一项很重要的工作是，如何有效协调数据参与方协同构建模型。根据协调方式的不同，我们可以将它分类为集中式拓扑架构和对等网络拓扑架构。

- 集中式拓扑。此种结构下，一般存在一个中心计算方（既可能是独立于各参与方的服务器，也可能是某一个特定的参与方），该中心计算方承担收集其他各方传递的模型参数信息并经过相应算法更新后返回各方的任务，它的优势在于易于设计与实现。
- 对等网络拓扑。此种结构下，不存在中心计算节点，各参与方在联邦学习框架中的地位平等。由于集中式拓扑不可避免地要考虑中心计算方是否会泄露隐私或者遭受恶意攻击，所以相比之下离散式拓扑更为安全。但这种拓扑设计的难度较大，必须平等对待各参与方且能够对所有参与方有效更新模型并提升性能。

文献 [149] 的 2.1 节对联邦学习的拓扑结构进行了深入的分析。此外，本书的第 16 章详细探讨了联邦学习的通信设计。读者可以查阅相关的参考文献或本书后面章节，获取更多的原理细节。

1.5 联邦学习算法现状

随着联邦学习研究的不断深入，越来越多的传统机器学习算法开始支持联邦学习框架。本节对当前常用的机器学习算法在联邦学习上的实现进行一个简短小结。

- 横向联邦学习：文献 [148] 指出，它常用于跨设备端（Cross-Device）的场景，是当前研究最多的联邦学习类型。当前线性模型（如线性回归、逻辑回归等）、GBDT 提升树模型[166]、递归神经网络[122, 286, 68]、卷积神经网络[185]、个性化推荐中的横向矩阵分解等都已经在横向联邦上实现。事实上，使用梯度下降等最优化算法迭代优化的机器学习模型基本都能使用横向联邦学习框架训练。

- 纵向联邦学习： 文献 [148] 指出，它常用于跨机构（Cross-Silo）的场景，当前的线性模型（如线性回归、逻辑回归等）、提升树模型 SecureBoost[70]、神经网络、个性化推荐中的纵向矩阵分解、纵向因子分解机（我们将在第 9 章中深入讲解）等都已经在纵向联邦上实现。

- 联邦迁移学习： 联邦迁移学习是将联邦学习与迁移学习相结合的一项新技术，其目的是在保护数据隐私的前提下，强调即使在异构特征分布的多方场景下，也能够协同并提升模型性能，文献 [188] 提出了一种安全的联邦迁移学习框架，包括基于同态加密和秘密共享（secret sharing）的实现。文献 [69] 提出一种在可穿戴设备中进行联邦迁移的方法；文献 [145] 在 Google Cloud 上用 FATE 对联邦迁移学习的性能进行了实验分析，并提出了可以提高性能的几个优化方案。总体来说，FTL 与前面两种类型相比，当前的研究还比较少，是今后联邦学习的重点研究方向。

CHAPTER 2
联邦学习的安全机制

本章将介绍联邦学习系统里常用的隐私保护技术，包括基于同态加密（Homomorphic Encryption，HE）的方法、基于差分隐私（Differential Privacy，DP）的方法、基于安全多方计算（Secure Multi-Party Computation，MPC）的方法，以及常用的 Python 安全工具程序包。本章主要是理论性综述，我们将在第 15 章中以案例代码的方式来实现部分联邦学习的攻防策略。

2.1 基于同态加密的安全机制

同态加密（HE）的概念最初由 Rivest 等人在 1978 年提出[243]。同态加密提供了一种对加密数据进行处理的功能，是一种允许对密文进行计算操作并生成加密结果的加密技术。在密文上获得的计算结果被解密后与在明文上的计算结果相匹配，就如同对明文执行了一样的计算操作，该流程如图 2-1 所示。

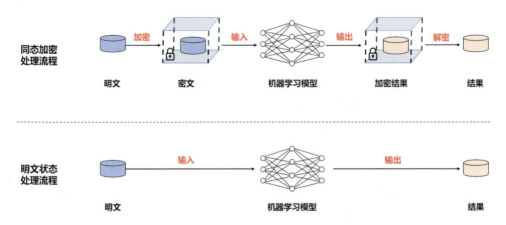

图 2-1　同态加密处理流程：上面是同态加密状态下的处理流程，下面是明文状态下的处理流程

作为一种不需要将密文解密就可以处理密文的方法，同态加密是目前联邦学习系统里最常用的隐私保护机制，例如横向联邦学习里基于同态加密的安全聚合方法[36, 284, 285]、基于同态加密的纵向联邦学习[124, 284, 285]、基于同态加密的联邦迁移学习[188]。

同态加密机制能够在不对密文进行解密的情况下计算密文（这样计算方就不需要了解明文内容，只要获得密文就可以了），可以很好地保护敏感数据和信息，同时又可以执行计算操作（例如在加密状态下的加减乘除四则运算）。也就是说，其他人可以对加密数据进行处理，但是处理过程不会泄露任何原始内容。同时，拥有解密密钥的参与方解密处理过的数据后，得到的结果正好是处理相应的明文的结果。

2.1.1　同态加密的定义

同态加密方案 $\mathcal{H}$ 是一种通过对密文进行有效计算操作（计算方不需要获知解密密钥），从而允许在加密内容上进行特定代数运算的加密方案。一个同态加密方案 $\mathcal{H}$ 由一个四元组组成：

$$\mathcal{H} = \{KeyGen, Enc, Dec, Eval\} \tag{2.1}$$

各元组表示的含义如下：

- KeyGen 表示密钥生成函数。对于非对称同态加密，一个密钥生成元 g 被输入 KeyGen，并输出一个密钥对 $\{\text{pk}, \text{sk}\} = \text{KeyGen}(g)$，其中 pk 表示用于对明文进行加密的公钥（public key），sk 表示用于对密文进行解密的私钥（secret key）。对于对称同态加密，只生成一个密钥 $\text{sk} = \text{KeyGen}(g)$，用于加密和解密操作。
- Enc 表示加密函数。对于非对称同态加密，一个加密函数以公钥 pk 和明文 m 作为输入，并产生一个密文 $c = \text{Enc}_{\text{pk}}(m)$ 作为输出。对于对称同态加密，加密过程会使用公共密钥 sk 和明文 m 作为输入，并生成密文 $c = \text{Enc}_{\text{sk}}(m)$。
- Dec 表示解密函数。对于非对称和对称同态加密，私钥 sk 和密文 c 被用来作为计算相关明文 $m = \text{Dec}_{\text{sk}}(c)$ 的输入。
- Eval 表示评估函数。评估函数 Eval 将密文 c 和公共密钥 pk（对于非对称同态加密）作为输入，并输出与明文对应的密文，用于验证加密算法的正确性。

我们用 $\text{Enc}_{\text{pk}}(\cdot)$ 表示使用公钥 pk 作为加密密钥的加密函数，用 $\mathcal{M}$ 表示明文空间，用 $\mathcal{C}$ 表示密文空间。一个安全密码系统若满足以下条件，则可被称为**同态的**（homomorphic）：

$$\forall m_1, m_2 \in \mathcal{M}, \ \text{Enc}_{\text{pk}}(m_1 \odot_{\mathcal{M}} m_2) \leftarrow \text{Enc}_{\text{pk}}(m_1) \odot_{\mathcal{C}} \text{Enc}_{\text{pk}}(m_2), \qquad (2.2)$$

其中，$\odot_{\mathcal{M}}$ 和 $\odot_{\mathcal{C}}$ 分别表示操作符 $\odot$ 在明文空间 $\mathcal{M}$ 和密文空间 $\mathcal{C}$ 上的运算。式 (2.2) 表示，对于在明文空间 $\mathcal{M}$ 中的任意两个元素 m_1 和 m_2，在对它们执行运算符 $\odot_{\mathcal{M}}$ 操作后，对得到的结果进行加密，其结果与 m_1 和 m_2 分别先进行加密再执行运算符 $\odot_{\mathcal{C}}$ 操作的结果一致；$\leftarrow$ 符号表示左边项等于或可以直接由右边项计算出来，而不需要任何中间解密运算。

为了简化表述，用 $[[v]]$ 来表示对明文 v 的同态加密结果。我们来定义同态加密的两个基本操作，即加法同态加密和乘法同态加密（这里为了表述的方便，不区分运算符在明文空间和密文空间上的写法，例如明文加法运算 $+_{\mathcal{M}}$ 和密文加法运算 $+_{\mathcal{C}}$，我们统一使用 $+$ 来表示，乘法运算符同理）。

定义 2–1 加法同态运算 对于在明文空间 $\mathcal{M}$ 中的任意两个元素 u 和 v，其加密结果分别为 $[[u]]$ 和 $[[v]]$，满足：

$$\text{Dec}_{\text{sk}}([[u]] + [[v]]) = \text{Dec}_{\text{sk}}([[u+v]]) = u + v. \qquad (2.3)$$

同理，我们定义乘法同态加密如下。

定义 2-2　乘法同态运算　对于在明文空间 $\mathcal{M}$ 中的任意两个元素 u 和 v，其加密结果分别为 $[[u]]$ 和 $[[v]]$，满足：

$$\text{Dec}_{\text{sk}}([[u]] \times [[v]]) = \text{Dec}_{\text{sk}}([[u \times v]]) = u \times v. \tag{2.4}$$

2.1.2　同态加密的分类

同态加密方法可以分为三类：部分同态加密（Partially Homomorphic Encryption，PHE）、些许同态加密（Somewhat Homomorphic Encryption，SHE）、全同态加密（Fully Homomorphic Encryption，FHE）。不同的同态加密方案的计算复杂度区别很大。本节对不同种类的同态加密方案进行简要的介绍。感兴趣的读者可以查阅文献[39][30] 获取不同种类的同态加密方案的更多内容。

1. 部分同态加密（PHE）

对于部分同态加密（也称为半同态加密，PHE），$(\mathcal{M}, \odot_{\mathcal{M}})$ 和 $(\mathcal{C}, \odot_{\mathcal{C}})$ 都属于一个群。以 $(\mathcal{C}, \odot_{\mathcal{C}})$ 为例，它满足下面四个性质。

- 封闭性：即对于任意的两个元素 $c_1, c_2 \in \mathcal{C}$ 以及操作符 $\odot_{\mathcal{C}}$，满足 $(c_1 \odot_{\mathcal{C}} c_2) \in \mathcal{C}$。
- 结合律：即对于任意的三个元素 $c_1, c_2, c_3 \in \mathcal{C}$ 以及操作符 $\odot_{\mathcal{C}}$，满足 $(c_1 \odot_{\mathcal{C}} c_2) \odot_{\mathcal{C}} c_3 = c_1 \odot_{\mathcal{C}} (c_2 \odot_{\mathcal{C}} c_3)$。
- 单位元：存在 $\mathcal{C}$ 中的一个元素 e，使得对于所有 $\mathcal{C}$ 中的元素 a，总有等式 $(e \odot_{\mathcal{C}} a) = (a \odot_{\mathcal{C}} e) = a$ 成立。
- 逆元：对于每个 $\mathcal{C}$ 中的元素 a，总存在 $\mathcal{C}$ 中的一个元素 b，使得总有 $(a \odot_{\mathcal{C}} b) = (b \odot_{\mathcal{C}} a) = 1$ 成立。

操作符 $\odot_{\mathcal{C}}$ 能够无限次地用于密文。PHE 是一种群同态（group homomorphism）技术。

加法同态。若在明文上的运算符 $\odot_{\mathcal{M}}$ 是加法运算符，且满足定义 2-1，则该方案可被称为加法同态的（additively homomorphic）。Paillier 在 1999 年提出了一种可证的安全加法同态加密系统[224]，且对应的密文上的运算符 $\odot_{\mathcal{C}}$ 也是加法运算符。满足加法同态的加密算法一般也满足标量乘法同态，因为标量乘法运算可以转换为有限次的加法运算。

乘法同态。若在明文上的运算符 $\odot_{\mathcal{M}}$ 是乘法运算符，且满足定义 2-2，则该方案被称为乘法同态的（multiplicative homomorphic）。文献 [244][96] 中分别提出了两种典型的乘法同态加密方案，即 RSA 加密算法和 ElGamal 加密算法，且对应的密文上的运算符 $\odot_{\mathcal{C}}$ 也是乘法运算符。

PHE 的特点是，要求其加密操作符运算只需要满足加法同态或者乘法同态中的一个即可，不需要两个同时满足。

2. 些许同态加密（SHE）

些许同态加密（SHE）是指经过同态加密后的密文数据，在其上执行的操作（如加法、乘法等）只能是有限的次数。一些文献中也定义 SHE 为只有包含有限数量的某些电路（如跳转程序[139]，混淆电路[289]）能够支持进行任意次数的运算，例如 BV[55]、BGN[52] 和 IP[139]。SHE 方案为了安全性使用了噪声（noise）数据。密文上的每一次操作都会增加密文上的噪声量，而乘法操作是增长噪声量的主要技术手段。当噪声量超过一个上限值之后，解密操作就不能得出正确结果了。这就是为什么绝大多数的 SHE 方案会要求限制计算操作次数的原因，正是这些缺点导致它在实际应用中受到很多限制。

3. 全同态加密（FHE）

全同态加密算法允许对密文进行无限次的加法和乘法运算操作。我们知道，要实现任意的函数计算，加法和乘法运算是仅需的操作，即任意一个函数都可以转化为只包含加法和乘法的形式。设 $A, B \in \mathbb{F}_2$（即取值空间为 0,1 域），**与非门**（NAND gate）可以通过公式"$1 + A \times B$"计算得到。由于功能上的完备性，与非门能够用来构建任何逻辑门电路，因此，FHE 能够计算任何函数功能。

但值得注意的是，虽然 FHE 从理论上能够解决任何函数的加密计算问题，但是要设计一个真正意义上的全同态加密算法是非常困难的，直到 2009 年才由斯坦福大学的博士生 Craig Gentry 提出了世界上第一个 FHE 算法[106]。自此之后，全同态加密算法的设计成为密码学的热门研究方向。从整体上看，FHE 算法的设计又可以进一步分为以下四种[30]。

- Ideal Lattice-based FHE：基于理想格的全同态加密，也就是由 Gentry 设计的第一个全同态加密算法[106]。
- Approximate-GCD based FHE：由 Van Dijk 等人提出的一种全同态加密方案，与 Gentry 的实现相似，该方案的安全性基于 AGCD 假设和稀疏子集和假设[85]。
- (R)LWE-based FHE：与上面两种方案相比，该实现也被称为第二代全同态加密技术，典型的实现方案见于文献 [193, 54] 等。与基于理想格的实现不同，该方案基于 (R)LWE 构造，通过引入再线性化技术与维数模约减技术实现了乘法的同态加密，效率比第一代的加密方案有了很大提升。
- 基于近似特征向量技术实现的 FHE：前面的加密方案都需要借助计算密钥的辅助来实现全同态加密，但计算密钥的大小制约了全同态加密的性能。为此，在 2013

年，Gentry 等人利用近似特征向量技术设计了无须计算密钥的全同态加密方案 GSW[105]，标志着第三代全同态加密方案的诞生。

当前，FHE 的研究仍在高速发展，在高效的自举算法[34, 53, 89]、多密钥全同态加密[189] 等领域都有许多人在进行研究。目前的 FHE 建立在些许同态加密（SHE）方法的基础上，并通过代价高昂的自助法（bootstrap）操作实现。由于自助法的代价高昂，FHE 方案计算十分缓慢且在实践中往往并不比传统的安全多方计算方法更好，因此，许多研究人员目前正着眼于发现满足特定需求的更有效的 SHE 方案，而非去发掘 FHE 方案。

2.2　基于差分隐私的安全机制

差分隐私（图 2-2）采用了一种随机机制，使得当输入中的单个样本改变之后，输出的分布不会有太大的改变[12, 24]。例如，对于差别只有一条记录的两个数据集，查询它们获得相同的输出的概率非常接近。这将使用户即使获取了输出结果，也无法通过结果推测出输入数据来自哪一方。

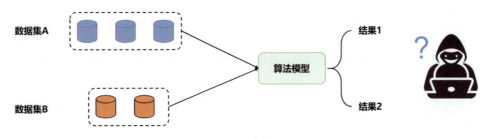

图 2-2　差分隐私

在现有的隐私保护方法中，由于差分隐私对隐私损失进行了数学上的定义，并且其实现过程比较简捷，系统开销更小，所以得到了广泛的应用。差分隐私最开始被开发用来促进在敏感数据上的安全分析。随着机器学习的发展，差分隐私再次成为机器学习社区中一个活跃的研究领域。来自差分隐私的许多令人激动的研究成果都能够被应用于面向隐私保护的机器学习[91, 94]。

2.2.1　差分隐私的定义

差分隐私是由 Dwork 在 2006 年首次提出的一种隐私定义[91]，是在统计披露控制的场景下发展起来的。它提供了一种信息理论安全性保障，即函数的输出结果对数据集里的任何特定记录都不敏感。因此，差分隐私能被用于抵抗成员推理攻击。

按照数据收集方式的不同，当前的差分隐私可以分为中心化差分隐私和本地化差分隐私，它们的区别主要在于差分隐私对数据处理的阶段不同。中心化差分隐私依赖一个可信的第三方来收集数据，用户将本地数据发送到可信第三方，然后在收集的数据中进行差分隐私处理。但可信的第三方在现实生活通常是很难获得的，因此本地化差分隐私将数据隐私化的工作转移到每个参与方，参与方自己来处理和保护数据，再将扰动后的数据发送到第三方，由于发送的数据不是原始数据，因此也就不要求第三方是可信的。下面我们分别介绍这两种差分隐私的定义。图 2-3 展示的是中心化差分隐私和本地化差分隐私在处理流程上的区别。

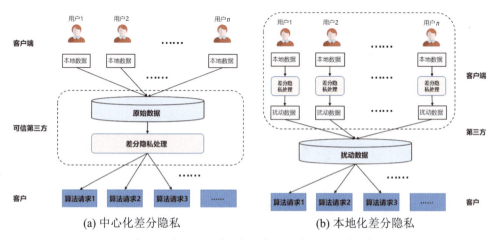

图 2-3　中心化差分隐私（左）与本地化差分隐私（右）的区别

中心化差分隐私

我们首先给出中心化差分隐私的 (ϵ, δ)-差分隐私定义。

定义 2-3　(ϵ, δ)-差分隐私[92]　对于只有一个记录不同的两个数据集 D 和 D'，一个随机算法 $\mathcal{M}$，以及对于任意的输出 $S \subset \text{Range}(\mathcal{M})$，我们称随机算法 $\mathcal{M}$ 提供 (ϵ, δ)-差分隐私保护，当且仅当其满足：

$$\Pr[\mathcal{M}(D) \in S] \leqslant \Pr[\mathcal{M}(D') \in S] \times e^{\epsilon} + \delta. \tag{2.5}$$

式中，ϵ 表示隐私预算（privacy budget），δ 表示失败概率。当 $\delta = 0$ 时，便得到了性能更好的 ϵ-差分隐私。

在差分隐私定义中，隐私保护预算 ϵ 用于控制算法 $\mathcal{M}$ 在邻近数据集 D 和 D' 上获得相同输出的概率比值。式 (2.5) 表明，ϵ 的值越小，那么算法 $\mathcal{M}$ 在邻近数据集 D 和

D' 上获得相同输出的概率就越接近，因此，用户通过输出结果，无法区分输入数据到底是来自数据集 D 还是来自数据集 D'，即无法察觉数据集的微小变化，从而达到隐私保护的目的。特别地，当 $\epsilon=0$ 时，算法 $\mathcal{M}$ 在 D 和 D' 上得到相同的输出的概率是一样的。反之，ϵ 的值越大，其隐私保护的程度就越低。

中心化差分隐私在实际的应用中，有两个非常重要的性质：串行组合和并行组合。

定义 2–4　串行组合[202]　设有 n 个算法 $\mathcal{M}_1,\mathcal{M}_2,\cdots,\mathcal{M}_n$，算法 $\mathcal{M}_i$ 满足 ϵ_i-差分隐私性质，对于同一个数据集 D，将这些算法串行作用于 D 上，构成新的组合算法

$$\mathcal{M}(\mathcal{M}_1(D),\mathcal{M}_2(D),\cdots,\mathcal{M}_n(D)), \tag{2.6}$$

满足 $\{\sum_{i=1}^{n}\epsilon_i\}$-差分隐私保护。

定义 2–5　并行组合[202]　设有 n 个算法 $\mathcal{M}_1,\mathcal{M}_2,\cdots,\mathcal{M}_n$，算法 $\mathcal{M}_i$ 满足 ϵ_i-差分隐私性质，对于数据集 D，将其拆分成 n 个集合，分别记为 $D_1,D_2,\cdots,D_n$，将算法 $\mathcal{M}_i$ 独立作用于数据集 D_i 上，构成新的组合算法

$$\mathcal{M}(\mathcal{M}_1(D_1),\mathcal{M}_2(D_2),\cdots,\mathcal{M}_n(D_n)), \tag{2.7}$$

满足 $\max_i\{\epsilon_i\}$-差分隐私保护。

这两个性质非常有用，比如根据定义 2-4，如果一个攻击者想试图攻破一个差分隐私安全系统，那么最简单直接的方法是对该系统进行多次查询访问。从系统角度看，这样相当于增大了隐私保护预算值，从而降低了系统的隐私性；从攻击者的角度看，将多次查询访问获取的结果进行平均，根据大数定理，查询次数越多，这个均值的结果和真实值就越接近。这也是当前很多安全系统都设置查询上限的原因，目的就是为了防止恶意攻击。

本地化差分隐私

本地化差分隐私（Local Differential Privacy，LDP）[43, 9] 可以将数据隐私化的工作转移到每个参与方，参与方自己来处理和保护数据，进一步降低了隐私泄露的可能性，它的定义如下。

定义 2–6　本地化差分隐私[43, 9]　对于一个任意本地化差分隐私函数 $f(\cdot)$，其定义域（domain）为 $\mathrm{Dom}(f)$，值域（range）为 $\mathrm{Ran}(f)$，对任意的输入 $x,x'\in\mathrm{Dom}(f)$，输出 $y\in\mathrm{Ran}(f)$，我们称函数 f 提供 (ϵ)-本地化差分隐私保护，当前仅当其满足：

$$\Pr[f(x)=y]\leqslant e^{\epsilon}\Pr[f(x')=y]. \tag{2.8}$$

在本式中，ϵ 表示隐私预算。

比较定义 2-6 和定义 2-3，我们不难发现，中心化差分隐私是定义在任意两个相邻数据集的输出相似性上的，而本地化差分隐私是定义在本地数据任意两条记录的输出相似性上的。此外，本地化差分隐私同样继承了组合特性，即它同样满足并行组合和串行组合的性质。

这种差异性，导致其实现方法也有很大的不同。中心化差分隐私需要保护全体数据的隐私，具有全局敏感性的概念，采用的扰动机制可以包括高斯噪声机制、拉普拉斯噪声机制、指数噪声机制等[201]。在本地化差分隐私中，数据隐私化的工作转移到每个参与方，而每一个参与方并不知道其他参与方的数据，因此它并没有全局隐私敏感性的概念，它采用的扰动机制一般通过随机响应实现（Randomized Response，RR）[43, 9]。

我们注意到，本地化差分隐私的概念与联邦学习有点相似。事实上，在联邦学习的实现中，可以结合本地化差分隐私的思想，比如给每一参与方的上传梯度或者模型参数加上噪声来更好地保护模型参数。我们将在 15.2 节详解如何利用差分隐私技术来实现联邦学习。

2.2.2　差分隐私的实现机制

目前实现差分隐私保护的主流方法是添加扰动噪声数据。前面提到，差分隐私可以分为中心化差分隐私和本地化差分隐私，其中：中心化差分隐私采用的扰动机制可以包括拉普拉斯噪声机制、指数噪声机制等；而本地化差分隐私一般通过随机响应（Randomized Response）[277] 来实现（随机响应是 1965 年由 Warner 提出的一种隐私保护技术）。限于篇幅，本节主要针对中心化差分隐私的三种机制进行分析，对于本地化差分隐私的随机响应算法，读者可以参考文献 [277] 了解更多细节。

要想知道不同算法函数 $\mathcal{M}$ 需要添加多少噪声才能提供 (ϵ, δ)-差分隐私保护，就需要先定义该算法在当前数据上的全局敏感度。全局敏感度根据计算距离的方式不同，一般可以区分为 L_1 全局敏感度和 L_2 全局敏感度。

定义 2-7　L_1 全局敏感度[92]　对于一个算法函数 $\mathcal{M}$，D 和 D' 为任意两个相邻的数据集，L_1 全局敏感度定义如下：

$$S(f) = \max ||\mathcal{M}(D) - \mathcal{M}(D')||_1, \tag{2.9}$$

即 L_1 全局敏感度反映了一个函数 $\mathcal{M}$ 在一对相邻数据集 D 和 D' 上进行操作时变化的最大范围。

当使用 2-范数（即欧氏距离）来衡量函数在相邻数据集上的输出变化时，我们得到如下的 L_2 全局敏感度定义。

定义 2–8 L_2 **全局敏感度**[92] 对于一个算法函数 $\mathcal{M}$，D 和 D' 为任意两个相邻的数据集，L_2 全局敏感度定义如下：

$$S(f) = \max \|\mathcal{M}(D) - \mathcal{M}(D')\|_2. \tag{2.10}$$

不管是 L_1 敏感度还是 L_2 敏感度，它的结果与提供的数据集无关，只由函数本身决定。从直观上理解，当全局敏感度比较大时，说明数据集的细微变化可能导致函数 $\mathcal{M}$ 的输出有很大的不同，我们需要添加较大的噪声数据，才能使函数 $\mathcal{M}$ 提供 (ϵ,δ)-差分隐私保护；相反，当全局敏感度比较小时，说明数据集的细微变化不会对函数 $\mathcal{M}$ 的输出产生很大的影响，我们只需要添加较小的噪声数据，就能使函数 $\mathcal{M}$ 提供 (ϵ,δ)-差分隐私保护。下面介绍在差分隐私中常用的三种添加噪声的机制。

定义 2–9 拉普拉斯机制[91] 给定数据集 D，设有函数 f，其 L_1 敏感度为 Δf（定义 2–7），那么随机算法 $\mathcal{M} = f(D) + L$ 提供 $(\epsilon,0)$-差分隐私保护，其中 $L \sim \mathrm{Lap}(0, \frac{\Delta f}{\epsilon})$ 为添加的随机噪声概率密度函数，即服从参数 $\mu = 0$，$\lambda = \frac{\Delta f}{\epsilon}$ 的拉普拉斯分布。

拉普拉斯机制实现非常简单，被广泛应用于数值型查询的隐私保护机制。对于查询结果，只需要加入一个满足拉普拉斯分布 $L(0, \frac{\Delta f}{\epsilon})$ 的噪声数据，就能实现 $(\epsilon,0)$-差分隐私保护。

高斯机制为数值型查询结果隐私保护提供了另一种实现。与拉普拉斯机制不同，高斯机制的定义使用的是 L_2 全局敏感度，其定义如下。

定义 2–10 高斯机制[95, 90] 给定数据集 D，设有函数 f，其 L_2 敏感度为 Δf（定义 2–8），对于任意的 $\delta \in (0,1)$，$\sigma = \sqrt{2\ln\frac{1.25}{\delta}} \times \frac{\Delta(f)}{\epsilon}$，那么随机算法 $\mathcal{M} = f(D) + L$ 提供 (ϵ,δ)-差分隐私保护，其中 $L \sim \mathrm{Gaussian}(0,\sigma^2)$ 为添加的随机噪声概率密度函数，即服从参数 $\mu = 0$，$\sigma = \sqrt{2\ln\frac{1.25}{\delta}} \times \frac{\Delta(f)}{\epsilon}$ 的高斯分布。

指数机制是用于非数值型差分隐私保护的一种实现方式，它使用 L_1 敏感度作为参数构造，其定义如下。

定义 2–11 指数机制[201] 给定数据集 D，设有函数 q，输出为结果为 r，记为 $q(D,r)$，其敏感度为 Δq，随机算法 $\mathcal{M}$ 以正比于 $\exp(\frac{\epsilon \times q(D,r)}{2\Delta(q)})$ 的概率输出 r，那么随机算法 $\mathcal{M}$ 提供 $(\epsilon,0)$-差分隐私保护。

在定义 2-11 中，$\Delta(q)$ 表示 L_1 敏感度，若 D 和 D' 表示的是任意两个相邻数据集，r 表示的是任意的一个输出，其定义为

$$\Delta(q) = \max \|q(D,r) - q(D',r)\|_1. \tag{2.11}$$

差分隐私的实现方式还有很多种，有兴趣的读者可以参考文献 [92]。表 2-1 总结了常用的三种机制，包括它们各自的函数形式以及适用范围等。

表 2-1 差分隐私常用的三种机制

机制	高斯机制	拉普拉斯机制	指数机制
概率分布函数	$f(x) = \frac{1}{\sqrt{2\pi}\sigma} e^{-\frac{(x-\mu)^2}{\sigma^2}}$	$f(x) = \frac{1}{2\lambda} e^{-\frac{\|x-\mu\|}{\lambda}}$	$f(x) = \begin{cases} \lambda e^{-\lambda x} & x > 0 \\ 0 & x \leqslant 0 \end{cases}$
函数图像			
均值	μ	μ	$\frac{1}{\lambda}$
方差	δ	$2\lambda^2$	$\frac{1}{\lambda^2}$
敏感度	L_2 敏感度	L_1 敏感度	L_1 敏感度
应用场景	数值型	数值型	非数值型

前面介绍的是在查询状态下对输出结果实现差分隐私保护的机制。在机器学习中应用差分隐私技术，其情况会更加复杂，因为我们要保护的信息，不仅包括输入数据和输出数据，还包括算法模型参数、算法的目标函数设计等。因此，在机器学习领域应用差分隐私算法，一个关键的问题是何时、何阶段添加噪声数据。为此，差分隐私算法根据噪声数据扰动使用的方式和使用阶段的不同，将其划分为下面几类。

（1）输入扰动：噪声数据被加入训练数据。

（2）目标扰动：噪声数据被加入学习算法的目标函数。

（3）算法扰动：噪声数据被加入中间值，例如迭代算法中的梯度。

（4）输出扰动：噪声数据被加入训练后的输出参数。

在不同阶段，采用的扰动机制也有不同的考虑。鉴于本书的写作目的和篇幅，我们不在这里继续展开，有兴趣的读者可以参考差分隐私相关的文献 [92, 95, 94, 28]，更加深入地理解差分隐私的详细实现过程。

2.3 基于安全多方计算的安全机制

安全多方计算（MPC）是密码学的一个子领域，目的是多个参与方协同地从每一方的隐私输入中计算某个函数的结果，而不用将这些输入数据展示给其他方。基于 MPC，对于任何函数功能需求，我们都可以在不泄露除输出以外的信息的前提下计算它。MPC 最初针对的是一个安全两方计算问题（即著名的"百万富翁问题"）而被正式提出的。

定义 2–12 百万富翁问题[289] 两个百万富翁都想比较到底谁更富有，但是又都不想让别人知道自己有多少钱。如何在没有可信的第三方的情况下解决这个问题？

该问题在 1982 年由姚期智教授提出[289, 290]，在 1987 年由 Goldreich 等人推广至多方场景[109]，如图 2-4 所示。

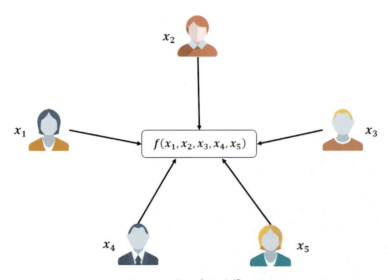

图 2-4 安全多方计算问题

当前主要有三种常用的隐私计算框架，可以用来实现安全多方计算[284, 25]，它们分别是：秘密共享（Secret Sharing, SS）[253, 234]，不经意传输（Oblivious Transfer, OT）[110, 154]，混淆电路（Garbled Circuit, GC）[45, 136]。

2.3.1 秘密共享

秘密共享（Secret Sharing 或者 Secret Splitting，中文又称为密钥共享）[44, 253]，最早由著名密码学家 Shamir 和 Blakley 于 1979 年分别提出。秘密共享是现代密码学领域的一个重要分支，是信息安全和数据保密的重要技术手段，也是安全多方计算和联邦学习等领域的一个基础应用技术[23]。

直观来说,秘密共享就是指将要共享的秘密在一个用户群体里进行合理分配,以达到由所有成员共同掌管秘密的目的。秘密共享通过将原始秘密值 A 分割为随机多份,比如分割为 n 份,记为 $A_1, A_2, \cdots, A_n$,并将这些份(或称共享内容)分发给 n 个不同的参与方,从而隐藏秘密值的一种概念。第 i 个参与方只拥有部分的秘密值 A_i。当且仅当足够数量(比如至少 t 个)的秘密值组合在一起时,才能够重新构造被共享的秘密,而任意的 $t-1$ 个秘密值都不能重构原始数据。

定义 2–13 (t, n) **门限秘密共享方案**[250, 253] 对于数据集合 A,有 n 个用户集合 $(1, 2, \cdots, n)$,一个 (t, n) 门限秘密共享方案包括分享(Share)和重构(Reconstruct)两个环节。

- 分享:分享是指借助一个算法 $\mathcal{M}$ 将原始数据 $m \in \mathcal{M}$ 拆分为 n 个部分 $(s_1, \cdots, s_n)$,并将它们分别下发给 n 个用户。

- 重构:重构是指借助一个算法 $\mathcal{F}$ 从 n 个用户中任意选取 t 个用户的秘密值,构成一个 t 元组,将这个 t 元组作为函数 $\mathcal{F}$ 的输入,能还原原始数据 $m \in \mathcal{M}$。更一般地,对于任意的 $m \in \mathcal{M}$,对于任意的 t 个用户集合 $(i_1, i_2, \cdots, i_t) \subseteq (1, 2, \cdots, n)$,满足:

$$\Pr\{\mathcal{F}(s_{i_1}, s_{i_2}, \cdots, s_{i_n}) == m\} = 1. \tag{2.12}$$

这里的 t 也被称为门限值。

当前的秘密共享方案研究,就在于如何高效地构造 (t, n) 门限秘密共享方案。这些方案包括算术秘密共享(Arithmetic Secret Sharing)[77]、Shamir 秘密共享(Shamir's Secret Sharing)[253] 和二进制秘密共享(Binary Secret Sharing)[274] 等多种方式。

- $t = 1$:这是最简单的形式,事实上,我们只需要将原始数据 $m \in \mathcal{M}$ 分发到 n 个用户即可。

- $t = n$:有多种方式可以实现 (n, n) 门限,较为常用的一种方案是,将原始数据 $m \in \mathcal{M}$ 编码为一个二进制表示 s,对于前 $n-1$ 个用户,任意生成和 s 长度相等的二进制表示 s_i,s_i 就是第 i 个用户的秘密值,对于第 n 个用户,我们将其秘密值设置为

$$s_n = s \text{ XOR } s_1 \text{ XOR } s_2 \text{ XOR } \cdots \text{ XOR } s_{n-1}. \tag{2.13}$$

- $t=k$：这种方案的实现形式有很多，典型的实现包括 Shamir 的基于拉格朗日插值法的实现[253]。Blakley 的门限方案则是利用多维空间点的性质建立的[254]。有兴趣的读者可以查阅相关资料，这里不再详述具体实现过程。

在秘密共享系统中，攻击者必须同时获得一定数量的秘密碎片才能获得密钥，这种共享系统提高了系统的安全性。另外，当某些秘密碎片丢失或被毁时，利用其他的秘密份额仍然能够获得秘密，从而提高系统的可靠性。秘密共享的上述特征，使它在实际中得到了广泛的应用，包括通信密钥的管理、数据安全管理、银行网络管理、导弹控制发射、图像加密等[23]。

此外，秘密共享没有中心节点的概念，因此有助于联邦学习的去中心化实现。文献[51] 提出了基于秘密共享的安全聚合机制，用于保护横向联邦学习系统里的梯度和模型参数信息。

2.3.2 不经意传输

不经意传输（Oblivious Transfer，OT）是由 Rabin 在 1981 年提出的一种两方计算协议[233]，被广泛应用于安全多方计算（MPC）等领域。

在不经意传输中，发送方拥有一个"消息-索引"对 $(M_1,1),\cdots,(M_N,N)$。在每次传输时，接收方选择一个满足 $1\leqslant i\leqslant N$ 的索引 i，并接收 M_i。接收方不能得知关于数据库的任何其他信息，发送方也不能了解关于接收方 i 的选择的任何信息。

接下来，我们给出 "n 个中取 1" 不经意传输的定义。

定义 2–14 **"n 个中取 1" 不经意传输**[269] 设 A 方有一个输入表 $(x_1,\cdots,x_n)$ 作为输入，B 方有 $i\in 1,\cdots,n$ 作为输入。"n 个中取 1" 不经意传输是一种安全多方计算协议，其中，A 不能学习到关于 i 的信息，B 只能学习到 x_i。

当 $n=2$ 时，我们得到了 "2 个中取 1 个" 不经意传输（1-out-of-2 不经意传输），"2 个中取 1 个" 不经意传输对两方安全计算是普适的[140]。换言之，给定一个 "2 个中取 1 个" 不经意传输，我们可以执行任何的安全两方计算操作。

研究者已发表了许多不经意传输的构造方法，例如 Bellare-Micali 构造[46]、Naor-Pinka 构造[215]、Hazay-Lindell 构造[179]。

在实际应用中，不经意传输的一种实施方式是基于 RSA 公钥加密技术[244, 21]。举例来说，"2 个中取 1 个" 不经意传输的一个简单的实施流程如下[21]。

- 发送方生成两对不同的公钥和私钥对，并公开这两个公钥，记这两个公钥分别为公

钥 pk_1 和公钥 pk_2。假设接收方希望收到消息 m_1，但不希望发送方知道他想要收到的是消息 m_1。接收方生成一个随机数 k，再用公钥 pk_1 对 k 进行加密，并传给发送方。

- 发送方用他的两个私钥对这个加密后的 k 进行解密，用私钥 sk_1 解密得到 k_1，用私钥 sk_2 解密得到 k_2。只有 k_1 是等于 k 的，k_2 是一个无意义的数。不过，因为发送方不知道接收方加密 k 时用的是哪个公钥，所以他并不知道解密出来的 k_1 和 k_2 中哪一个值才是真的 k 的值。

- 发送方把 m_1 和 k_1 进行异或，把 m_2 和 k_2 进行异或，并把两个异或结果都发送传给接收方。

- 接收方使用 k 与收到的消息进行异或。接收方只能算出 m_1，而无法推测出 m_2。这是因为接收方不知道私钥 sk_2，从而推不出 k_2 的值，而且发送方也不知道接收方能算出哪一个消息。

- 接收方可以进一步通过校验信息（checksum，例如 CRC 校验码）来确定 m_1 是正确收到的消息。

2.3.3 混淆电路

混淆电路（Garbled Circuit，GC）是姚期智教授提出的安全多方计算概念[22, 289]。GC 的思想是通过布尔电路的观点构造安全函数计算，使得参与方可以针对某个数值来计算答案，而不需要知道它们在计算式中输入的具体数字。因为 GC 的多方的共同计算是通过电路的方式实现的，所以这里的关键词是"电路"。实际上，所有可计算问题都可以转化为各个不同的电路，例如加法电路、比较电路、乘法电路等。而电路是由一个个门（gate）组成的，例如与门、非门、或门、与非门等。

混淆电路可以看成一种基于不经意传输的两方安全计算协议，它能够在不依赖第三方的前提下，允许两个互不信任方在各自私有输入上对任何函数进行求值。由于与、或、非门组成的逻辑电路可以执行任何计算，所以 GC 使用电路表示待计算函数。

GC 的中心思想是将计算电路分解为产生阶段和求值阶段。两个参与方各自负责一个阶段，而在每一阶段中电路都被加密处理，所以任何一方都不能从其他方获取信息，但仍然可以根据电路获取结果。GC 由一个不经意传输协议和一个分组密码组成。电路的复杂度至少是随输入内容大小的增大而线性增长的。

在 GC 发表后，GMW（Goldreich, Micali and Wigderson）三位学者将 GC 扩展使用于多方，用以抵抗恶意的攻击者[110]。有关 GC 的更多信息，读者可以参考文献 [283]。

2.4 安全机制的性能效率对比

当前的很多文献都表明,从理论的角度,传输明文信息(如模型参数、参数梯度等)也是不安全的[318],攻击者可以通过窃取这些梯度信息来还原(或者部分还原)原始数据信息,从而导致数据隐私的泄露。这也是隐私保护机器学习提出的初衷。

联邦学习的训练模型以保证数据不出本地为前提,从而最大限度地减少数据的隐私泄露问题。但在联邦学习训练的过程中,客户端和服务端之间需要进行模型的信息(如模型参数、参数梯度等)交互,以便协同训练一个机器学习模型。如果直接传输明文信息,正如上面所分析的,也会存在信息泄露的风险。因此,联邦学习的安全机制设计是联邦学习一个非常重要的环节。

本章介绍了联邦学习常用的三大安全机制,即同态加密、差分隐私和安全多方计算,它们也是密码学领域常用的安全策略,在与联邦学习结合使用的过程中,各有优点和缺点。本节将从计算性能、通信性能和安全性三个维度进行综合比较(注意由于安全多方计算包括多种不同的实现策略,这里主要以秘密共享来讲解)。

- 计算性能:从计算的角度看,计算主要耗时在求取梯度上。对于同态加密,计算在密文的状态下进行,密文的计算要比明文的计算耗时更长;而差分隐私主要通过添加噪声数据进行计算,其效率与直接明文计算几乎没有区别;同理,秘密共享是在明文状态下进行的,计算性能基本不受影响。

- 通信性能:从通信的角度看,同态加密传输的是密文数据,密文数据比明文数据占用的比特数要更大,因此传输效率要比明文慢;差分隐私传输的是带噪声数据的明文数据,其传输效率与直接明文传输几乎没有区别;秘密共享为了保护数据隐私,通常会将数据进行拆分并向多方传输,完成相同功能的迭代。同态加密和差分隐私需要一次,而秘密共享需要多次数据传输才能完成。

- 安全性:注意,由于安全性的范围很广,这里我们特指在联邦学习场景中本地数据隐私的安全。虽然在联邦学习的训练过程中,我们是通过模型参数的交互来进行训练的,而不是交换原始数据,但当前越来越多的研究都表明,即使只有模型的参数或者梯度,也能反向破解原始的输入数据[319, 101, 203]。结合当前的三种安全机制来保护联邦学习训练时的模型参数传输:同态加密由于传输的是密文数据,因此其安全性是最可靠的;秘密共享通过将模型参数数据进行拆分,只有当恶意客户端超过一定的数目并且相互串通合谋时,才有信息泄露的风险,总体上安全性较高;差分隐私对模型参数添加噪声数据,但添加的噪声会直接影响模型的性能(当噪声比较小时，模型的性能损失较小，但安全性变差；相反，当噪声比较大时，模型的性能损失较大，但安全性变强）。

我们可以通过表 2-2 来总结本章介绍的三大安全机制与联邦学习相结合时的表现。读者也可以在实际的应用场景中，根据需求挑选安全机制来辅助实现联邦学习。

表 2-2　安全机制的性能效率对比

性　　能	同态加密	秘密共享	差分隐私
计算性能	耗时高	耗时低	耗时低
通信性能	耗时高	耗时较高	耗时低
安全性	安全性高	安全性较高	安全性有一定损失

2.5　基于 Python 的安全计算库

前面介绍了联邦学习中常见的安全机制及实现。事实上，这些安全机制并非联邦学习所特有，它们各自在密码学领域中已经被广泛研究和使用，因此，当前也有很多开源的实现方案可供使用。本节简要介绍一些常用的基于 Python 实现的安全计算库。

Python 开源程序包 pycrypto 提供了常用的加/解密算法的实现[2]，不仅包括 AES、DES、RSA、ElGamal 等常用算法，还包括常用的散列函数（例如 SHA256 和 RIPEMD160 等）。特别地，Python 开源程序包 pycryptodome 是 pycrypto 项目的一个分支（fork），提供了更加丰富的加/解密算法的实现，包括秘密共享算法[15]。在 pycryptodome 包里，对计算量大的操作还提供了高效的 C 语言扩展实现。

当前联邦学习系统里最常用的隐私保护机制是同态加密。开源的 Python-Paillier 程序包提供了支持部分同态加密（例如加法和标量乘法同态加密）的 Python 3 实现[16]。Python-Paillier 程序包主要是实现了基于 Paillier 算法的加法和标量乘法同态加密算法，支持对浮点数的加密运算。

差分隐私的主要实现机制是在输入或输出上加入随机化的噪声（数据），例如拉普拉斯噪声、高斯噪声、指数噪声[201] 等。开源的 Python 程序包 differential-privacy 提供了常用的差分隐私方法的实现[7]。IBM 公司提供的开源程序包 diffprivlib 是另外一个常用的 Python 差分隐私程序库[175]。

开源的 MPyC 程序包提供了基于 Python 的安全多方计算的实现[14]。MPyC 程序包主要提供了基于有限域上的阈值秘密共享，即使用 Shamir 的门限阈值密码共享方案以及伪随机秘密共享[253]。

常用的基于 Python 的安全计算程序包还有散列算法、ECC（Elliptic Curve cryptography）加密算法、ECDSA（Elliptic Curve Digital Signature Algorithm）加密算法和 eth-keys 秘钥生成算法等[17]。

第二部分
联邦学习快速入门

CHAPTER 3
用 Python 从零实现横向联邦图像分类

在第一部分,我们简要介绍了联邦学习相关的基础知识,包括联邦学习提出的背景,以及联邦学习的定义、分类和安全机制等,相信读者已经对联邦学习的理论有了初步的了解。本章我们将用 Python 来实现一个简单的横向联邦学习模型。

3.1 环境配置

在开始本章后面的学习之前,我们先简单介绍本章必要的软件安装与配置,主要包括下面的软件包安装。

- 安装 Python 环境:本书的代码已在 Python 3.7 中编译通过,读者可以在 Anaconda 官网中(链接 3-1),根据自己的操作系统平台选择对应的安装版本,参见图 3-1。

图 3-1 Anaconda 官网安装界面

- GPU 环境配置(可选):如果训练中使用的模型是深度学习模型,建议读者使用带有 GPU 的设备来提升模型训练的速度。为了使深度学习框架支持 GPU 编程,需要首先安装 CUDA 和 cuDNN。

    CUDA 安装:在官网(链接 3-2)下载与操作系统匹配的版本并安装,参见图 3-2。

图 3-2 CUDA 安装界面

cuDNN 安装:在官网(链接 3-3)找到与 CUDA 相兼容的版本进行下载并安装,参见图 3-3。

- 安装 PyTorch:在安装 Anaconda 后,我们可以直接使用 pip 来安装 PyTorch。使用 pip 的好处是，系统能够自动检测出合适的 PyTorch 版本，并自动安装依赖库。直接在命令行中输入下面的命令即可。

```
pip install torch
```

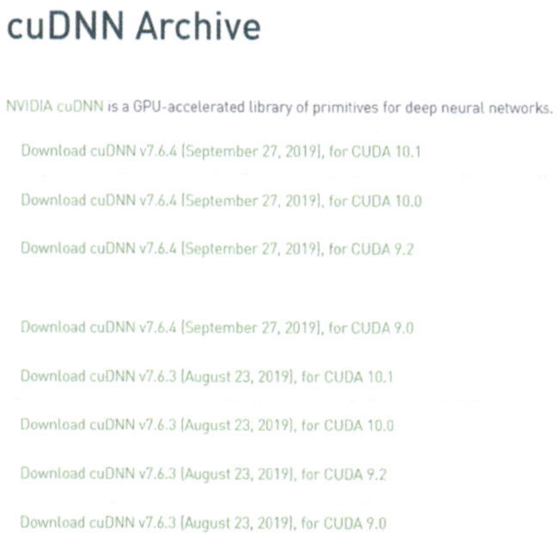

图 3-3　cuDNN 安装界面

3.2　PyTorch 基础

本章使用的机器学习库是基于 PyTorch 的。PyTorch 是由 Facebook 开源的基于 Python 的机器学习库[229]。本节我们简要介绍 PyTorch 的相关基础知识，包括 Tensor 的创建、操作、以及自动求导。如果读者想更深入了解 PyTorch 的使用，请参考 PyTorch 官方文档（链接 3-4）。

3.2.1　创建 Tensor

Tensor 是 PyTorch 的基础数据结构，是一个高维的数组，可以在跨设备（CPU、GPU 等）中存储，其作用类似于 Numpy 中的 ndarray。PyTorch 中内置了多种创建 Tensor 的方式，我们首先导入 torch 模块。

```
import torch
```

- 仅指定形状大小：可以仅仅通过指定形状大小，自动生成没有初始化的任意值，包括 empty、IntTensor、FloatTensor 等接口。

```
torch.IntTensor(2, 3)    # 生成整型张量，大小为(2,3)

torch.FloatTensor(2, 3)    # 生成浮点型张量，大小为(2,3)

torch.empty(2, 3)    # 生成空的张量，大小为(2,3)
```

- 通过随机化函数（PyTorch 内置了很多随机化函数）创建具有某种初始分布的值，比如服从标准正态分布的 randn、服从均匀分布的 rand、服从高斯分布的 normal 等，一般我们只需要指定输出 tensor 值的形状。

```
torch.rand(2, 3)    # 生成均匀分布的随机张量，大小为(2,3)

torch.randn(2, 3)   # 生成标准正态分布的随机张量，大小为(2,3)

torch.normal(2, 3)  # 生成离散正态分布的随机张量，大小为(2,3)
```

- 通过填充特定的元素值来创建，比如通过 ones 函数构建一个全 1 矩阵，通过 zeros 函数构建全 0 矩阵，通过 full 函数指定其他特征值。

```
torch.full((2, 3), 7)   # 生成大小为(2,3)的张量，全部值填充为7

torch.ones(2, 3)        # 生成大小为(2,3)的张量，全部值置为1

torch.zeros(2, 3)       # 生成大小为(2,3)的张量，全部值置为0
```

更多 Tensor 的创建方式，读者也可以参考 PyTorch 的官方文档，这里不再详述。

3.2.2 Tensor 与 Python 数据结构的转换

除了上一小节提到的创建方式，PyTorch 还可以将已有 Python 数据结构（如 list，numpy.ndarray 等）转换为 Tensor 的接口。PyTorch 的运算都以 Tensor 为单位进行，在运算时都需要将非 Tensor 的数据格式转化为 Tensor，主要的转换函数包括 tensor、as_tensor、from_numpy。用户只需要将 list 或者 ndarray 数值作为参数传入，即可自动转换为 PyTorch 的 Tensor 数据结构。

```
import numpy as np

arr = np.array([1, 2, 3, 4, 5])
a1 = torch.tensor(arr)          # 使用tensor接口转换
a2 = torch.as_tensor(arr)       # 使用as_tensor接口转换
a3 = torch.from_tensor(arr)     # 使用from_tensor接口转换
```

需要注意的是，as_tensor 和 from_numpy 会复用原数据的内存空间，也就是说，原数据或者 Tensor 的任意一方改变，都会导致另一方的数据改变。

```
arr[0] = 10
a1  # 使用tensor接口转换的数值不变，仍然为(1, 2, 3, 4, 5)
a2  # 使用as_tensor接口转换的数值改变，结果为(10, 2, 3, 4, 5)
a3  # 使用from_tensor接口转换的数值改变，结果为(10, 2, 3, 4, 5)
```

3.2.3 数据操作

Tensor 支持多种数据运算，例如四则运算、数学运算（如指数运算、对数运算等）等。并且，对于每一种数据的操作，PyTorch 提供了多种不同的方式来完成。我们以加法运算为例，PyTorch 有三种实现加法运算的方式。

- 方式一：直接使用符号"+"来完成。

```
x = torch.tensor([1, 2, 3])
y = torch.tensor([4, 5, 6])
x + y    # x+y得到的新张量为(5, 7, 9)
```

- 方式二：使用 add 函数。

```
x = torch.tensor([1, 2, 3])
y = torch.tensor([4, 5, 6])
torch.add(x, y)    # 结果与方式一致，为(5, 7, 9)
```

- 方式三：PyTorch 对数据的操作还提供了一种独特的 inplace 模式，即运算后的结果直接替换原来的值，而不需要额外的临时空间。这种 inplace 版本一般在操作函数后面都有后缀 "_"。

```
x = torch.tensor([1, 2, 3])
y = torch.tensor([4, 5, 6])
x.add_(y)    # x变量的值变为(5, 7, 9)
```

对于其他的张量四则运算操作，也可以仿照上面的三种方法来完成。Tensor 的另一种常见操作是改变形状。PyTorch 使用 view() 来改变 Tensor 中的形状，如下所示。

```
a = torch.rand(5, 3)
b = a.view(3, 5)
a.size()    # 张量a的大小为(5, 3)
b.size()    # 张量b的大小为(3, 5)
```

Tensor 的创建默认是存储在 CPU 上的。如果设备中有 GPU，为了提高数据操作的速度，我们可以将数据放置在 GPU 中。PyTorch 提供了方便的接口将数据在两者之间切换。

```
x = torch.tensor([1, 2, 3])
x.device    # 初始时，张量x的数据默认存放在CPU上
if torch.cuda.is_available():
    x = x.cuda()
x.device()    # 如果系统有CPU设备，张量x的数据将存放在CPU上
```

如果想将数据重新放置在 CPU 中，只需要执行下面的操作即可。

```
x = x.cpu()
x.device()    # 张量x的数据将重新存放在CPU上
```

3.2.4 自动求导

自动求导功能是 PyTorch 进行模型训练的核心模块，文献 [228] 对 PyTorch 的自动求导功能进行了深入的讲解和原理剖析。当前，PyTorch 的自动求导功能通过 autograd 包实现。autograd 包求导时，首先要求 Tensor 将 requires_grad 属性设置为 True；随后，PyTorch 将自动跟踪该 Tensor 的所有操作；当调用 backward() 进行反向计算时，将自动计算梯度值并保存在 grad 属性中。下面我们可以通过一个例子来查看自动求导的过程，计算过程如下。

```
import torch

x = torch.ones(2, 2, requires_grad=True)
y = x + 2
z = y * y * 3
out = z.mean()
```

这是一个比较简单的数学运算求解，上面的代码块所要求解的计算公式可以表示为

$$\text{out} = \frac{1}{4}\sum_{i=1}^{4}\{(x_i+2)\times(x_i+2)\times 3\}. \tag{3.1}$$

PyTorch 采用的是动态图机制，也就是说，在训练模型时候，每迭代一次都会构建一个新的计算图。计算图代表的是程序中变量之间的相互关系，因此，我们可以将式 (3.1)，表示为如图 3-4 所示的计算图。

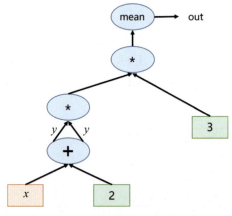

图 3-4 对应上面代码示例的计算图

当对 out 变量执行 backward 操作后，系统将自动求取所有叶子变量对应的梯度，这里的叶子节点，就是我们的输入变量 x：

```
out.backward()
x.grad    # 求取x的梯度值为(4.5, 4.5, 4.5, 4.5)
```

但应该注意的是，PyTorch 在设计时为了节省内存，没有保留中间节点的梯度值，因此，如果用户需要使用中间节点的梯度，或者自定义反向传播算法（比如 Guided Backpropagation[260]，GBP），就需要用到 PyTorch 的 Hooks 机制，包括 register_hook 和 register_backward_hook。这个技巧在卷积神经网络可视化中经常使用[31, 308]。Hooks 机制是 PyTorch 的高级技巧，鉴于本书的写作目的和篇幅，我们不在此详述，读者可以查阅相关的资料[153]。

通过对式 (3.1) 进行求导，得到 out 变量关于 x 的导数结果如下：

$$\frac{\partial \text{out}}{\partial x} = \begin{bmatrix} \frac{\partial \text{out}}{\partial x_1}\big|_{x_1=1} & \frac{\partial \text{out}}{\partial x_2}\big|_{x_2=1} \\ \frac{\partial \text{out}}{\partial x_3}\big|_{x_3=1} & \frac{\partial \text{out}}{\partial x_4}\big|_{x_4=1} \end{bmatrix} = \begin{bmatrix} 4.5 & 4.5 \\ 4.5 & 4.5 \end{bmatrix}$$

3.3 用 Python 实现横向联邦图像分类

本节我们使用 Python 从零开始实现一个简单的横向联邦学习模型。具体来说，我们将用横向联邦来实现对 cifar10 图像数据集的分类，模型使用的是 ResNet-18。我们将分别从服务端、客户端和配置文件三个角度详细讲解设计一个横向联邦所需要的基本操作。

需要注意的是，为了方便实现，本章没有采用网络通信的方式来模拟客户端和服务端的通信，而是在本地以循环的方式来模拟。在第 10 章中，我们将介绍利用 Flask-SocketIO 模拟客户端和服务端进行网络通信的实现。

3.3.1 配置信息

联邦学习在开发过程中会涉及大量的参数配置，其中比较常用的参数设置包括以下几个。

- 训练的客户端数量：每一轮的迭代，服务端会首先从所有的客户端中挑选部分客户端进行本地训练。每一次迭代只选取部分客户端参与，并不会影响全局收敛的效果，且能够提升训练的效率[200]。

- 全局迭代次数：即服务端和客户端的通信次数。通常会设置一个最大的全局迭代次数，但在训练过程中，只要模型满足收敛的条件，那么训练也可以提前终止。

- 本地模型的迭代次数：即每一个客户端在进行本地模型训练时的迭代次数。每一个客户端的本地模型的迭代次数可以相同，也可以不同。
- 本地训练相关的算法配置：本地模型进行训练时的参数设置，如学习率（lr）、训练样本大小、使用的优化算法等。
- 模型信息：即当前任务我们使用的模型结构。在本案例中，我们使用 ResNet-18 图像分类模型[127]。
- 数据信息：联邦学习训练的数据。在本案例中，我们将使用 cifar10 数据集。为了模拟横向建模，数据集将按样本维度，切分为多份不重叠的数据，每一份放置在每一个客户端中作为本地训练数据。

其他的配置信息，比如可能使用到的加密方案、是否使用差分隐私、模型是否需要检查点文件（checkpoint）、模型聚合的策略等，都可以根据实际需要自行添加或者修改。我们将上面的信息以 json 格式记录在配置文件中以便修改，如下所示。

```
{
    "model_name" : "resnet18",
    "no_models" : 10,
    "type" : "cifar",
    "global_epochs" : 20,
    "local_epochs" : 3,
    "k" : 6,
    "batch_size" : 32,
    "lr" : 0.001,
    "momentum" : 0.0001,
    "lambda" : 0.1
}
```

联邦学习在模型训练之前，会将配置信息分别发送到服务端和客户端中保存，如果配置信息发生改变，也会同时对所有参与方进行同步，以保证各参与方的配置信息一致。

3.3.2 训练数据集

按照上述配置文件中的 type 字段信息，获取数据集。这里我们使用 torchvision 的 datasets 模块内置的 cifar10 数据集。如果要使用其他数据集，读者可以自行修改。

```
def get_dataset(dir, name):
    if name=='mnist':
        train_dataset = datasets.MNIST(dir, train=True, download=True,
            transform=transforms.ToTensor())
```

```
        eval_dataset = datasets.MNIST(dir, train=False, transform=transforms.ToTensor())
    elif name=='cifar':
        transform_train = transforms.Compose([
            transforms.RandomCrop(32, padding=4), transforms.RandomHorizontalFlip(),
            transforms.ToTensor(), transforms.Normalize((0.4914, 0.4822, 0.4465), (0.2023, 0.1994,
                0.2010)),
        ])
        transform_test = transforms.Compose([ transforms.ToTensor(),
            transforms.Normalize((0.4914, 0.4822, 0.4465), (0.2023, 0.1994, 0.2010)),
        ])
        train_dataset = datasets.CIFAR10(dir, train=True, download=True,
            transform=transform_train)
        eval_dataset = datasets.CIFAR10(dir, train=False, transform=transform_test)
    return train_dataset, eval_dataset
```

3.3.3 服务端

横向联邦学习的服务端的主要功能是将被选择的客户端上传的本地模型进行模型聚合。但这里需要特别注意的是，事实上，对于一个功能完善的联邦学习框架，比如我们将在后面介绍的 FATE 平台，服务端的功能要复杂得多，比如服务端需要对各个客户端节点进行网络监控、对失败节点发出重连信号等。本章由于是在本地模拟的，不涉及网络通信细节和失败故障等处理，因此不讨论这些功能细节，仅涉及模型聚合功能。

下面我们定义一个服务端类 Server，类中的主要函数包括以下三种。

- 定义构造函数。在构造函数中，服务端的工作包括：第一，将配置信息拷贝到服务端中；第二，按照配置中的模型信息获取模型，这里我们使用 torchvision 的 models 模块内置的 ResNet-18 模型。torchvision 内置了很多常见的模型（链接 3-5）。模型下载后，令其作为全局初始模型。

```
class Server(object):
    def __init__(self, conf, eval_dataset):
        self.conf = conf
        self.global_model = models.get_model(self.conf["model_name"])
        self.eval_loader = torch.utils.data.DataLoader(eval_dataset,
            batch_size=self.conf["batch_size"], shuffle=True)
```

- 定义模型聚合函数。前面我们提到服务端的主要功能是进行模型的聚合，因此定义构造函数后，我们需要在类中定义模型聚合函数，通过接收客户端上传的模型，使用聚合函数更新全局模型。聚合方案有很多种，本节我们采用经典的 FedAvg 算法[200]。FedAvg 算法通过使用下面的公式来更新全局模型：

$$G^{t+1} = G^t + \lambda \sum_{i=1}^{m}(L_i^{t+1} - G_i^t). \tag{3.2}$$

其中，G^t 表示第 t 轮聚合之后的全局模型，L_i^{t+1} 表示第 i 个客户端在第 $t+1$ 轮本地更新后的模型，G^{t+1} 表示第 $t+1$ 轮聚合之后的全局模型。算法代码如下所示。

```python
def model_aggregate(self, weight_accumulator):
    # weight_accumulator存储了每一个客户端的上传参数变化值
    for name, data in self.global_model.state_dict().items():
        update_per_layer = weight_accumulator[name] * self.conf["lambda"]
        if data.type() != update_per_layer.type():
            data.add_(update_per_layer.to(torch.int64))
        else:
            data.add_(update_per_layer)
```

- 定义模型评估函数。对当前的全局模型，利用评估数据评估当前的全局模型性能。通常情况下，服务端的评估函数主要对当前聚合后的全局模型进行分析，用于判断当前的模型训练是需要进行下一轮迭代、还是提前终止，或者模型是否出现发散退化的现象。根据不同的结果，服务端可以采取不同的措施策略。

```python
def model_eval(self):
    self.global_model.eval()
    total_loss = 0.0
    correct = 0
    dataset_size = 0
    for batch_id, batch in enumerate(self.eval_loader):
        data, target = batch
        dataset_size += data.size()[0]
        if torch.cuda.is_available():
            data = data.cuda()
            target = target.cuda()
        output = self.global_model(data)
        total_loss += torch.nn.functional.cross_entropy(output, target,
                            reduction='sum').item()       # 把损失值聚合起来
        pred = output.data.max(1)[1]                      # 获取最大的对数概率的索引值
        correct += pred.eq(target.data.view_as(pred)).cpu().sum().item()
    acc = 100.0 * (float(correct) / float(dataset_size))  # 计算准确率
    total_l = total_loss / dataset_size                   # 计算损失值
    return acc, total_l
```

3.3.4 客户端

横向联邦学习的客户端主要功能是接收服务端的下发指令和全局模型,并利用本地数据进行局部模型训练。

与前一节一样,对于一个功能完善的联邦学习框架,客户端的功能也相当复杂,比如需要考虑本地的资源(CPU、内存等)是否满足训练需要、当前的网络中断、当前的训练由于受到外界因素影响而中断等。读者如果对这些设计细节感兴趣,可以查看当前流行的联邦学习框架源代码和文档,比如 FATE,获取更多的细节。

本节我们仅考虑客户端本地的模型训练细节。我们首先定义客户端类 Client,类中的主要函数包括以下两种。

- 定义构造函数。在客户端构造函数中,客户端的主要工作包括:首先,将配置信息拷贝到客户端中;然后,按照配置中的模型信息获取模型,通常由服务端将模型参数传递给客户端,客户端将该全局模型覆盖掉本地模型;最后,配置本地训练数据,在本案例中,我们通过 torchvision 的 datasets 模块获取 cifar10 数据集后按客户端 ID 进行切分,不同的客户端拥有不同的子数据集,相互之间没有交集。

```
class Client(object):
    def __init__(self, conf, model, train_dataset, id = 1):
        self.conf = conf                                # 配置文件
        self.local_model = model                        # 客户端本地模型
        self.client_id = id                             # 客户端ID
        self.train_dataset = train_dataset              # 客户端本地数据集
        all_range = list(range(len(self.train_dataset)))
        data_len = int(len(self.train_dataset) / self.conf['no_models'])
        indices = all_range[id * data_len: (id + 1) * data_len]
        self.train_loader = torch.utils.data.DataLoader(self.train_dataset,
            batch_size=conf["batch_size"],
            sampler=torch.utils.data.sampler.SubsetRandomSampler(indices))
```

- 定义模型本地训练函数。本例是一个图像分类的例子,因此,我们使用交叉熵作为本地模型的损失函数,利用梯度下降来求解并更新参数值,实现细节如下面代码块所示。

```
def local_train(self, model):
    for name, param in model.state_dict().items():
        # 客户端首先用服务器端下发的全局模型覆盖本地模型
        self.local_model.state_dict()[name].copy_(param.clone())
```

```python
# 定义最优化函数器，用于本地模型训练
optimizer = torch.optim.SGD(self.local_model.parameters(), lr=self.conf['lr'],
    momentum=self.conf['momentum'])
# 本地模型训练
self.local_model.train()
for e in range(self.conf["local_epochs"]):
    for batch_id, batch in enumerate(self.train_loader):
        data, target = batch
        if torch.cuda.is_available():
            data = data.cuda()
            target = target.cuda()
        optimizer.zero_grad()
        output = self.local_model(data)
        loss = torch.nn.functional.cross_entropy(output, target)
        loss.backward()
        optimizer.step()
    print("Epoch %d done." % e)
diff = dict()
for name, data in self.local_model.state_dict().items():
    diff[name] = (data - model.state_dict()[name])
return diff
```

3.3.5 整合

当配置文件、服务端类和客户端类都定义完毕后，我们将这些信息组合起来。首先，读取配置文件信息。

```python
with open(args.conf, 'r') as f:
    conf = json.load(f)
```

接下来，我们将分别定义一个服务端对象和多个客户端对象，用来模拟横向联邦训练场景。

```python
train_datasets, eval_datasets = datasets.get_dataset("./data/", conf["type"])
server = Server(conf, eval_datasets)
clients = []
# 创建多个客户端
for c in range(conf["no_models"]):
    clients.append(Client(conf, server.global_model, train_datasets, c))
```

每一轮的迭代，服务端会从当前的客户端集合中随机挑选一部分参与本轮迭代训练，被选中的客户端调用本地训练接口 local_train 进行本地训练，最后服务端调用模型聚合函数 model_aggregate 来更新全局模型，代码如下所示。

```python
for e in range(conf["global_epochs"]):
    # 采样k个客户端参与本轮联邦训练
    candidates = random.sample(clients, conf["k"])
    weight_accumulator = {}
    for name, params in server.global_model.state_dict().items():
        weight_accumulator[name] = torch.zeros_like(params)

    for c in candidates:
        diff = c.local_train(server.global_model)
        for name, params in server.global_model.state_dict().items():
            weight_accumulator[name].add_(diff[name])

    server.model_aggregate(weight_accumulator)            # 模型聚合
    acc, loss = server.model_eval()
    print("Epoch %d, acc: %f, loss: %f\n" % (e, acc, loss))
```

模型聚合完毕后，调用模型评估接口来评估每一轮更新后的全局模型效果。完整的代码请参见本书配套的 GitHub 网页。

3.4 联邦训练的模型效果

本节通过实验来评估联邦训练的模型效果，将分别评测模型在训练阶段和推断阶段的性能。

3.4.1 联邦训练与集中式训练的效果对比

为了对比联邦训练和集中式训练的效果，我们分别按照下面的参数来设置配置文件。

- 联邦训练配置：一共 10 台客户端设备（no_models=10），每一轮任意挑选其中的 5 台参与训练（k=5），每一次本地训练迭代次数为 3 次（local_epochs=3），全局迭代次数为 20 次（global_epochs=20）。

- 集中式训练配置：不需要单独编写集中式训练代码，只需要修改联邦学习配置便可使其等价于集中式训练。具体来说，将客户端设备 no_models 和每一轮挑选的参与训练设备数 k 都设为 1 即可。这样，只有 1 台设备参与的联邦训练等价于集中式训练。同时，将本地迭代次数设置为 1（local_epochs=1）。其余参数配置信息与联邦学习训练一致。

图 3-5 展示了两种不同的训练方式在 cifar10 图像分类上的效果对比，可以看到，联邦学习的训练效果与中心化训练的效果基本一样。

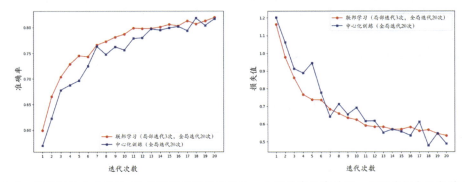

图 3-5　两种训练方式经过 20 轮迭代后的效果对比，左图是准确度对比，右图是损失函数值对比

3.4.2　联邦模型与单点训练模型的对比

比较模型在推断阶段的性能，如图 3-6 所示：单点训练模型指的是在某一个单一客户端 C_i，利用其本地数据 D_i 进行本地迭代训练的模型，我们分别任意挑选其中的五个客户端来单独训练；联邦训练中分别设置不同的 k 值，表示每一次本地迭代训练，我们会从所有客户端中挑选 k 个客户端来进行。在本实验中，分别设置了 $k=3$ 和 $k=6$ 两个值。

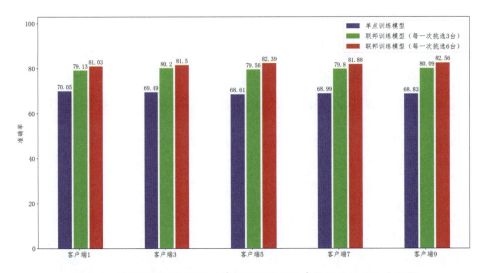

图 3-6　联邦训练后的模型与单点训练的模型在推断阶段的性能比较

在图 3-6 中，我们看到单点训练的模型效果（蓝色条）明显要低于联邦训练的模型效果（绿色条和红色条），这说明仅通过单个客户端的数据，不能很好地学习到数据的全局分布特性，模型的泛化能力较差。此外，每一轮参与联邦训练的客户端数目（k 值）不

同，其性能也会有一定的差别，k 值越大，每一轮参与训练的客户端数目越多，性能越好，但每一轮的完成时间也会相对较长。

CHAPTER 4
微众银行 FATE 平台

前一章介绍了使用 Python 编写一个简单的横向联邦图像分类模型，但联邦学习的开发，特别是工业级的产品开发，涉及的工程量却远不止于此，一个功能完备的联邦学习框架的设计细节是相当复杂的，本章我们将介绍由微众银行开发的联邦学习平台 FATE。

一般来说，一个联邦学习产品在开发过程中涉及分布式计算、密码学、机器学习、博弈论等跨领域的学科知识，因此，从零开始进行开发的难度较大，而且耗时很长，如何选择一个合适的联邦学习框架是开发人员和产品人员要考虑的首要问题。

本章将重点介绍由微众银行开发的联邦学习平台 FATE（链接 4-1）。FATE 是"Federated AI Technology Enabler"的简称，是微众银行 AI 部门发起的联邦学习开源项目，是全球第一个联邦学习工业级开源框架，为联邦学习生态系统提供了可靠的安全计算框架。2019 年 6 月，微众银行向 Linux 基金会捐赠了 FATE 框架，并宣布成为 Linux 基金的最新"黄金会员"，这也是目前唯一一家成为黄金会员的金融机构（链接 4-2）。

FATE 自开源以来，因其易用性和对联邦生态的完整支持，已经在信贷风控、客户权益定价、监管科技等领域落地应用。不管是对初级入门者，还是联邦学习产品级系统的开发人员，FATE 都是一个非常合适的选择。

相比于利用 Python 从零开发，FATE 提供了完善的建模工具，构建联邦学习模型简单方便，用户不需要了解太多的底层细节就可以实现联邦学习，非常适合开发工业级的联邦学习产品。

4.1　FATE 平台架构概述

2019 年 2 月，微众银行 AI 团队对外发布自主研发的开源项目 FATE，它是一款基于 Python 开发的联邦学习平台，也是全球首个工业级的联邦学习开源框架。自发布以来，FATE 经过多次重大更新，已经形成了一套完整的生态系统。图 4-1 展示了 FATE 自开源以来，在 2019 年的里程碑事件。

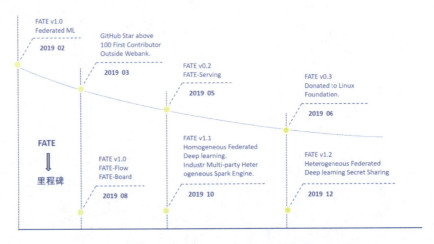

图 4-1　FATE 2019 年的里程碑事件

FATE 作为一款工业级的联邦学习产品，为联邦学习提供了完整的生态和社区支持，用户通过 FATE 可以完成联邦学习的开发流程。当前 FATE 包括以下主要功能：

- 提供了一种基于数据隐私保护的分布式安全计算框架（数据隐私保护也是 FATE 在设计过程中的首要考量目标）；
- 为机器学习、深度学习、迁移学习等常用算法提供了高性能的安全计算支持；
- 支持包括同态加密、秘密共享、Diffie Hellman 等多种多方安全计算协议，确保数据和模型的安全；
- 提供了一套友好的跨域交互信息管理方案和详细的开发文档，极大方便了开发人员的使用。

4.2　FATE 安装与部署

FATE 支持 Linux 或 Mac 操作系统，目前最新版本为 FATE v1.5（2020 年 10 月）。FATE 支持单机部署、集群部署和 KubeFATE 部署三种方式，其中单机部署和集群部署都属于原生（Native）部署方式，要求开发人员配置必要的开发环境和依赖库，主要包括 JDK 1.8+、Python 3.6、Python virtualenv、MySQL 5.6+、Redis 5.0.2 等。注意，FATE 正在不断的开发和完善中，版本不同，所依赖的环境及安装方法也会发生改变。要了解最新版本的安装步骤，可参考 FATE 的官方文档（链接 4-3）。

4.2.1　单机部署

单机部署版本主要是为了帮助开发人员快速开发以及测试 FATE，比较适合初级开发者使用。FATE 目前支持三种类型的单机安装，分别是：使用 Docker 镜像安装 FATE；在主机中安装 FATE；使用 Docker 从源代码中构建 FATE。推荐使用 Docker 镜像安装 FATE，这样可以大大降低产生问题的概率。使用 Docker 镜像安装 FATE 的过程，需要确保下面三点。

- 主机应能够访问外部网络，以便从公共网络中拉取安装包和 Docker 镜像。
- 安装依赖 Docker 和 Docker Compose，建议 Docker 版本为 18.09，建议 Docker-Compose 版本为 1.24.0，可以使用以下命令验证 Docker 环境：docker–version 和 docker–compose–version；Docker 的起停和其他操作请参考 docker–help。
- 执行之前，请检查 8080、9060 和 9080 端口是否已被占用。如果要再次执行，请使 Docker 命令删除以前的容器和镜像。Docker 安装的详细步骤如下所示。

```
# 获取安装包
FATE $ wget https://webank-ai-1251170195.cos.ap-guangzhou.myqcloud.com/docker_standalone-fate-1.4.0.tar.gz
FATE $ tar -xzvf docker_standalone-fate-1.4.0.tar.gz

# 执行部署
FATE $ cd docker_standalone-fate-1.4.0
FATE $ bash install_standalone_docker.sh

# 验证和测试
FATE $ CONTAINER_ID=`docker ps -aqf "name=fate_python"`
FATE $ docker exec -t -i ${CONTAINER_ID} bash
FATE $ bash ./federatedml/test/run_test.sh
```

如果读者想了解其他两种单机安装方式,即从主机中安装和从源代码中构建,可以自行参考 FATE 官网提供的单机版安装步骤来自行安装(链接 4-4),这里我们不再详细介绍。

4.2.2 集群部署

联邦学习的场景绝大多数都是多方参与的大数据场景,因此,在产品级落地应用中,FATE 为大数据场景提供了分布式运行部署架构版本。从单机部署迁移到集群部署需要更改配置文件。FATE 集群部署的环境要求如图 4-2 所示。

服务器	
数量	>1(根据实际情况配置)
配置	8 core /16GB memory / 500GB硬盘/10M带宽
操作系统	CentOS Linux 7.2及以上/Ubuntu 16.04 以上
依赖包	(可以使用初始化脚本env.sh安装)
用户	用户:app,属主:apps(app用户需可以sudo su root而无须密码)
文件系统	1.挂载500G硬盘在/data目录下; 2.创建/data/projects目录,目录属主为app:apps

图 4-2　FATE 集群部署环境

FATE 的集群部署比单机部署复杂,需要安装的组件包括 fate_flow、fateboard、clustermanager、nodemanager、rollsite 和 mysql,如图 4-3 所示。

此外,需要对环境和参数进行详细的设置。考虑到版本的不断发展和改进,不同版本的安装细节和配置参数可能会有所不同,因此建议读者查阅 FATE 官网的集群安装步骤(链接 4-5)来安装,本书不再单独介绍。

软件产品	组件	端口	说明
FATE	fate_flow	9360;9380	联邦学习任务流水线管理模块
FATE	fateboard	8080	联邦学习过程可视化模块
Eggroll	clustermanager	4670	集群管理器，用来管理机器集群
Eggroll	nodemanager	4671	节点管理器，用来管理每台机器资源
Eggroll	rollsite	9370	跨节点的通信组件
MySQL	mysql	3306	数据存储

图 4-3　FATE 集群部署需要安装的组件

4.2.3　KubeFATE 部署

FATE 的分布式特性使它的部署有一定的复杂性和难度。为了降低开发人员的部署难度，VMware 与微众银行联合开发了 KubeFATE。KubeFATE 使用云原生技术管理 FATE 集群并处理工作负荷，使用 KubeFATE 部署的优点包括：

- 使用简单，免除了安装很多依赖库的烦恼；
- 配置灵活，按需部署集群；
- 适用于任意的云环境。

通过 KubeFATE，可以使用 Docker Compose 或者 Kubernetes 方式部署 FATE。同样地，考虑到后续版本可能发生的变化和本书篇幅，读者可以自行在 FATE 官网的 KubeFATE 项目中按照官方教程自行安装（链接 4-6），这里不再详述。

4.3　FATE 编程范式

FATE 作为一个工业级的联邦学习框架，为开发人员提供了丰富的编程接口和模型构建方式。用 FATE 构建联邦学习模型有以下两种不同的编程范式。

- 组件化配置：即用户将模型训练拆分为不同的任务，每一个任务以组件的形式通过有向无环图（DAG）图相连，联邦模型训练所需要的有关参数都在配置文件中定义。在该模式下，用户只需自定义和提交配置文件，就可以直接执行联邦训练。
- 脚本编程：FATE 提供 API 接口，用户通过脚本编程的方式实现联邦模型，这与直接使用 Python 编程相似。

截至 2020 年 11 月，FATE 最新版本 v1.5 的脚本编程尚处在开发阶段。从稳定性角度考虑，本书暂时只使用组件化配置来阐述联邦学习建模。使用组件化配置构建联邦学习模型，需要提供两个配置文件。

- dsl 配置文件：FATE 内置的一套自定义领域特定语言。在 dsl 中，常见的机器学习任务会被划分为不同的模块，如数据读写 data_io，模型训练、模型评估等可以通过一个有向无环图组织起来。
- conf 配置文件：在 dsl 配置文件中，不同的组件模块有不同的参数配置，这些参数统一放在 conf 文件中设置。比如在数据读写模块中，要指定各个参与方数据的文件路径；在模型训练中，要指定模型训练的迭代次数、batch 大小、最优化方法等。

为了方便后面的统一讲解，假设用户安装 FATE 的主目录为 fata_dir，dsl 和 conf 是 FATE 运行的核心配置文件。本书的第 5 章和第 6 章将介绍 dsl 和 conf 的入门配置，以用于 FATE 进行横向建模和纵向建模。尽管如此，由于 FATE 版本的迭代，且囿于本书的篇幅和写作目的，有很多参数和功能不会在本书中介绍，因此建议读者关注 FATE 官方有关运行配置的最新版本使用说明（链接 4-3）。

dsl 模块设置和 conf 参数设置都完成后，调用 fate_flow 模块下的 fate_flow_client.py，在命令行中输入如下命令：

```
python $fate_dir/fate_flow/fate_flow_client.py -f submit_job -d ***.dsl -c ***.conf
```

将看到输出的如下信息。读者可以在浏览器中输入 board_url 字段中的网址信息：

```
{
    "data": {
        "board_url": "http://localhost:8080/index.html#/dashboard?job_id=20191219103135663330118",
        "job_dsl_path": "xxx/jobs/20191219103135663330118/job_dsl.json",
        "job_runtime_conf_path": "xxx/jobs/20191219103135663330118/job_runtime_conf.json",
        "logs_directory": "xxx/logs/20191219103135663330118",
        "model_info": {
            "model_id": "arbiter-10000#guest-9999#host-10000#model",
            "model_version": "20191219103135663330118"
        }
    },
    ......
}
```

输入后，将看到如图 4-4 所示的 FATEBoard 界面，在此界面中，会看到有关当前算法的任务流图。

在接下来的第 5 章和第 6 章中，将更详细地介绍如何使用 FATE 来构建横向联邦学习和纵向联邦学习。

利用 FATE 的组件化配置开展联邦学习项目和产品开发，主要有下面的优点：

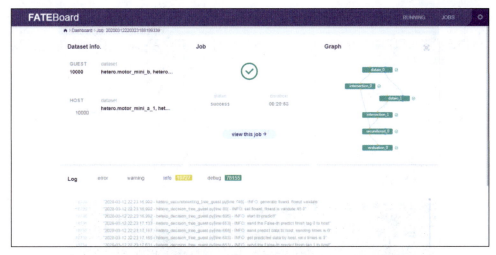

图 4–4 FATEBoard 界面

- 提供了多种安全策略机制，包括同态加密、秘密共享等安全计算协议，保证数据的隐私安全；
- 部署简单方便，用户只需提供配置文件信息便可构建联邦学习模型；
- 提供了可视化的界面，方便用户检查模型和结果；
- 支持常用的机器学习算法。提供了包括联邦特征工程、联邦模型训练和联邦模型评估在内的完整流程。

当前组件化配置的模式也存在一些不足（这也是我们开发脚本编程的原因），即模型很难自定义设置。当前的组件化配置使用的学习模型都已经内置在 FATE 中，但在某些场景中，用户需要根据实际情况来自定义模型、损失函数等，这就要求用户熟悉 FATE 的代码，深入 FATE 内部进行修改。

4.4 FATE 应用案例

随着联邦学习的快速普及，FATE 作为当前最完善的工业级联邦学习开发框架，已经在多个场景中得到应用。它在金融行业的应用主要包括以下几类。

- 在小微企业信用风险管理中的应用。利用联邦学习技术，联合分散在不同行业中的数据进行建模，为小微企业贷款提供可靠的风控模型，对企业规避风险，降低微型企业贷款不良率起到重要作用。

- 在跨银行反洗钱中的应用。反洗钱在银行的日常经营中发挥着重要作用,有效的反洗钱模型可以遏制经济犯罪活动。微众银行利用联邦学习技术,自动筛查交易记录,取得了不错的效果。
- 在交通违章保险中的应用。通过联合多方数据进行建模,为每个用户提供个性化的保险定价模型。

有关 FATE 的更多应用和实践案例,读者可以查阅微众 FedAI 的官方网站(链接 4-7),如图 4-5 所示。

图 4-5　FATE 的实践案例(图片截取自 FedAI 的官方网站)

CHAPTER 5
用 FATE 从零实现横向逻辑回归

本章利用 FATE 从零开始构建一个简单的横向逻辑回归模型。本章以实验为主,不对理论知识做太多的讲解。读者如果想了解有关横向联邦算法的具体步骤,可以参考《联邦学习》中文版[284] 的相关章节,或者参考文献 [285, 143]。

本章的实验运行在 FATE 单机版上,因此要求读者预先安装 FATE 单机版。FATE 单机版的安装步骤可参考 4.2 节或查看 FATE 的 GitHub 官方单机版安装文档(链接 4-4)。本章代码可以在链接 5-1中查阅。

5.1 数据集的获取与描述

本节我们使用由威斯康星州临床科学中心开源的乳腺癌肿瘤数据集（链接 5-2）来测试横向联邦模型，数据集已经内置在 sklearn 库中，可以直接加载查看。

```
from sklearn.datasets import load_breast_cancer
import pandas as pd
breast_dataset = load_breast_cancer()
breast = pd.DataFrame(breast_dataset.data, columns=breast_dataset.feature_names)
breast['y'] = breast_dataset.target
breast.head()
```

执行代码后显示前 5 行的数据如图 5-1 所示。可以看到，数据一共由 569 个样本构成，每一个样本数据一共有 31 列，其中第 1~30 列表示 30 维的特征数据，第 31 列表示标签数据（用 1 表示良性肿瘤，0 表示恶性肿瘤）。进一步分析，我们会发现数据中只包含了 10 个属性，但是每一个属性值分别以均值（mean）、标准差（standard error）、最差值（worst）出现了三次，所以总共有 30 个特征。在这 569 个样本中，恶性肿瘤样本有 212 个，良性肿瘤样本有 357 个。

	mean radius	mean texture	mean perimeter	mean area	mean smoothness	mean compactness		worst concave points	worst symmetry	worst fractal dimension	y
0	17.99	10.38	122.80	1001.0	0.11840	0.27760	……	0.2654	0.4601	0.11890	0
1	20.57	17.77	132.90	1326.0	0.08474	0.07864		0.1860	0.2750	0.08902	0
2	19.69	21.25	130.00	1203.0	0.10960	0.15990		0.2430	0.3613	0.08758	0
3	11.42	20.38	77.58	386.1	0.14250	0.28390		0.2575	0.6638	0.17300	0
4	20.29	14.34	135.10	1297.0	0.10030	0.13280		0.1625	0.2364	0.07678	0

图 5-1 乳腺癌肿瘤数据集示例

5.2 逻辑回归

根据上一节对数据集的描述，可知本章的实验是一个二分类的模型训练，即对乳腺癌数据集中恶性肿瘤 M（1）和良性肿瘤 B（0）的分类。逻辑回归（Logistic Regression）是当前最常用的二分类模型，属于广义线性模型（Generalized Linear Model）家族，因其模型简单且效果较好被广泛使用。本章采用逻辑回归作为实验模型。

我们先简要回顾线性回归的定义。线性回归模型是通过对特征值 $x = (x_1, x_2, \cdots, x_n)$ 进行线性组合来预测标签值 y，即满足：

$$y = w_1 x_1 + w_2 x_2 + \cdots + w_n x_n + b. \tag{5.1}$$

通常使用向量的形式简化表示为

$$y = \boldsymbol{W}^{\mathrm{T}}\boldsymbol{X} + b, \tag{5.2}$$

其中 $\boldsymbol{W} = (w_1; w_2; \cdots; w_n)$，$\boldsymbol{X} = (x_1, x_2, \cdots, x_n)$。

利用式 (5.2) 得到的 y 值是一个连续值，而二元分类的输出是一个只包含 0 和 1 的离散值，为此，我们可以在式 (5.2) 连续值输出的基础上，再进行非线性的映射，即寻找一个可微的非线性函数 f 将离散标签值 y 与线性回归的预测连续值联系起来：

$$y = f(\boldsymbol{W}^{\mathrm{T}}\boldsymbol{X} + b). \tag{5.3}$$

在逻辑回归中，我们使用逻辑斯蒂函数来充当这个非线性映射的角色，逻辑斯蒂函数的表示形式为

$$f(z) = \frac{1}{1 + \mathrm{e}^{-z}}. \tag{5.4}$$

其函数图像如图 5-2 所示。

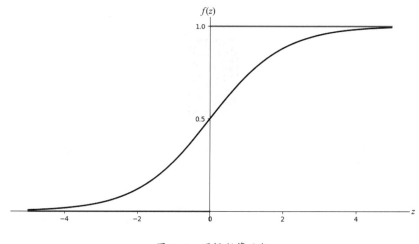

图 5-2　逻辑斯蒂函数

可以看出，利用逻辑回归进行分类预测时，当线性回归预测值 $\boldsymbol{W}^{\mathrm{T}} + b \geqslant 0$ 时，则判断为正例，输出为 1；否则，判断为负例，输出 0。

5.3　横向数据集切分

为了模拟横向联邦建模的场景，首先在本地将乳腺癌数据集切分为特征相同的横向联邦形式，假设当前有两方参与横向联邦训练，如图 5-3 所示。

图 5-3　两方参与的横向联邦训练

取乳腺癌数据集的前 469 条样本作为训练样本数据，后 100 条数据作为测试数据，数据切分的策略如下。

- 训练数据切分：将 469 条数据按行切分为两份数据，选取其中前 200 条作为公司 A 的本地数据，保存为 breast_1_train.csv，将剩余的 269 条数据作为公司 B 的本地数据，保存为 breast_2_train.csv。
- 测试数据集：测试数据集不需要切分，两个参与方使用相同的一份测试数据即可，文件命名为 breast_eval.csv。数据分布如图 5-4 所示。

图 5-4　横向数据分布

5.4　横向联邦模型训练

数据准备好之后，下一步可以利用 FATE 来构建横向联邦模型进行训练。在 FATE 中构建横向联邦模型，通常情况下会涉及下面三项工作。

- 数据输入：将文件（如 csv、txt 等文本文件）转换为 FATE 支持的 DTable 格式。DTable 是一个分布式数据集合，是 FATE 的基础数据结构，FATE 的所有运算都基于 DTable 格式进行。
- 模型训练：数据转换为 DTable 格式后，FATE 可以为模型训练构建流水线（pipeline）。

- 模型评估：横向联邦的模型评估与集中式的模型评估一样，将训练好的模型作用于测试数据集来评估模型性能。

FATE 为横向联邦训练提供了丰富的接口，如 4.3 节所述，开发人员只需要通过提供 dsl 和 conf 配置文件，就能完成上面的所有操作。为了后面的叙述统一，我们假设读者安装的 FATE 单机版本目录如下，后面的讲解都以该目录作为基目录。

```
fate_dir=/data/projects/fate-1.4.0/standalone-fate-master-1.4.0/
```

5.4.1 数据输入

FATE 提供了将本地文件转化为 DTable 格式的工具，首先将本地的训练数据和测试数据上传到 $fate_dir/examples/data 目录，该操作可以使用 rz 命令完成。

```
cd $fate_dir/examples/data/
rz -be
```

我们定义上传数据配置文件，将其命名为 upload_data.json，其内容如下所示。需要修改其中的三个字段，即 file、table_name 和 namespace，其余字段使用默认值。

```
{
    "file": "examples/data/breast_hetero_guest.csv",    # 指定数据文件
    "head": 1,
    "partition": 16,
    "work_mode": 0,
    "table_name": "breast_hetero_guest",                # 指定DTable表名
    "namespace": "experiment"                           # 指定DTable表名的命名空间
}
```

这三个字段对应的含义如下。

- file：对应的本地文件位置，也就是刚刚上传的目录文件夹。
- table_name：将本地文件转换为 DTable 格式的表名，可根据需要自行设置。
- namespace：DTable 格式的表名对应的命名空间，可根据需要自行设置。

以上传文件 breast_1_train.csv 为例，修改后的 upload_data.json 文件如下所示。

```
{
    "file": "examples/data/breast_1_train.csv",    # 指定数据文件
    "head": 1,
    "partition": 16,
    "work_mode": 0,
    "table_name": "homo_breast_1_train",            # 指定DTable表名
    "namespace": "homo_host_breast_train"           # 指定DTable表名的命名空间
}
```

修改完成后，在命令行中执行下面的命令（upload），FATE 会自动将原始的本地文件 breast_1_train.csv 转换为 DTable 格式。

```
python $fate_dir/fate_flow/fate_flow_client.py -f upload -c upload_data.json
```

如果成功执行，那么系统将返回下面的信息，可以将 board_url 字段中提供的网址输入浏览器中查看执行结果。

```
{
    "data": {
        "board_url": "http://localhost:8080/index.html#/dashboard?job_id=20191219103135663301118",
        "job_dsl_path": "xxx/jobs/20191219103135663301118/job_dsl.json",
        "job_runtime_conf_path": "xxx/jobs/20191219103135663301118/job_runtime_conf.json",
        "logs_directory": "xxx/logs/20191219103135663301118",
    },
    "jobId": "20191219103135663301118",
    "retcode": 0,
    "retmsg": "success"
}
```

同理，对于 breast_2_train.csv，可以按照上面的过程执行。对于测试数据集，我们将本地测试文件上传到两个参与方，并各自转化为 DTable 格式。如下所示。

Listing 5.1: host 测试文件转换

```
{
    "file": "examples/data/breast_eval.csv",
    "head": 1,
    "partition": 16,
    "work_mode": 0,
    "table_name": "homo_breast_1_eval",
    "namespace": "homo_host_breast_eval"
}
```

Listing 5.2: guest 测试文件转换

```
{
    "file": "examples/data/breast_eval.csv",
    "head": 1,
    "partition": 16,
    "work_mode": 0,
    "table_name": "homo_breast_2_eval",
    "namespace": "homo_guest_breast_eval"
}
```

5.4.2 模型训练

当我们在上一步将本地数据转换为 DTable 格式后,就可以开始构建联邦学习训练流水线了。FATE 官方提供了很多模型参考例子。当前 FATE 支持下面几种常用的机器学习模型,如图 5-5 所示。

- 线性模型:包括横向和纵向的线性回归、逻辑斯蒂回归等线性模型实现。
- 树模型:基于纵向的 GBDT 实现。
- 神经网络:支持横向的深度神经网络模型 DNN。

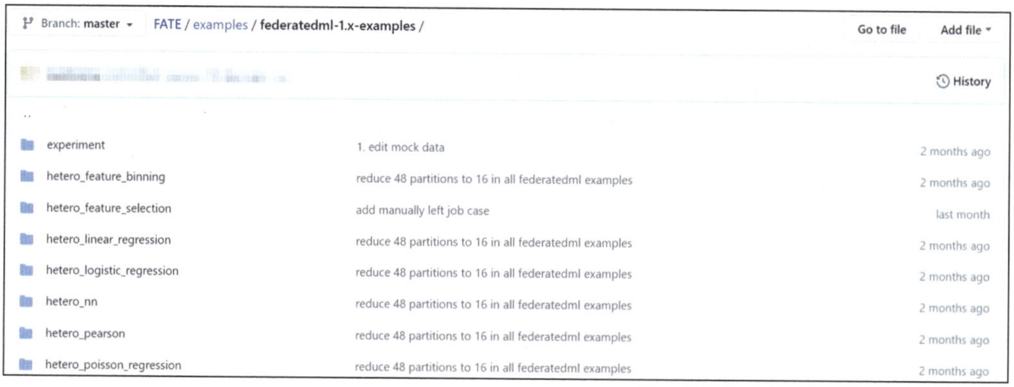

图 5-5 FATE 支持的几种常用机器学习模型

本章使用的是逻辑回归模型。进入 \$fate_dir/examples/dsl/v1/homo_logistic_regression 目录,在该目录下已经有很多预设的 dsl 和 conf 文件。在本节的模型训练中,我们挑选其中两个来修改,即使用 test_homolr_train_job_dsl.json 和 test_homolr_train_job_conf.json 两个文件来帮助构建横向联邦模型。

- test_homolr_train_job_dsl.json:用来描述任务模块,将任务模块以有向无环图的形式组合在一起。
- test_homolr_train_job_conf.json:用来设置各个组件的参数,比如输入模块的数据表名、算法模块的学习率、batch 大小、迭代次数等。

首先查看 dsl 配置文件。在命令行中输入命令,打开上述 dsl 文件。当前的 dsl 已经定义了三个组件模块,这三个组件也构成了最基本的横向联邦模型流水线,在本案例中直接使用即可。

- dataio_0：数据 I/O 组件，用于将本地数据转换为 DTable。
- homo_lr_0：横向逻辑回归组件。
- evaluation_0：模型评估组件，如果没有提供测试数据集，将自动使用训练数据集进行模型评估。

接下来，查看 conf 配置文件，该文件包括运行相关的所有参数信息，在一般情况下使用默认值即可，需要修改的地方包括以下几处。

- role_parameters 字段：找到 role_parameters 字段，该字段下包括 guest 和 host，分别对应于两个参与方。这里需要修改三个参数。首先是 train_data 下面的 name 和 namespace，代表的是训练数据的 DTable 表名和命名空间；此外，label_name 表示的是标签列对应的属性名，比如本案例中，我们的标签列名是"y"。

```
"role_parameters": {
    "guest": {
        "args": {
            "data": {
                "train_data": [{"name": "homo_breast_2_train", "namespace":
                    "homo_guest_breast_train"}]
            }
        },
        "dataio_0":{ ... , "label_name": ["y"], ... }
    },
    "host": {
        "args": {
            "data": {
                "train_data": [{"name": "homo_breast_1_train", "namespace":
                    "homo_host_breast_train"}]
            }
        },
        "dataio_0":{ ... , "label_name": ["y"], ... }
    }
}
```

- algorithm_parameters 字段：algorithm_parameters 字段用来设置模型训练的超参数信息，包括优化函数、学习率、迭代次数等，可以根据实际需要自行修改。

```
"algorithm_parameters": {
    "dataio_0":{ ... },
    "homo_lr_0": {
```

```
            "penalty": "L2",
            "optimizer": "sgd",
            "eps": 1e-5,
            "alpha": 0.01,
            "max_iter": 10,
            "converge_func"  "diff",
            "batch_size": 500,
            "learning_rate": 0.15,
            ...
        }
    }
```

文件配置修改完后,在命令行中输入下面的命令(submit_job)执行模型训练,该命令只需要提供 dsl 和 conf 配置文件即可。

```
python $fate_dir/fate_flow/fate_flow_client.py -f submit_job -d
    test_homolr_train_job_dsl.json -c test_homolr_train_job_conf.json
```

如果一切运行正常,我们可以得到下面的输出信息,将 board_url 中的网址输入浏览器中可查看当前的任务运行情况。

```
{
    "data": {
        "board_url": "http://localhost:8080/index.html#/dashboard?job_id=20191219103135663301250125",
        "job_dsl_path": "xxx/jobs/20191219103135663301250125/job_dsl.json",
        "job_runtime_conf_path": "xxx/jobs/20191219103135663301250125/job_runtime_conf.json",
        "logs_directory": "xxx/logs/20191219103135663301250125",
    },
    "jobId": "20191219103135663301250125",
    "retcode": 0,
    "retmsg": "success"
}
```

5.4.3 模型评估

模型评估是机器学习算法设计中的重要一环,在联邦学习场景下也是如此,常用的模型评估方法包括留出法和交叉验证法。

- 留出法(Hold-Out):将数据按照一定的比例进行切分,预留一部分数据作为评估数据集,用于评估联邦学习的模型效果,如图 5-6 所示。
- 交叉验证法(Cross-Validation):将数据集 D 切分为 k 份,$D_1, D_2, \cdots, D_k$,每一次随机选用其中的 $k-1$ 份数据作为训练集,剩余的一份数据作为评估数据。这样可以获得 k 组不同的训练数据集和评估数据集,得到 k 个评估的结果,取其均值作为最终模型评估结果,如图 5-7 所示。

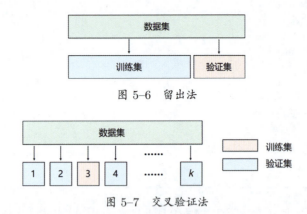

图 5-6 留出法

图 5-7 交叉验证法

为了评估模型的效果,我们使用额外的数据集作为评估数据集(即采用留出法)。在 5.4.1 节中,我们为两个参与方都分配了一份测试数据 breast_eval.csv,并将其转换为 DTable 格式。为了将这部分数据用于模型评估,需要修改 dsl 的组件配置。具体来说,在 test_homolr_train_job_dsl 文件中,在 components 组件下添加一个新的数据输入组件 "dataio_1",用来读取测试数据,如下所示。

```
{
    "components" : {
        "dataio_0": { # 训练数据模块。 },
        "dataio_1": { # 新添加组件,代表测试数据模块。 },
        "homo_lr_0": { ... },
        "evaluation_0": { ... }
    }
}
```

dataio_0 与 dataio_1 的设置方式基本一致,主要需要设置 module、input 和 output,如下所示。

```
"dataio_1": {
    "module": "DataIO",
    "input": {
        "data": {
            "data": [ "args.eval_data" ]   # 表示测试数据采用conf文件中args.eval_data设置的文件
        },
        "model": [ "dataio_0.dataio" ]  # 表示使用训练数据模块"dataio_0"的输出作为"dataio_1"的模型输入
    },
    "output": {
        "data": ["eval_data"]   # 设置输出的data名,可由用户任意设定
```

        }
    }

然后，需要修改 conf 文件，在 role_parameters 字段中为 guest 和 host 添加测试数据的 DTable 表名。

```
"role_parameters": {
    "guest": {
        "args": {
            "data": {
                "train_data": [{"name": "homo_breast_2_train", "namespace": "homo_guest_breast_train"}],
                "eval_data": [{"name": "homo_breast_eval", "namespace": "homo_guest_breast_eval"}]
            }
        },
        ...
    },
    "host": {
        "args": {
            "data": {
                "train_data": [{"name": "homo_breast_1_train", "namespace": "homo_host_breast_train"}],
                "eval_data": [{"name": "homo_breast_eval", "namespace": "homo_host_breast_eval"}]
            }
        },
        ...
    }
}
```

修改完文件配置，为了和没有测试数据的版本做区分，我们将 dsl 文件另存为 test_homolr_evaluate_job_dsl.json，将 conf 文件另存为 test_homolr_evaluate_job_conf.json，然后执行 submit_job 命令。

```
python $fate_dir/fate_flow/fate_flow_client.py -f submit_job -d
    test_homolr_evaluate_job_dsl.json -c test_homolr_evaluate_job_conf.json
```

在输出信息中，通过提供的 board_url 可以查看带有模型评估算法组件模块的有向无环图，如图 5-8 所示。该图实际上由训练模块组件和评估模块组件两部分构成。可以点击评估模块组件中的 evaluation_1，然后点击右边的 view the outputs 按钮查看模型在评估集上的结果，如图 5-9 所示。

打开可视化界面，将看到内置的各种评估指标变化曲线，如 ROC、K-S、Accuracy 等，如图 5-10 所示。

此外，我们还可以查看各评估指标，如 AUC、K-S、混淆矩阵的具体数值，如图 5-11 所示。

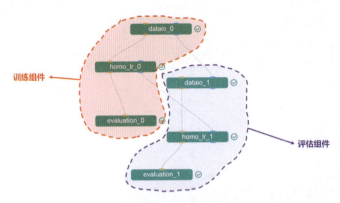

图 5-8 有向无环图

左边是没有添加评估数据组件的流水线；右边是添加了评估数据组件的流水线

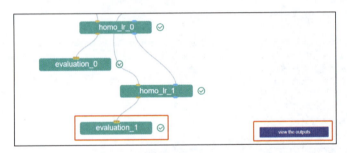

图 5-9 查看评估集上的结果

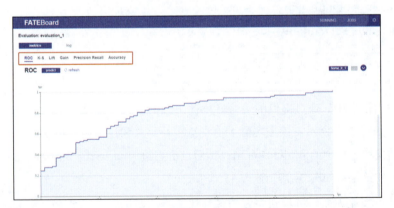

图 5-10 各种评估指标变化曲线

图 5-11　各评估指标

5.5　多参与方环境配置

前面介绍了在 FATE 中进行两个客户端参与的横向联邦实验，对于多个客户端参与的场景，需要在配置文件 conf 中修改部分参数值。首先在 conf 文件找到 role 字段，在默认状态下只有两方（guest 和 host，各一个 ID 值），图 5-12 展示了如何配置多客户端，具体来说，只需要在 role 字段下的 host 子字段方添加新的客户端 ID 即可。各客户端 ID 之间用逗号隔开。

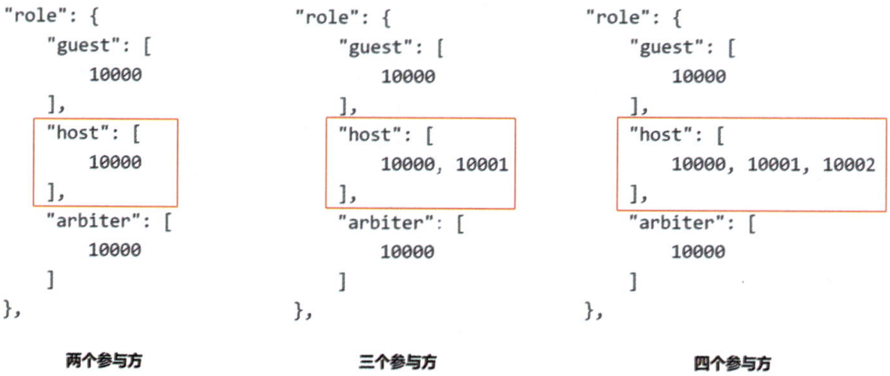

```
"role": {                "role": {                "role": {
    "guest": [               "guest": [               "guest": [
        10000                    10000                    10000
    ],                       ],                       ],
    "host": [                "host": [                "host": [
        10000                    10000, 10001             10000, 10001, 10002
    ],                       ],                       ],
    "arbiter": [             "arbiter": [             "arbiter": [
        10000                    10000                    10000
    ]                        ]                        ]
},                       },                       },
```

两个参与方　　　　　　　　　三个参与方　　　　　　　　　四个参与方

图 5-12　多客户端配置

接下来，我们在 role_parameters 字段中，在 host 子字段中，添加对应的新的客户端的本地训练数据的 DTable 表名和命名空间，下面展示了图 5-12 中右侧四个客户端（参与方）情形下的配置。

```
"role_parameters": {
    "guest": ...,
    "host": {
        "args": {
```

```
                {"name": "table_name_1", "namespace": "experiments"},
                {"name": "table_name_2", "namespace": "experiments"}
                {"name": "table_name_3", "namespace": "experiments"}
            ]
        }
    },
    ...
    }
    ...
}
```

修改完配置文件 conf 后，多方的横向建模流程和前面的两方横向建模流程基本一致，首先为每一个参与方准备训练和评估数据集，再执行 submit_job 命令进行训练，此处不再详述。

CHAPTER 6
用 FATE 从零实现纵向线性回归

本章利用 FATE 从零开始实现一个简单的纵向线性回归模型，本章以实验为主（链接 6-1）。读者如果想了解有关纵向联邦线性回归算法的具体步骤，可以参考《联邦学习》[284] 的相关章节，或者参考相关文献。

与第 5 章一样，本章的实验运行在 FATE 单机版环境上，因此要求读者预先安装 FATE 单机版。FATE 单机版的安装步骤可参考 4.2 节或 FATE 的 GitHub 官方文档。

6.1 数据集的获取与描述

我们使用波士顿房价预测数据集（Boston Housing）作为本章的实验数据集（链接 6-2）。Boston Housing 数据集已经内置在 sklearn 库中，可以直接加载查看。

```
from sklearn.datasets import load_boston
import pandas as pd
boston_dataset = load_boston()
boston = pd.DataFrame(boston_dataset.data, columns=boston_dataset.feature_names)
boston['MEDV']=boston_dataset.target
boston.head()
```

使用 sklearn 库加载数据集之后，利用 pandas 库查看前 5 个样本数据，如图 6-1 所示。Boston Housing 数据集一共有 506 条样本数据，前 13 列分别对应 13 维的特征数据，最后一列"MEDV"表示房屋的均值价格（单位：1000 美元）。

	CRIM	ZN	INDUS	CHAS	NOX	RM	AGE	DIS	RAD	TAX	PTRATIO	B	LSTAT	MEDV
0	0.00632	18.0	2.31	0.0	0.538	6.575	65.2	4.0900	1.0	296.0	15.3	396.90	4.98	24.0
1	0.02731	0.0	7.07	0.0	0.469	6.421	78.9	4.9671	2.0	242.0	17.8	396.90	9.14	21.6
2	0.02729	0.0	7.07	0.0	0.469	7.185	61.1	4.9671	2.0	242.0	17.8	392.83	4.03	34.7
3	0.03237	0.0	2.18	0.0	0.458	6.998	45.8	6.0622	3.0	222.0	18.7	394.63	2.94	33.4
4	0.06905	0.0	2.18	0.0	0.458	7.147	54.2	6.0622	3.0	222.0	18.7	396.90	5.33	36.2

图 6-1 Boston Housing 样本数据集

6.2 纵向数据集切分

为了能够有效地模拟纵向联邦的案例，首先在本地将 Boston Housing 数据集切分为纵向联邦的形式。假设当前有两方参与纵向联邦训练，如图 6-2 所示。

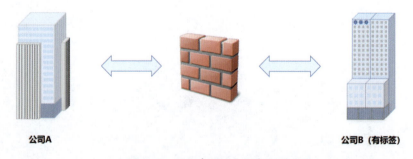

图 6-2 两方参与纵向联邦训练

从 Boston Housing 数据集中抽取前 406 条作为训练数据，将后面 100 条作为评估测试数据。

- 训练数据集切分：从 406 条训练数据中随机抽取 360 条数据和前 8 个特征作为公司 A 的本地数据，文件保存为 housing_1_train.csv。同样，从这 406 条训练数据中抽取 380 条数据和后 5 个特征，以及标签 MEDV，作为公司 B 的本地数据，文件保存为 housing_2_train.csv。将这两份数据分别发送到公司 A 和公司 B，该过程如图 6-3 所示。

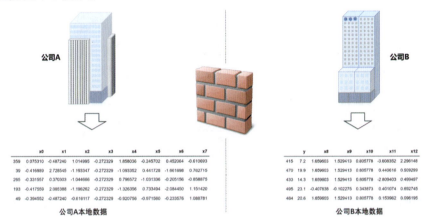

图 6-3 训练数据集切分过程

- 测试数据集切分：从 100 条评估测试数据中随机抽取 80 条数据和前 8 个特征作为公司 A 的本地测试数据，文件保存为 housing_1_eval.csv。再从这 100 条测试数据集中随机抽取 85 条数据和后 5 个特征，以及标签 MEDV，作为公司 B 的本地测试数据，文件保存为 housing_2_eval.csv。同样，将这两份数据分别发送给公司 A 和公司 B。

读者在进行本章的实验时，可以根据自己的需要来切分数据。按上述方案切分后，最终两家公司的数据分布见表 6-1。我们观察到在训练集中，两家公司的用户交集为 85% 左右，而测试集的用户交集大约为 68%。

表 6-1 两家公司的数据分布情况

数据类型	公司 A	公司 B（带标签）	用户交集数
训练数据	housing_1_train.csv（360）	housing_2_train.csv（380）	340
测试数据	housing_1_eval.csv（80）	housing_2_eval.csv（85）	67

需要特别注意的是，使用以上切分方式的目的是模拟纵向建模。事实上，在现实的纵向联邦建模中，不同机构的特征数据本身基本没有太多的交集，因此，在业务开发过程中，基本不会涉及数据切分的工作。

6.3 纵向联邦训练

为两方准备好数据之后，就可以利用 FATE 来构建纵向联邦训练了。在 FATE 中构建纵向联邦模型的流程与横向联邦很相似，通常会涉及下面四项工作。

- 数据输入：将文件（如 CSV、TXT 等文本文件）转换为 FATE 支持的 DTable 格式。前面已经阐述 DTable 是 FATE 底层的数据结构，所有的操作都是在 DTable 格式中进行的，其作用类似于 RDD 在 Spark 中的作用。
- 样本对齐：这是纵向联邦特有的工作。两个参与方中的本地数据，它们的用户集合不相同，因此，需要先求出它们的用户交集，再利用这部分交集数据进行模型训练。
- 模型训练：求取了交集数据之后，就可以进行纵向联邦模型训练了，具体的算法步骤可以参考相关文献 [285]。
- 模型评估：与横向联邦模型评估、集中式模型评估不同的是，纵向联邦模型评估所需要的评估数据也分布在两个参与方中，因此模型评估也需要联合双方才能进行。

与横向联邦训练一样，FATE 为纵向联邦提供了丰富的接口，开发人员不需要重新开始编码，只需要通过提供 dsl 和 conf 配置文件，就能完成上面的四步操作。为了后面章节的叙述统一，假设读者安装的 FATE 单机版本目录为

```
fate_dir=/data/projects/fate-1.4.0/standalone-fate-master-1.4.0/
```

6.3.1 数据输入

FATE 提供了将本地文件转化为 FATE 支持的 DTable 格式的工具。先将上一节切分的四个文件上传到 $fate_dir/examples/data 目录。

- housing_1_train.csv，housing_1_eval.csv：公司 A 的本地训练数据和本地测试数据；
- housing_2_train.csv，housing_2_eval.csv：公司 B 的本地训练数据和本地测试数据。

与 5.4.1 节类似，我们定义上传数据配置文件，将其命名为 upload_data.json，其内容如下面的代码块所示。我们需要修改其中的三个字段，即 file，table_name 和 namespace，其余字段使用默认值即可。这三个字段的含义已经在第 5 章中进行了阐述，这里不再重复讲解。

```
{
    "file": "examples/data/breast_hetero_guest.csv",    # 指定数据文件
    "head": 1,
    "partition": 16,
    "work_mode": 0,
    "table_name": "breast_hetero_guest",                # 指定DTable表名
    "namespace": "experiment"                            # 指定DTable表名的命名空间
}
```

以上传 housing_1_train.csv 文件为例，需要将 file 设置为该文件当前所在的目录，同时自定义对应的 DTable 表名和命名空间，修改后的文件如下所示。

```
{
    "file": "examples/data/housing_1_train.csv",        # 指定数据文件
    "head": 1,
    "partition": 16,
    "work_mode": 0,
    "table_name": "homo_housing_1_train",               # 指定DTable表名
    "namespace": "homo_host_housing_train"              # 指定DTable表名的命名空间
}
```

修改完成后，在命令行中执行下面的命令（upload），FATE 会自动将原始的本地文件 housing_1_train.csv 转换为 DTable 表 hetero_housing_1_train。

```
python $fate_dir/fate_flow/fate_flow_client.py -f upload -c upload_data.json
```

如果执行成功，那么系统将返回下面的信息，读者可以将 board_url 字段中的网址输入浏览器中查看执行结果。同理，对于其余三个文件，读者可以按照上面的过程执行，自行修改 file、table_name 和 namespace 三个字段，这里不再详述。

```
{
    "data": {
        "board_url": "http://localhost:8080/index.html#/dashboard?job_id=20191219103135663303255",
        "job_dsl_path": "xxx/jobs/20191219103135663303255/job_dsl.json",
        "job_runtime_conf_path": "xxx/jobs/20191219103135663303255/job_runtime_conf.json",
        "logs_directory": "xxx/logs/20191219103135663303255",
    },
    "jobId": "20191219103135663303255",
```

```
"retcode": 0,
"retmsg": "success"
}
```

6.3.2 样本对齐

样本对齐（图 6-4），即在不泄露双方数据的前提下，求取出双方用户的交集，从而确定模型训练的训练数据集。纵向联邦的样本对齐也是私有集交集（Private Set Intersection，PSI）技术的一种[67]。

图 6-4 样本对齐

FATE 提供了多方安全的样本对齐算法，算法基于 RSA 加密算法和散列函数来实现。利用 FATE 建模时，不需要自己实现样本对齐算法，FATE 为模型训练提供了样本对齐的接口。我们将在 8.2.2 节详细讲解一种基于散列函数与 RSA 加密算法相结合来实现加密状态下的集合求交的方法。

6.3.3 模型训练

经过前面的工作，我们已经准备好了模型训练所需要的数据，能够看到 FATE 官方提供的很多模型参考例子，如图 6-5 所示。

本章使用纵向线性回归模型来预测房价。进入 $fate\_dir/examples/dsl/v1/hetero\_linear\_regression$ 目录，在该目录下，有很多已经定义的 dsl 和 conf 配置文件，挑选下面两个文件来修改。

- test_hetero_linr_train_job_dsl.json：用来描述任务模块，将任务模块以有向无环图的形式组合在一起。

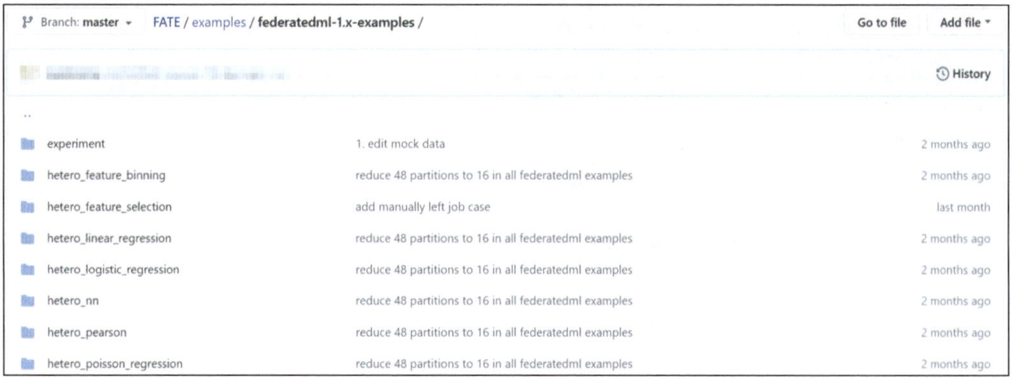
Branch: master
FATE / examples / federatedml-1.x-examples /
Go to file
Add file
History
..
experiment
1. edit mock data
2 months ago
hetero_feature_binning
reduce 48 partitions to 16 in all federatedml examples
2 months ago
hetero_feature_selection
add manually left job case
last month
hetero_linear_regression
reduce 48 partitions to 16 in all federatedml examples
2 months ago
hetero_logistic_regression
reduce 48 partitions to 16 in all federatedml examples
2 months ago
hetero_nn
reduce 48 partitions to 16 in all federatedml examples
2 months ago
hetero_pearson
reduce 48 partitions to 16 in all federatedml examples
2 months ago
hetero_poisson_regression
reduce 48 partitions to 16 in all federatedml examples
2 months ago

图 6–5 模型参考例子

- test_hetero_linr_train_job_conf.json：用来设置各个组件的参数，比如输入模块的数据表名；算法模块的学习率、batch 大小、迭代次数等。

首先来查看 dsl 配置文件，在命令行中打开当前的 dsl 文件。当前的 dsl 已经定义了四个组件模块，对于模型训练来说，这四个组件构成了最基本的纵向联邦训练要素，在本案例中直接使用即可。

- dataio_0：数据 I/O 组件，用于将本地数据转换为 DTable。
- intersection_0：样本对齐组件，用于求取两方的数据交集。
- hetero_linr_0：纵向线性回归模型组件，这里我们使用线性回归，如果使用其他算法，设置为相应的模块即可。比如，如果想使用纵向的神经网络模型，则设置为 hetero_nn_0。
- evaluation_0：模型评估组件。如果没有提供测试数据集，则将自动使用训练数据集作为测试数据集。

接下来查看 conf 配置文件，该文件包括了所有运行相关的参数信息，在一般情况下使用默认值即可，需要修改的地方包括以下两处。

- role_parameters 字段：找到 role_parameters 字段，该字段下包括 guest 和 host，分别对应于两个参与方，其中 guest 代表带有标签信息的公司 B，host 代表没有标签的公司 A。guest 有三个参数需要修改。首先是 train_data 下面的 name 和 namespace，代表训练数据的 DTable 表名和命名空间，将其修改为 update_data.json 文件中的 name 和 namespace；此外，label_name 表示的是标签列对应的属性名，比如本案例中的标签列名是"y"。

```
"guest": {
    "args": {
        "data": {
            "train_data": [{
                    "name": "hetero_housing_2_train",
                    "namespace": "hetero_guest_housing_train"
                }
            ]
        }
    },
    "dataio_0": { ... , "label_name": ["y"], ...},
    "evaluation_0": { ... }
}
```

同样修改 host 方本地训练数据的 DTable 表名和命名空间，但 host 方没有标签信息，因此不需要添加 label_name。

```
"guest": {
    "args": {
        "data": {
            "train_data": [{
                    "name": "hetero_housing_1_train",
                    "namespace": "hetero_host_housing_train"
                }
            ]
        }
    },
    "dataio_0": { ... },
    "evaluation_0": { ... }
},
```

- algorithm_parameters 字段：algorithm_parameters 字段是用来设置模型训练的超参数信息的，比如模型优化函数、学习率、迭代次数、batch 大小等，读者可以根据实际需要修改。

```
"algorithm_parameters": {
    "hetero_linr_0": {
        "penalty": "L2",
        "optimizer": "sgd",
        "tol": 1e-3,
        "alpha": 0.01,
```

```
        "max_iter": 20,
        "early_stop": "weight_diff",
        "batch_size": -1,
        "learning_rate": 0.15,
        ...
    }
}
```

修改完文件配置后,在命令行中输入 submit_job 执行模型训练,该命令只需要提供 dsl 和 conf 配置文件即可。

```
python $fate_dir/fate_flow/fate_flow_client.py -f submit_job -d
    test_hetero_linr_train_job_dsl.json -c test_hetero_linr_train_job_conf.json
```

如果一切运行正常,可以得到下面的输出信息。可以在浏览器中输入 board_url 字段下的网址,查看当前的任务运行情况。

```
{
    "data": {
        "board_url": "http://localhost:8080/index.html#/dashboard?job_id=2019121910313566313876",
        "job_dsl_path": "xxx/jobs/2019121910313566313876/job_dsl.json",
        "job_runtime_conf_path": "xxx/jobs/2019121910313566313876/job_runtime_conf.json",
        "logs_directory": "xxx/logs/2019121910313566313876",
    },
    "jobId": "2019121910313566313876",
    "retcode": 0,
    "retmsg": "success"
}
```

6.3.4 模型评估

与 5.4.3 节中横向联邦评估一样,在上面的训练实例中,仅提供了模型训练的数据信息。在这种情况下,模型评估使用的是训练数据。如果想使用独立的测试数据来进行模型评估,就需要添加新的数据模块。

首先修改 dsl 文件。需要在 dsl 中增加新的测试数据输入模块 dataio_1 和测试数据样本对齐模块 intersection_1,读者也可以对比观察在模型评估中添加的项与前面模型训练时添加的项。

```
{
    "components" : {
        "dataio_0": { # 训练数据输入模块 },
        "dataio_1": { # 新添加组件,代表测试数据输入模块 },
        "intersection_0": { # 训练数据样本对齐模块 },
```

```
        "intersection_1": { # 新添加组件，代表测试数据样本对齐模块 },
        "hetero_linr_0": { ... },
        "evaluation_0": { ... }
    }
}
```

一个简单的测试数据输入模块组件 dataio_1 和测试数据样本对齐模块 intersection_1 的设置示例，如下所示。

```
{
    "components" : {
        "dataio_0": ..., # 原训练数据输入模块

        "dataio_1": {    # 新添加的组件，代表测试数据输入模块
            "module": "DataIO",
            "input": {
                "data": {
                    "data": [ "args.eval_data" ]  # 表示测试数据采用conf文件中args.eval_data设置的文件
                },
                "model": [ "dataio_0.dataio" ] # 表示使用组件dataio_0的输出作为dataio_1的组件输入
            },
            "output": {
                "data": ["eval_data"]  # 设置输出的表名，可由用户任意设定
            }
        },

        "intersection_0": ... , # 原训练数据样本对齐模块

        "intersection_1": { # 新添加的组件，代表测试数据样本对齐模块
            "module": "Intersection",
            "input": {
                "data": {
                    "data": [ "dataio_1.eval" ]  # 表示样本对齐的输入数据是dataio_1组件中设置的文件数据
                }
            },
            "output": {
                "data": ["eval"]    # 设置输出的表名，可由用户任意设定
            }
        },
        ...
    }
}
```

最终的模型组件的区别如图 6-6 所示。两者的区别在于，模型的评估数据需要单独的数据输入转换和样本对齐。

然后，需要修改 conf 配置文件，添加评估测试数据集对应的 DTable 表名和命名空间，如下所示。

```
"role_parameters": {
    "guest": {
        "args": {
            "data": {
                "train_data": [{"name": "homo_housing_2_train", "namespace": "homo_guest_housing_train"}],
                "eval_data": [{"name": "homo_housing_2_eval", "namespace": "homo_guest_housing_eval"}]
            }
        },
        ...
    },
    "host": {
        "args": {
            "data": {
                "train_data": [{"name": "homo_housing_1_train", "namespace": "homo_host_housing_train"}],
                "eval_data": [{"name": "homo_housing_1_eval", "namespace": "homo_host_housing_eval"}]
            }
        },
        ...
    }
    ...
}
```

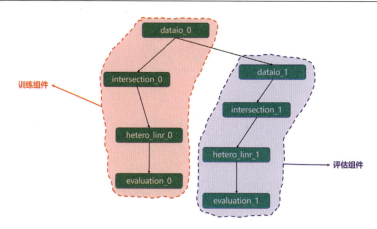

图 6-6　添加了评估数据集的模型组件的流水线

修改文件配置后，为了和没有测试数据的任务区分，将 dsl 文件另存为 test_hetero_linr_evaluate_job_dsl.json，将 conf 文件另存为 test_hetero_linr_evaluate_job_conf.json，在命令行中执行相同的 submit_job 命令。

```
python $fate_dir/fate_flow/fate_flow_client.py -f submit_job
    -d test_hetero_linr_evaluate_job_dsl.json
    -c test_hetero_linr_evaluate_job_conf.json
```

CHAPTER 7
联邦学习实战资源

第 5 章和第 6 章介绍了如何利用 FATE 进行横向联邦建模和纵向联邦建模。受限于本书的篇幅和写作目的,本书不会介绍 FATE 的所有功能,也不会对 FATE 的底层架构设计进行深入的探讨。为了方便读者快速定位问题,本章提供一些和联邦学习工程相关的辅助材料(特别是 FATE),帮助读者在遇到问题时能方便查询相关文献。此外,我们也将对当前其他联邦学习平台进行概括总结。

7.1 FATE 帮助文档

- 项目地址：截至 2020 年 11 月，FATE 的最新版本为 v1.5。FATE 还在不断开发和完善，读者可以在 FATE 的项目网站上获取最新的版本和代码信息，也可以提交建议（issue）帮助改善 FATE。FATE 项目地址见链接 7-1。

- FATE 帮助文档：包括 FATE 的最新版安装部署教程、算法实例教程、API 文档及配置信息，可以访问 FATE 帮助文档进行查阅（链接 7-2）。

7.2 本书配套的代码

本书的部分案例章节有相应的配套代码，读者可以在本书对应的 GitHub 网站（链接 7-3）查看。

7.3 其他联邦学习平台

在前面几章中，我们重点介绍了微众银行自研的联邦学习平台 FATE。联邦学习作为隐私保护技术的后起之秀，近几年受到了极大的关注。与之相对应的是，市面上涌现了很多联邦学习开源平台。本节简要介绍当前联邦学习领域比较常见的联邦学习平台。

鉴于本书的篇幅和写作目的，以及考虑到每一个平台的开发仍然在不断的发展和完善中，我们不会详细介绍每一个平台。读者如果想了解某平台的使用方法和详细的设计原理，可以参考对应的官方项目网站。

7.3.1 TensorFlow-Federated

TensorFlow-Federated（下面简称为 TFF）是由 Google 开源的、基于 TensorFlow 实现的一款联邦学习平台架构（链接 7-4），当前主要针对横向联邦学习的场景，特别是针对 Android 移动终端。借助 TFF，开发人员能够在多个参与客户端之间训练共享全局模型（链接 7-5）。

2019 年初，Google 发表了论文[49]，详细讲解了横向联邦学习架构的原理，如图 7-1 所示。TFF 构建在 TensorFlow 的基础上，不是独立的联邦学习生态体系。用户可以使用 TFF 的接口完成下面的一些工作。

- 通过 Federated Learning API 与 TensorFlow/Keras 交互，完成分类、回归等任务。

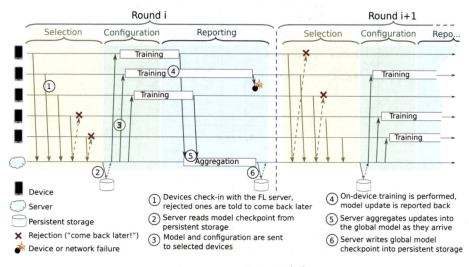

图 7-1 TFF 架构设计[49]

- 通过 TFF 提供的 Federated Core API，在强类型函数编程环境中将 TensorFlow 与分布式通信运算符相结合，表达新的联邦算法。
- TFF 使用的数据隐私保护技术主要是差分隐私技术，其安全性机制在 TensorFlow/Privacy 中实现。开发者可以直接单独调用这些安全算法来进行安全的机器学习训练。

此外，TFF 提供了在线编辑工具，让开发者在浏览器中就可以快速实现简单的联邦学习算法，这对于想快速入门联邦学习的用户来说是一个不错的选择，因此 TFF 比较适合于科研和实验研究使用。

7.3.2 OpenMined PySyft

PySyft 是一个基于安全和隐私保护的深度学习库（链接 7-6），由 OpenMined 社区开发（链接 7-7）。PySyft 结合了多种隐私计算策略，包括联邦学习、安全多方计算和差分隐私，并将这些隐私策略应用到由 PyTorch、Keras、TensorFlow 等开发的模型上，进行模型的隐私训练。

文献 [249] 详细描述了 PySyft 架构设计和原理。如图 7-2 所示，PySyft 在设计时，将多种隐私计算框架（包括联邦学习、差分隐私等）与安全工具（SecureNN、SPDZ 等）进行抽象并提供接口，让开发者能够灵活选择和组合使用。与 TFF 一样，当前 PySyft 版本主要以支持横向联邦学习为主。

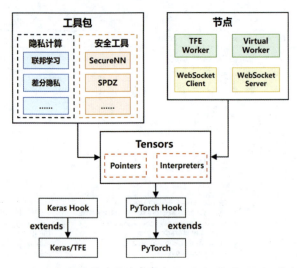

图 7-2　PySyft 架构设计（图片参考自 PySyft 的 GitHub 项目网站）

此外，由于 PySyft 是基于 PyTorch 开发的，因此，它的设计也吸取了很多 PyTorch 的思想。其中最显著的是引入 Syft 的抽象张量 Syft Tensor，它的作用类似于 PyTorch 的 Tensor，是 PySyft 进行隐私计算的基本单元。

7.3.3　NVIDIA Clara 联邦学习平台

Clara 联邦学习平台是由 NVIDIA 公司在 2019 年北美放射学会年会（Radiological Society of North America，RSNA）上推出的针对医疗场景的联邦学习平台（链接 7-8）。利用联邦学习技术，NVIDIA 在医疗领域开展了一系列的落地应用。例如，在 2019 年的 MICCAI 会议上，NVIDIA 携手伦敦国王学院推出了用于医学影像分析、具有隐私保护能力的联邦学习系统，该实验基于 BraTS2018 数据集的脑肿瘤分割数据而实施[171]。

Clara 联邦学习平台是一个横向联邦学习的实现，在 NVIDIA 自身的 EGX 边缘运算平台上运行，医院客户端运行于 NVIDIA NGC-Ready 服务器上，可在本地执行模型训练，然后在服务端进行聚合得到全局模型（global model）。其架构如图 7-3 所示。

参与这一项目的医院可以使用 NVIDIA Clara AI 辅助注释 SDK 来标记自己的患者数据，该 SDK 集成在 3D Slicer、Mitk、Fovia 和 Philips IntelliSpace Discovery 等医疗器械中。使用预先训练的模型和迁移学习技术，放射科医生能够快速标记和处理医疗影像。

对于每一个客户端（即医院）来说，EGX 服务器会基于本地数据来训练局部模型，然后将局部模型的参数返回联邦学习服务器。在整个过程中，每一家医院的数据都不会离开本地，保障了数据的隐私安全。同时，这一过程会反复进行，每一家医院的数据都可以不断标注更新，不断提升全局模型的精度。

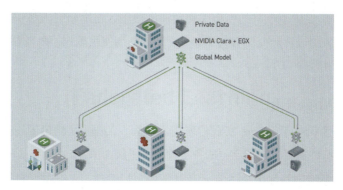

图 7-3　NVIDIA 推出的 Clara 联邦学习医疗平台架构图（图片截取自 NVIDIA 的官方博客（链接 7-9））

7.3.4　百度 PaddleFL

PaddleFL 是一个基于百度 PaddlePaddle（飞桨）的开源联邦学习框架。目前，在 PaddleFL 中实现了横向和纵向联邦学习算法，定义了包括多任务学习、迁移学习和主动学习在内的训练策略。同时，PaddleFL 提供在自然语言处理、计算机视觉和推荐算法等领域的应用示例。此外，PaddleFL 封装了一些公开的联邦学习数据集。

PaddleFL 的架构设计如图 7-4 所示。PaddleFL 在设计时将联邦学习的训练分为编译态和运行态。在编译态下，它的主要工作包括定义联邦学习策略，实现多种不同的优化算法，如 DPSGD、FedAvg、Secure-Aggregate 等；定义了机器学习模型结构和训练策略，除了常规的机器学习，还包括了迁移学习和多任务学习等。

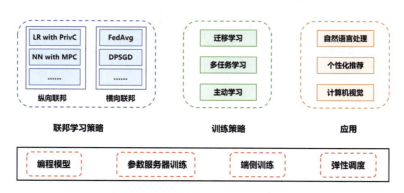

图 7-4　PaddleFL 架构设计图（图片参考自 PaddleFL 官方文档（链接 7-10））

编译态下的工作完成后，通过 FL Job Generator 生成的 FL-Job，进入运行态，开始联邦学习的模型训练。

PaddlePaddle 提供了丰富的模型库和预训练模型，帮助研究人员快速上手，并针对具体的垂直场景应用进行研究。有关 PaddleFL 的详细使用教程，可以参考 PaddleFL 官方的项目网站（链接 7-11）。

7.3.5 腾讯 AngelFL

AngelFL 是腾讯基于 Angel 实现的联邦学习库，Angel 是腾讯的一个全栈机器学习开源平台，功能特性涵盖了机器学习的各个阶段（链接 7-12）。

AngelFL 的系统架构如图 7–5 所示，从图中可以看到，AngelFL 联邦学习平台构建在 Angel 之上，其核心组件是 Angel-PS 参数服务器，整个系统是一个"去中心化"的联邦学习框架，无须依赖可信第三方，以 Angel 的高维稀疏训练平台作为底层，抽象出"算法协议"层，供实现各种常见机器学习算法。在文献 [344] 中，作者提到 AngelFL 的主要应用场景是纵向联邦的场景。

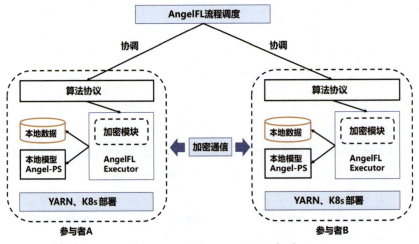

图 7–5　AngelFL 的系统架构[344]

7.3.6 同盾知识联邦平台

同盾科技推出的智邦 iBond 平台，融合了分布式机器学习、安全加密计算、元学习等技术，创造了知识联邦的概念[165]。知识联邦使多方联邦在完全满足用户隐私、数据安全和政府合规的要求下，进行数据分析和建模，协同创造和共享知识。该平台支持在原始数据的密文空间上联邦、模型训练中联邦、特征学习结果上联邦，还支持多任务、多方异构知识联邦。

在文献 [165] 中，作者将知识联邦体系划分为四个层次，分别是信息层、模型层、认知层和知识层（图 7-6），它们的主要功能如下。

- 信息层：将每一个参与方的数据进行加密，或都通过某种形式转换为有价值的信息。
- 模型层：即常规的联邦学习模型训练过程。
- 认知层：与常规的联邦学习不同，知识联邦的目标并不是将每一个客户端的模型参数进行聚合，而是把每一个客户端学习到的信息（如特征嵌入信息，局部模型的某一层的输出信息等）收集起来，在服务端用另一个模型将这些特征信息作为输入，训练一个全局任务。尽管这个全局模型与每一个客户端的模型都不相同，但全局模型会依赖于客户端模型的嵌入信息作为输入。全局模型训练后，会将更新的嵌入信息返回每一个客户端进行更新，并重新迭代。
- 知识层：在认知层收集到的不同特征信息，将被存成知识库。这种知识库其实每一家机构都有，能够组成一个知识网络。如果在知识网络上不断推理和演绎，挖掘出更有价值的知识，就能预判事情的发生，最终形成合理决策。

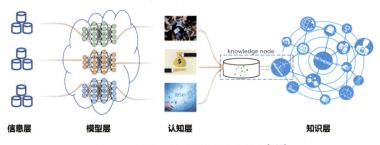

图 7-6　知识联邦体系的层次结构[165]

有关同盾科技的智邦 iBond 平台的使用，读者可以访问 iBond 平台的官网（链接 7-13）。

第三部分
联邦学习案例实战详解

CHAPTER 8
联邦学习在金融保险领域的应用案例

本章将介绍联邦学习在金融保险领域中的落地应用,具体来说,我们将介绍两个案例,分别是基于纵向联邦的保险个性化定价案例和基于横向联邦的银行间反洗钱模型案例。

8.1 概述

联邦学习作为一种保障数据安全的建模方法,在保险、金融等行业中的应用前景十分广泛,因为这类行业普遍受到更为严格的监管和隐私保护法律法规的约束,跨部门或者跨机构之间的数据,无法被直接共享进行机器学习模型训练。因此,借助联邦学习来训练一个联邦模型不失为一种有效的解决方案。

以智慧零售业务为例,智慧零售业务涉及的数据特征通常可以分为用户资产属性、用户个人偏好,以及产品特征三大部分。这三种数据特征很可能分散在三个不同的部门或企业中。例如,银行拥有用户的资产属性数据,社交产品拥有用户个人的画像数据,而购物网站则拥有产品的数据特征。在这种情况下,集中式的处理流程如图 8-1 所示。

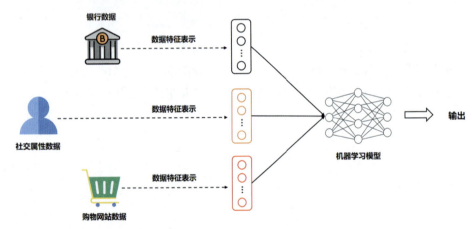

图 8-1 集中式的处理流程。利用分散在不同机构的异构特征数据进行中心化训练

但在当前的数据监管法律法规约束下,特别是隐私数据法案不断完善的前提下,这种中心化建模方式面临着两大难题:

第一,出于保护用户隐私及企业数据安全等原因,银行、社交网站和购物网站三方之间通常存在数据壁垒,即三方的数据通常以割裂的形式存在,因此,智慧零售的业务部门无法同时获取这三方数据进行聚合并建模。

第二,三方的特征数据通常是异构的,即三方数据所在的特征空间不一致,传统的机器学习模型对异构特征数据的处理,需要先对数据进行有效的预处理,转化为统一的数据特征表示。如第一点所述,如果由于数据割裂导致不能获取某一方的数据,相当于造成了特征的缺失,本地单点建模的性能效果将受到很大的影响。

而联邦学习的提出为解决这一类问题提供了可行的解决方案,在本书第 1 章中,我们介绍了联邦学习的分类,包括横向联邦学习和纵向联邦学习两大主流类型,本章我们将探讨这两种类型的联邦学习如何应用于金融保险领域。

具体来说，本章将分析两个具体的应用案例，分别是：基于纵向联邦学习进行保险个性化定价；基于横向联邦学习进行银行间的反洗钱建模。我们将详细分析如何使用联邦学习技术打破机构间的数据壁垒，保证数据在不出本地的前提下，仍然能够有效地训练机器学习模型，并利用联邦模型提升金融产品的能力。

8.2 基于纵向联邦学习的保险个性化定价案例

由于受到其他行业高度个性化服务的影响，保险行业的发展已经从过去的统一保费用定价向个性化定价转变，高度个性化的保费俨然是一个新的发展趋势，《2020 年保险业技术发展趋势》中指出，当前有超过 80% 的保险消费者会寻找某种形式的个性化服务，比如定价、推荐或来自保险公司的信息[340]。

8.2.1 案例描述

保险个性化定价，与其他个性化服务一样，需要平衡保险公司和客户之间的关系。一方面，消费者会根据自身的需要选择符合个人的产品；而另一方面，为了提高客户满意度，保险公司也需要具备扎实的数据洞察力基础。

埃森哲咨询公司的一项研究显示，77% 的保险客户愿意提供自己的使用和行为数据以换取保险建议、更快的理赔或更低的保费[340]。保险领域显然正在利用这一点，因为只有 20% 的客户认为他们的保险提供商没有任何客户定制方面的经验。

但保险业的个性化定价却受到很多因素的制约，导致其模型的构建往往不准确，其中主要的难点在于数据层面。对保险进行个性化定价，需要结合每一位客户的特征属性，但是客户的数据属性多种多样，包括央行征信报告、税收、信贷、消费能力、年龄、职业等。然而，对于金融机构来说，能直接使用的数据一般只有中央银行的信用报告和信贷数据，其他数据都在其他机构中，数据的缺失是导致个性化建模不准确的最关键因素。

图 8-2 所示的是建模中的数据情况，图 8-2(a) 所示的是理想情况下，构建保险定价模型期望拿到的数据，包括社交属性中的年龄、职业、收入等；购买属性中的消费额度等；银行属性中的贷款记录和征信等。但在现实情况中，如前面所述，每一项数据都保存在不同的机构中，银行能获取的只有贷款记录数据和征信数据，如图 8-2(b) 所示。

为此，我们利用前面提到的纵向联邦学习的思想，它非常适合处理跨部门或者跨机构之间联合建模的问题。

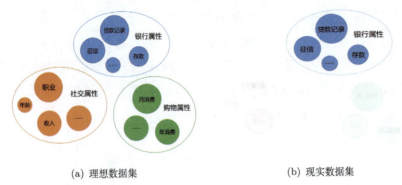

(a) 理想数据集　　　　　　　　　　　　(b) 现实数据集

图 8-2　保险个性化定价在理想和现实场景下的数据建模情况

8.2.2　保险个性化定价的纵向联邦建模

本案例我们要解决的是：联合多方数据构建一个保险个性化定价模型，用来预测一个客户的出险概率。假设现在保险公司与一家出租车公司合作，希望通过个性化模型帮助出租车公司预测客户的出险概率，同时保险公司还与其他行业机构公司有合作，但是这三方之间的数据是不连通、也是不能共享的，如图 8-3 所示。保险公司如何在合法合规的前提下，联合两方的数据联合建模，提升保险定价的模型效果呢？

图 8-3　本案例的三个参与方

出租车公司有每一个客户的订单信息、车辆信息和业务表现等，我们把这些特征数据记为 X_1，同时出租车公司还有历史订单中客户的出险概率，记为 Y。此外，该保险公司与另一家互联网公司也有业务合作，在该互联网公司的产品中，用户注册时会带有客户的画像属性，包括人口属性、兴趣爱好、教育信息和财务状况等，我们将这部分特征数据记为 X_2，这样，可以将问题构建为如图 8-4 所示的纵向联邦学习建模。

图 8-5 展示了本案例中，两个参与方的本地数据部分样例格式，其中 $X_2 = (\text{ID}, x_1, x_2)$，$X_1 = (\text{ID}, x_3)$，$(X_1, Y)$ 和 X_2 分别分布于不同的公司和机构之间。通

常，两个机构的特征数据 X_1 和 X_2 是不重叠的，即满足 $X_1 \cap X_2 = \phi$。

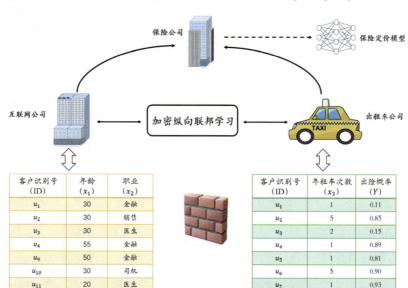

图 8–4 基于纵向联邦学习的保险定价模型架构

互联网公司

客户识别号 (ID)	年龄 (x_1)	职业 (x_2)
u_1	30	金融
u_2	30	销售
u_3	30	医生
u_4	55	金融
u_9	50	金融
u_{10}	30	司机
u_{11}	20	医生

出租车公司

客户识别号 (ID)	年租车次数 (x_3)	出险概率 (Y)
u_1	1	0.11
u_2	5	0.85
u_3	2	0.15
u_4	1	0.89
u_5	1	0.81
u_6	5	0.90
u_7	1	0.93

图 8–5 两个参与方的本地数据样例格式

个性化的保险定价，本质上是根据客户的特征信息预测出险概率，可以将问题归结为二分类问题，本案例中我们使用逻辑斯蒂回归模型来预测保险定价：

$$Y = \text{sigmoid}(W; X_1, X_2) \tag{8.1}$$

要在数据不共享的前提下，求解式 (8.1) 的最优参数 W，这是纵向联邦学习的经典应用，第 6 章详细讲解了如何使用 FATE 进行纵向线性回归的训练求解，本案例的求解过程基本与其一致，只需要将训练模型从线性回归改为逻辑回归即可，主要的执行步骤包括：

（1）求取相交的用户 ID 集合：在图 8-5 中，我们看到在联合建模的时候，两家公司所含有的用户 ID 集合不同，即用户群体不可能完全重叠，因此第一步需要找到相同的用户 ID 集合，这种在不泄露数据的前提下，找到双方公共 ID 集合的技术称为私有集交集（PSI），我们曾经在 6.3.2 节对其有过描述。本节提供一种基于散列与 RSA 加密算法相结合的实现方案。

不失一般性，我们设公司 A 的用户集合为 $u_A = \{u_1, u_2, u_3, u_4\}$，公司 B 的用户集合为 $u_B = \{u_1, u_2, u_3, u_5\}$，如图 8-6 所示。

图 8-6　私有集交集场景示例

步骤 1：公司 B 利用 RSA 算法生成公钥对 (n, e) 和私钥对 (n, d)，并将公钥对 (n, e) 发送给公司 A，如图 8-7 所示。

图 8-7　公司 B 生成公钥和私钥，并向公司 A 发送公钥

步骤 2：公司 A 对其本地的用户集合 u_A 中的每一个元素 u_i，生成一个对应的随机数 r_i，利用公钥对 (n, e) 对随机数 r_i 进行加密得到 $r_i^e \% n$。将 u_i 代入散列函数 H 中得到 $H(u_i)$。将两者相乘，得到

$$(Y_A)^i = ((r_i)^e \% n) \cdot (H(u_i)) \% n \quad u_i \in u_A \tag{8.2}$$

设 $Y_A = \{(Y_A)^i\}_{i=1}^4$，我们注意到 u_i、r_i 与 $(Y_A)^i$ 三者之间是一一对应的。将 Y_A 发送给

公司 B，如图 8-8 所示。同时，我们在公司 A 中保存 Y_A 与 u_A 值的一一对应关系映射表，记为 $(Y_A \to u_A)$。

图 8-8 公司 A 将中间结果 Y_A 发送给公司 B

步骤 3：公司 B 利用私钥对 (n,d)，对 Y_A 进行解密，记为 Z_A，得到

$$(Z_A)^i = ((Y_A)^i)^d \% n = ((r_i)^e \% n)^d \cdot (H(u_i))^d \% n$$
$$= r_i \cdot (H(u_i))^d \% n \quad u_i \in u_A \tag{8.3}$$

注意到 Y_A 的元素与 Z_A 的元素是一一对应的关系，记为映射 $(Y_A \to Z_A)$。同时，公司 B 利用散列函数 H 作用于本地用户集合 u_B 中的每一个元素，得到 $H(u_B)$，再利用私钥对 (n,d) 对 $H(u_B)$ 加密，重新输入散列函数 H 中，得到 Z_B：

$$(Z_B)^i = H((H(u_i))^d \% n) \quad u_i \in u_B \tag{8.4}$$

注意到 u_B 的元素与 Z_B 的元素是一一对应的关系，记为映射 $(u_B \to Z_B)$。将 $Z_A = \{(Z_A)^i\}_{i=1}^4$，$Z_B = \{(Z_B)^i\}_{i=1}^4$ 和映射 $(Y_A \to Z_A)$ 一起发送给公司 A，如图 8-9 所示。

图 8-9 公司 B 将中间结果 Z_A, Z_B 和映射 $Y_A \to Z_A$ 发送给公司 A

步骤 4：公司 A 首先将映射表 $(Y_A \to u_A)$ 与映射表 $(Y_A \to Z_A)$ 进行连接（join）运算，得到新的映射表 $(Z_A \to u_A)$。同时，将 $(Z_A)^i$ 值除以随机数 r_i，并代入散列函数

H 中，得到

$$(D_A)^i = H(r_i \cdot (H(u_i))^d / r_i \% n) = H((H(u_i))^d) \quad u_i \in u_A \tag{8.5}$$

注意到 Z_A 的元素与 D_A 的元素是一一对应的关系，记为映射 $(Z_A \to D_A)$。将 $(Z_A \to D_A)$ 与映射表 $(Z_A \to u_A)$ 进行连接运算得到新的映射表 $(D_A \to u_A)$。

步骤 5：将 D_A 与 Z_B 执行相交运算，得到加密和散列组合状态下的 ID 交集，记为 I：

$$I = D_A \cap D_B = (H((H(u_1))^d), H((H(u_2))^d), H((H(u_3))^d)) \tag{8.6}$$

集合 I 中的元素是映射表 $(D_A \to u_A)$ 中的 key 值，因此我们利用该映射表，查找出对应的明文集合，设 I 对应的明文状态下的集合为 (u_1, u_2, u_3)，这样公司 A 就得到了交集结果。但我们不能直接发送明文结果给公司 B（防止信息泄露），而是将集合 I 发送给公司 B，由公司 B 利用自身的映射表单独求取明文结果，如图 8-10 所示。

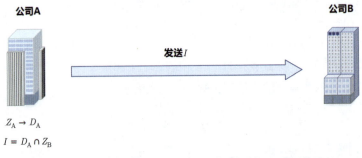

图 8-10　公司 A 将加密状态下的交集 I 发送给公司 B

步骤 6：同理，集合 I 中的元素同样是公司 B 本地映射表 $(D_B \to u_B)$ 的 key 值，利用该映射表，我们同样能够查询出 I 对应的明文状态下的交集 (u_1, u_2, u_3)。至此，公司 A 和公司 B 完成了在加密状态下求取相交的用户集合的任务。

（2）纵向联邦学习求解：正如式 (8.1) 所描述的，本节采用纵向的逻辑回归模型求解，第 6 章详细讲解了在 FATE 中进行纵向建模的流程，读者可以参考并自行实现，本节不重复讲解这个过程。

8.2.3　效果对比

我们来看看联邦学习在保险定价上所取得的效果，传统的定价模型因数据割裂等原因，无法获取足够的特征信息，因此利用本地数据训练的模型效果欠佳。使用联邦学习后，结果如图 8-11 所示。其中，图 8-11(a) 是保险个性化定价占比（个性化定价占比是指个性化定价订单量在总体订单量的占比的提升效果），个性化定价占比大幅提升，覆盖率超 90%；图 8-11(b) 是利润提升效果，相比于传统的保险定价方式，引入联邦学习之后，利润提升了 50%。

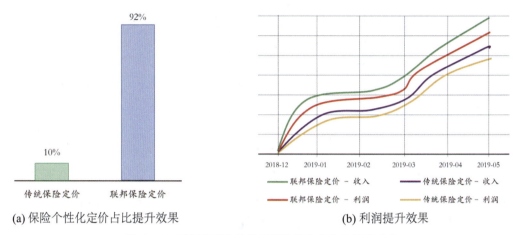

(a) 保险个性化定价占比提升效果　　　　(b) 利润提升效果

图 8-11　联邦学习与传统规则的保险定价的效果对比

8.3　基于横向联邦的银行间反洗钱模型案例

目前常见的洗钱途径广泛涉及银行、保险、证券、房地产等各种领域。面对日益严重的洗钱行为，为了让反洗钱工作更加严格和细致，国家出台了一系列政策，如 2018 年 10 月，中国人民银行、银保监会、证监会联合发布《互联网金融从业机构反洗钱和反恐怖融资管理办法（试行）》[322]；2019 年 2 月 21 日，银保监会发布 2019 年的第 1 号令《银行业金融机构反洗钱和反恐怖融资管理办法》[324]，等等。

8.3.1　案例描述

每家银行都有用户在本银行的存款、贷款、转账等信息，利用这些特征数据训练一个预测模型，可以预测用户的每一笔交易是否存在洗钱行为。图 8-12 展示了一个这样的数据集样例，为了方便理解且不失一般性，这里只列出两项特征：ID 和近一个月的转账金额，但在真实的场景中，可用的特征数据远不止这些。

长期以来，银行反洗钱工作的开展主要依赖于反洗钱专家的经验。但随着银行交易量逐年增长，可疑交易宗数也在增长，仅通过人工规则优化来减少可疑案件量难以建立规则优化的长效机制。利用机器学习技术为反洗钱相关部门提供由算法驱动的反洗钱决策支持成为当前的一种新趋势。

客户识别号 (ID)	近一个月的转账金额（万元）(X)	是否可疑 (Y)
u_1	70	否
u_2	0	否
u_3	200	是
u_4	10	否
u_5	5	否
u_6	60	否
u_7	200	否

图 8-12　反洗钱模型样例数据

观察图 8-12 所示的样例数据集，不难发现，反洗钱模型本质上是一个二分类问题，我们可以借助常用的二分类模型来求解，比如常用的逻辑斯蒂回归、神经网络等。

8.3.2　反洗钱模型的横向联邦建模

构建反洗钱模型往往受到数据的制约。通常，各家银行的客户重合度比较低，也就是一个客户通常只会与一家或者少数几家银行发生交易行为，因此仅仅以一家银行的数据来构建反洗钱模型，往往不能覆盖所有的人群；但多家银行之间，又因为存在数据壁垒，无法共享数据。这时，联邦学习提供了一个可行的方案，我们知道，银行之间客户群体的重合度一般比较低，但是它们的特征数据基本一致（都和银行业务相关），因此适合使用横向联邦来构建模型，如图 8-13 所示。我们联合多家银行，利用横向联邦学习来构建反洗钱模型。

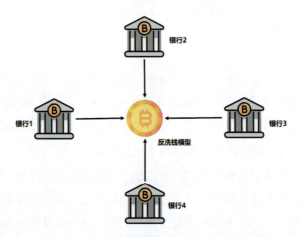

图 8-13　基于横向联邦的银行间反洗钱模型

每一家银行内部都有各自的客户数据,图 8-14 展示了两家银行各自的本地样本数据,每一家银行的数据都包括特征数据 X(存款、贷款等信贷数据),同时还有标签数据 Y,也就是判断每一个用户的交易行为是否可疑。

银行1		
客户识别号 (ID)	近一个月的转账金额(万元) (X)	是否可疑 (Y)
u_1	70	否
u_2	0	否
u_3	200	是
u_4	10	否
u_5	5	否
u_6	60	否
u_7	200	否

银行2		
客户识别号 (ID)	近一个月的转账金额(万元) (X)	是否可疑 (Y)
u_8	600	是
u_9	550	否
u_{10}	20	否
u_{11}	0	否
u_{12}	3	否
u_{13}	50	否
u_{14}	60	否

图 8-14 两家银行各自的本地样本数据

反洗钱模型本质上是一个二分类问题,我们可以选用任意的二分类模型构建反洗钱模型,如常见的逻辑回归。我们在第 5 章详细讨论了如何利用 FATE 进行横向逻辑回归模型训练,读者可以参考该章节的步骤自行实现,这里不再详述。

8.3.3 效果对比

下面我们来看横向联邦学习对反洗钱模型的效果提升,图 8-15 展示的是多家银行进行联合建模之后,相比于只利用一家银行的数据进行单边(单点)建模,在预测准确率上的提升。

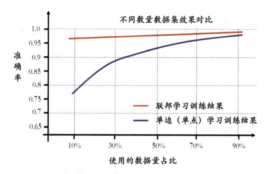

图 8-15 联邦建模与单点建模在预测准确率上的提升

图 8-16 展示的是反洗钱模型输出示例,我们看到联邦学习构建的反洗钱模型比单边

模型（即只利用一家银行的数据构建的模型）预测的置信度要更高、更准确。

客户识别号（ID）	单点训练结果	联邦训练结果	实际标签值
***5627	0.463	0.990	1.0
***3679	0.427	0.925	1.0

> 客户：***3679
> 可疑原因：非法结算型地下钱庄（过渡）
> 目前风险为低风险，但即将调整为较高风险
> 具体情况：客户使用我行电子账户进行过渡的可能性较高。

> 客户：***5627
> 可疑原因：非法结算型地下钱庄（过渡）
> 目前风险为低风险，但即将调整为较高风险
> 具体情况：客户使用我行电子账户进行过渡的可能性较高。

图 8-16　反洗钱模型输出示例

8.4　金融领域的联邦建模难点

在金融、银行、保险等行业中，由于受到政府监管和法律法规的直接影响，对数据的隐私保护要求比其他行业的更为严格。联邦学习的出现为金融建模提供了一种可行的隐私保护方案。当前在金融领域构建模型主要存在两个难点问题，即数据不平衡和可解析性问题。本节针对这两个问题进行简要的分析。

8.4.1　数据不平衡

在金融场景下，数据标签不平衡的情况尤为明显，比如我们要对逾期客户进行建模，通常，逾期客户的样本极少，正样本（正常客户）和负样本（逾期客户）的比例可能达到 1000:1，甚至更大。因此，在构建模型时通常采用一些策略来缓解不平衡数据导致的问题，本节主要从数据和算法两个角度给出常见的处理技巧。

从数据层面：可以对数据进行采样从而让原来不均衡的数据集变均衡。采样的方法可以有以下几种：

(1) 过采样（over sampling）：过采样即对少数类样本进行重复采样，从而得到更多的样本，使得样本达到均衡。过采样由于对少数类样本进行了复制，虽然增加了数据规模，但容易过拟合。

(2) 欠采样（under sampling）：欠采样即对多数类的样本进行采样，采样的多数类样本数量与少数类的样本数量基本相同，将其作为当前的训练数据。欠采样对多数类样本的采样导致数据缺失，学到的模型效果不理想。

（3）生成新样本：与过采样不同，我们不是重复对少数类样本进行采样，而是利用少数类样本生成新的样本数据，这些样本数据与少数类样本的特征相似，比如 SMOTE 算法[64]、Borderline-SMOTE 算法[119] 和 ADASYN 算法[126] 等。

（4）改进的欠采样：欠采样对多数类样本进行采样之后可能导致样本缺失，学习的模型性能下降，为此提出了一种新型的欠采样的改进方案，包括 Easy Ensemble[183]、Balance Cascade[267] 等。

从算法层面：从算法的角度，最常见的处理方式是通过修改目标函数，让不同的类别具有不同的权重，即代价敏感学习；也可以将少数类看成异常点，将问题转化为异常检测来处理。

8.4.2 可解析性

读者可能已经注意到，本章采用的模型都是简单的线性模型。事实上，在金融领域，绝大部分场景下我们采用的都是线性模型，其中一个主要原因是考虑可解析性。在金融场景下，面向的可解析对象包括客户、政府监管机构和开发人员，线性模型相比于复杂的神经网络算法，在性能上可能会稍微下降，但是具有很强的可解析性。

CHAPTER 9
联邦个性化推荐案例

本章介绍联邦学习在个性化推荐中的落地应用,并介绍联邦矩阵分解和联邦因子分解机两个算法在 FATE 中的实现。

个性化推荐已经被广泛应用到人们生活中的各个方面，例如新闻推荐、视频推荐、商品推荐等（如图 9-1 所示），在信息筛选、精准营销等方面起到至关重要的作用。为了实现精准的推荐效果，推荐系统会收集海量用户和所推荐内容的数据，一般而言，收集的数据越多，对用户和推荐内容的了解就越全面和深入，推荐效果就越精准。

(a) Spotify 利用算法为每一位用户推荐的每周精选歌曲列表　　(b) Netflix 根据用户的历史偏好推荐的视频列表　　(c) Facebook 在用户主页实现的 News Feed 排序

图 9-1　个性化推荐页面示意图（注：图片来源于互联网）

在现实场景中，随着用户越来越重视数据安全、隐私保护法案的日益完善，如何在合法合规的前提下，使用割裂的数据持续优化模型效果，是推荐系统亟待解决的任务。联邦学习的出现，为我们在保证数据隐私的前提下，提升个性化推荐效果提供了一种可行且有效的方案。本章将从实际案例出发，列举几种常见的联邦推荐算法及其实现。

9.1　传统的集中式个性化推荐

当今互联网的推荐产品形态多种多样，有以内容为核心的音乐推荐、短视频推荐等，也有传统的新闻推荐、书籍推荐等。虽然形态各异，但它们的推荐算法流程一般都是先收集用户的行为数据，统一上传到服务端，然后利用常见的推荐算法进行集中训练，最后将训练的模型部署到线上，集中式的推荐系统算法流程如图 9-2 所示。

9.1.1　矩阵分解

矩阵分解（Matrix Factorization，下面简称为 MF），是最常使用的推荐算法之一。一般而言，用户与物品之间的交互方式多种多样，如评分、点击、购买、收藏、删除等，这些行为都体现了用户对物品的喜好。我们将用户对物品的反馈用一个矩阵 r 来表示，这个矩阵也被称为评分矩阵（Rating Matrix）。通常，每一个用户只关注很少的物品，因此这个评分矩阵也是一个稀疏矩阵，也就是除少部分的元素之外，其余的元素都为 0。传统的矩阵分解方法，如 SVD 分解，要求矩阵在稠密的前提下才能取得比较好的分解效果。

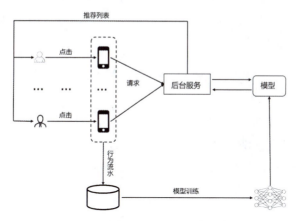

图 9-2 集中式的推荐系统算法流程

为了应对稀疏性问题，Koren[159] 在 2009 年提出了基于隐向量的矩阵分解方法，如图 9-3 所示。通过将原始评分矩阵 r 分解为两个小矩阵 p 和 q，使其满足：

$$r = p \times q. \tag{9.1}$$

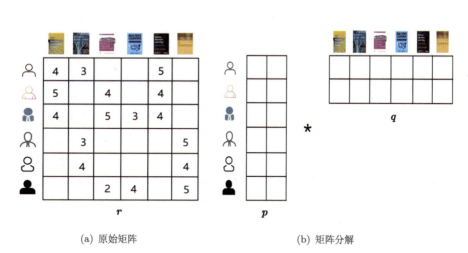

(a) 原始矩阵　　　　　　　　(b) 矩阵分解

图 9-3 矩阵分解方法

不失一般性，我们假设矩阵 r 的维度大小为 $m \times n$，p 的维度大小为 $m \times k$，q 的维度大小为 $k \times n$，k 表示隐向量的长度，它通常是一个值比较小的数，如 $k = 50$ 或者 $k = 100$，这里 m 表示的是用户的数量，n 表示的是物品的数量。通过矩阵分解，我们将评分矩阵压缩为两个小矩阵 p 和 q，分别称为用户隐向量矩阵和物品隐向量矩阵。

MF 算法通过优化式 (9.2) 来填充和预测缺失的评分值，其中 r_{ij} 代表原始评分矩阵中用户 i 对物品 j 的非 0 值评分，而 p_i 代表用户 i 的隐向量，q_j 代表物品 j 的隐向量。MF 的优化目标函数如下：

$$\min_{p,q} \sum_{(i,j)} (r_{ij} - \langle p_i, q_j \rangle)^2 + \lambda \|p\|_2^2 + \mu \|q\|_2^2. \qquad (9.2)$$

式 (9.2) 优化的目标是：使得用户 i 的隐向量 p_i 与物品 j 的隐向量 q_j 之间的点积值，与评分矩阵中用户 i 对物品 j 的实际评分值 r_{ij} 尽量接近。在推断预测阶段，要得到任意一个用户 i 与物品 j 的评分值，我们只需要求取用户 i 的隐向量 p_i 与物品 j 的隐向量 q_j 之间的点积值 $\langle p_i, q_j \rangle$ 即可。

9.1.2 因子分解机

推荐系统的另一种常用算法是因子分解机（Factorization Machine，FM），它将推荐问题归结为回归问题。传统的线性模型，如线性回归等，因其模型简单，可以高效地学习、预测和部署，因此在工业界备受推崇，但线性模型只能捕获到线性信息，不能捕获非线性信息，也就是特征与特征之间的相互作用。

这种特征与特征之间的相互作用，就是特征工程中常用的交叉特征（也称为组合特征）。例如，当前我们正在为用户推荐某一类型的商品，其中用户的特征有年龄和性别：

- 性别是类别特征（categorical），通常使用独热编码的方式将其离散化为 0-1 向量，如男性表示为 [0,1]，女性表示为 [1,0]。
- 年龄属于连续特征，但年龄的大小没有比较的意义，因此通常也会先进行离散化，如图 9-4 所示。

```
(0,6]   (6,15]   (15,22]   (22,35]   (35,50]   (50,70]   > 70
```

图 9-4　年龄特征离散化

我们将年龄划分为 7 个区间，可以用独热编码离散化为 7 维的 0-1 向量，按照年龄落入的区间将对应元素置为 1，其余置为 0。例如 29 岁，可以编码为 [0,0,0,1,0,0,0]。

现在构造一个新的二阶交叉组合特征（年龄，性别），比如年龄为 29 岁的男性，可以编码为 [0,0,0,1,0,0,0,1]。类似地，甚至可以构造更高阶的组合交叉特征。

在过去相当长的一段时间内，这种交叉特征的构造都需要人为进行，因此非常耗时，而且更多依赖于经验或者试错。FM 算法通过在线性模型中加入二阶信息，为自动构建和寻找交叉特征提供了一种可行的方案，FM 模型如式 (9.3) 所示，其中最后的项 $x_i x_j$，就是指任意两个特征 x_i 和 x_j 的交叉特征：

$$y = w_0 + \sum_{i=1}^{n} w_i x_i + \sum_{0<i<j\leqslant n} w_{i,j} x_i x_j. \tag{9.3}$$

但式 (9.3) 最大的问题是其参数量太大，通常我们的特征很多，假设特征大小是 n 维，那么二阶的特征组合一共有 $n(n-1)/2$ 个，因此，一方面直接对式 (9.3) 求解需要大量的训练样本；另一方面由于稀疏性的特点，二阶的特征组合会更加稀疏，对二阶交叉系数 $w_{i,j}$ 的学习会非常不理想。

FM 算法利用向量化的思想来优化式 (9.3)，为每一个特征值 x_i 学习一个大小为 k 维的特征向量 $\boldsymbol{v}_i$，将式 (9.3) 中的二阶项权重参数 $w_{i,j}$，看成特征 x_i 和特征 x_j 对应的特征向量 $\boldsymbol{v}_i$ 和 $\boldsymbol{v}_j$ 的点积，即满足 $w_{i,j} = \langle \boldsymbol{v}_i, \boldsymbol{v}_j \rangle$，将其代入式 (9.3)，得到优化后的因子分解机模型为

$$y = w_0 + \sum_{i=1}^{n} w_i x_i + \sum_{0<i<j\leqslant n} \langle \boldsymbol{v}_i, \boldsymbol{v}_j \rangle x_i x_j. \tag{9.4}$$

利用梯度下降对式 (9.4) 求解，可以得到一阶特征权重 $w_i, i = 0, 1, \cdots, n$，以及每一个特征 x_i 对应的特征向量 $\boldsymbol{v}_i$。这种经过向量化处理之后的模型，有下面的两个好处：

（1）二阶项权重参数量大大减少。二阶项权重参数的计算仅依赖于特征向量 $\boldsymbol{v}_i$ 和 $\boldsymbol{v}_j$，从而将二阶项的参数量从原来的 $n(n-1)/2$ 下降到 nk。

（2）每一个特征 x_i 对应的特征向量为 $\boldsymbol{v}_i$，$\boldsymbol{v}_i$ 是一个 k 维大小的稠密向量，因此，即使在训练样本中，两个特征 x_i 和 x_j 没有同时出现，它们交叉特征对应的权重值 $\langle \boldsymbol{v}_i, \boldsymbol{v}_j \rangle$ 也不为 0，泛化能力更强。

事实上，可以把 MF 看成 FM 的一个特例。当把用户 ID 和物品 ID 也看成是特征时，将 ID 转化为 one-hot 向量来表示，如图 9-5 所示。如果把用户 ID 和物品 ID 看成仅有的特征，则 FM 模型就退化为 MF 模型。

当前的个性化推荐系统设计，通常是以一家公司作为独立的单位进行的，即我们基于用户在该公司的行为数据对产品进行个性化推荐，但很多时候，如果能够联合用户在不同公司的行为数据，将能够大大提升推荐的质量。为此，我们使用联邦学习的技术，一方面保证用户在不同公司的行为数据不泄露；另一方面有效联合各方数据进行联合建模，从而提升推荐的质量。在 9.2 节和 9.3 节中，我们将分别介绍两种常见的跨公司的联邦推荐场景及其实现。

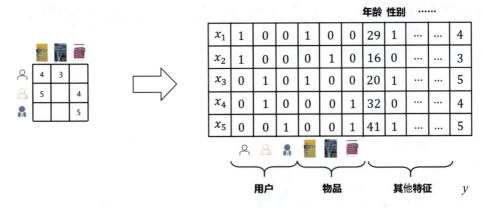

图 9-5 MF 与 FM 的关系

9.2 联邦矩阵分解

本节要讨论的是如图 9-6 所示的跨公司联邦推荐问题。在该场景下，我们看到左边的公司 A 是以书籍为内容进行推荐，而右边的公司 B 是以电影为内容进行推荐。根据协同过滤的思想，具有相同观影兴趣的用户很可能有相同的阅读兴趣，因此如果我们能够保证在不泄露用户数据隐私的前提下，联合多方的数据进行建模，那么将明显提升推荐效果。本节将引入联邦矩阵分解（Federated Matrix Factorization）算法，来解决这一类型的推荐问题。

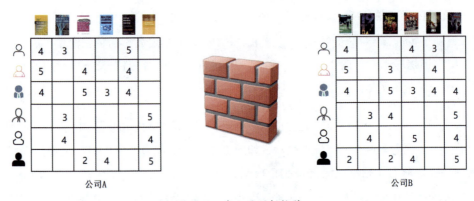

图 9-6 跨公司联邦推荐

9.2.1 算法详解

假设公司 A 和公司 B 具有重叠度很高的用户群体，但它们的产品不同，从纵向联邦的角度来说，也就是它们的特征不重叠（一方的特征是书的 ID，另一方的特征是电影的

ID)。每一家公司分别有用户对物品的评分矩阵,但由于隐私保护的原因,公司之间不能共享这些评分数据。

9.1.1 节介绍了 MF 算法,它将评分矩阵分解为用户隐特征向量和物品隐特征向量,如图 9-7 所示。如果数据可以共享,多机构之间的推荐系统目标函数就变为式 (9.5):

$$\min_{\boldsymbol{p},\boldsymbol{q}} \sum_{(i,j)\in K_A} (r_{ij}^{\mathrm{A}} - \langle \boldsymbol{p}_i, \boldsymbol{q}_j^{\mathrm{A}} \rangle)^2 + \sum_{(i,j)\in K_B} (r_{ij}^{\mathrm{B}} - \langle \boldsymbol{p}_i, \boldsymbol{q}_j^{\mathrm{B}} \rangle)^2 \\ + \lambda \|\boldsymbol{p}\|_2^2 + \mu(\|\boldsymbol{q}^{\mathrm{A}}\|_2^2 + \|\boldsymbol{q}^{\mathrm{B}}\|_2^2). \tag{9.5}$$

其中,r_{ij}^{A} 和 r_{ij}^{B} 分别代表公司 A 和公司 B 的原始评分矩阵,由于两家公司的用户群体相同,也就是说,它们共享用户的隐向量信息 $\boldsymbol{p}$,为了求解式 (9.5),我们先引入一个可信的第三方服务端来维护共享的用户隐特征向量信息,即矩阵 $\boldsymbol{p}$,矩阵 $\boldsymbol{p}$ 通过随机初始化的方式在服务端生成。接下来,可以将本案例的详细算法流程描述如下[62]:

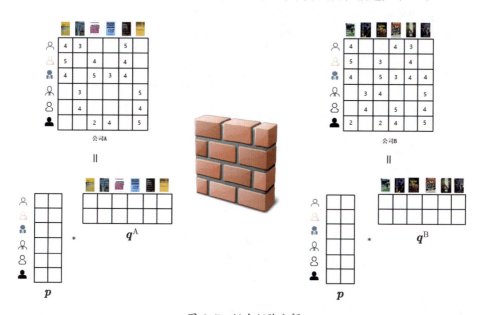

图 9-7 纵向矩阵分解

步骤 1:由可信第三方服务端初始化用户隐向量矩阵 $\boldsymbol{p}$,并使用公钥对其进行加密 $[[\boldsymbol{p}]]$。同时,各家参与公司分别初始化自己的物品隐向量矩阵 $\boldsymbol{q}$。

步骤 2:服务端将加密的用户隐向量矩阵 $[[\boldsymbol{p}]]$ 分别发送给所有参与联合建模的公司。

步骤 3:各参与方利用私钥解密用户隐向量矩阵,我们以公司 A 为例,对式 (9.5) 求取梯度之后,先利用梯度下降,更新自己的本地物品隐向量矩阵 $\boldsymbol{q}^{\mathrm{A}} = [\boldsymbol{q}_1^{\mathrm{A}}, \boldsymbol{q}_2^{\mathrm{A}}, \cdots, \boldsymbol{q}_m^{\mathrm{A}}]$

（这里的 m 代表物品的数量）：

$$\frac{\partial L}{\partial \boldsymbol{q}_j^A} = -2 \sum_i \boldsymbol{p}_i(r_{ij}^A - \langle \boldsymbol{p}_i, \boldsymbol{q}_j^A \rangle) + 2\mu \boldsymbol{q}_i^A \quad j = 1, \cdots, m, \tag{9.6}$$

$$\boldsymbol{q}_j^A = \boldsymbol{q}_j^A - \alpha \frac{\partial L}{\partial \boldsymbol{q}_j^A} \quad j = 1, \cdots, m, \tag{9.7}$$

其中 L 表示式 (9.5)，其余各客户参与方的本地物品隐向量更新，可以参考式 (9.6) 和式 (9.7) 进行计算，这里不再细述。

同时对式 (9.5) 求导，计算用户隐向量矩阵 $\boldsymbol{p}$ 的梯度，得到 $\boldsymbol{G}_{\boldsymbol{p}}^A = [\boldsymbol{G}_{\boldsymbol{p}_1}^A, \boldsymbol{G}_{\boldsymbol{p}_2}^A, \cdots, \boldsymbol{G}_{\boldsymbol{p}_n}^A]$（这里 n 代表用户数），加密后发送给服务端：

$$\boldsymbol{G}_{\boldsymbol{p}_i}^A = \frac{\partial L}{\partial \boldsymbol{p}_i} = -2 \sum_j \boldsymbol{q}_j^A(r_{ij}^A - \langle \boldsymbol{p}_i, \boldsymbol{q}_j^A \rangle) + 2\lambda \boldsymbol{p}_i \quad i = 1, \cdots, n. \tag{9.8}$$

步骤 4：服务端汇总接收到的加密用户隐向量矩阵梯度 $\boldsymbol{G}_{\boldsymbol{p}}^i$，在密文状态下更新矩阵 $\boldsymbol{p}$，如用户 j 对应的隐向量 $\boldsymbol{p}_j$ 更新公式如式 (9.9) 所示：

$$[[\boldsymbol{p}_j]] = [[\boldsymbol{p}_j]] - \sum_{i=1}^{N} \left[\left[\boldsymbol{G}_{\boldsymbol{p}_j}^i\right]\right]. \tag{9.9}$$

这里的 N 指参与联邦训练的客户方数量。

步骤 5：重复步骤 2～4，直到算法收敛为止。

上面的算法步骤，我们可以通过图 9-8 可视化地查看。

9.2.2 详细实现

联邦矩阵分解算法已经在 FATE 中实现，本节仅对部分关键部分进行简单讲解，如果读者想了解完整的实现过程和细节，可以访问对应的 GitHub 目录（链接 9-1），本节后面的讲解都基于该目录进行。

实现的代码主要由两部分构成，即协调方和客户端方，它们共同继承基类 HeteroFM-Base（在 hetero_mf_base.py 文件中实现）。

构建模型类：矩阵分解模型类在 backend.py 中构建，我们先构建矩阵分解模型类，其构造函数如下所示，关键的成员变量包括：用户的 ID 列表和物品的 ID 列表；隐向量的维度；模型参数等。

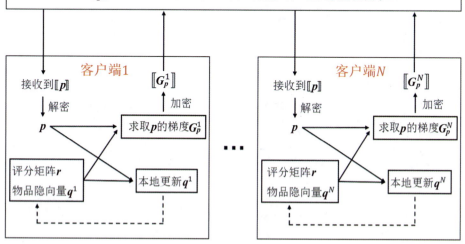

图 9-8　纵向矩阵分解算法

```
class MFModel:
    """
    Matrix Factorization Model Class.
    """
    def __init__(self, user_ids=None, item_ids=None, embedding_dim=None):
        if user_ids is not None:
            self.user_num = len(user_ids)
        if item_ids is not None:
            self.item_num = len(item_ids)
        self.embedding_dim = embedding_dim
        self._sess = None
        self._model = None
        self._trainable_weights = None
        self._aggregate_weights = None
        self.user_ids = user_ids
        self.item_ids = item_ids
    ...
```

模型的构建很简单，分别创建用户的嵌入层和物品的嵌入层（可以通过 Keras 等高级库快速实现），对其输出进行点积操作即可，如下所示：

```python
def build(self, lambda_u=0.0001, lambda_v=0.0001, optimizer='rmsprop',
          loss='mse', metrics='mse', initializer='uniform'):
    """
    Init session and create model architecture.
    :param lambda_u: lambda value of l2 norm for user embeddings.
    :param lambda_v: lambda value of l2 norm for item embeddings.
    :param optimizer: optimizer type.
    :param loss: loss type.
    :param metrics: evaluation metrics.
    :param initializer: initializer of embedding
    :return:
    """
    # init session on first time ref
    sess = self.session
    # user embedding
    user_input_layer = Input(shape=(1,), dtype='int32', name='user_input')
    user_embedding_layer = Embedding( input_dim=self.user_num,
        output_dim=self.embedding_dim, input_length=1, name='user_embedding',
        embeddings_regularizer=l2(lambda_u),
        embeddings_initializer=initializer)(user_input_layer)
    user_embedding_layer = Flatten(name='user_flatten')(user_embedding_layer)

    # item embedding
    item_input_layer = Input(shape=(1,), dtype='int32', name='item_input')
    item_embedding_layer = Embedding( input_dim=self.item_num,
        output_dim=self.embedding_dim, input_length=1, name='item_embedding',
        embeddings_regularizer=l2(lambda_v),
        embeddings_initializer=initializer)(item_input_layer)
    item_embedding_layer = Flatten(name='item_flatten')(item_embedding_layer)

    # rating prediction
    dot_layer = Dot(axes=-1, name='dot_layer')([user_embedding_layer,
                                                item_embedding_layer])
    self._model = Model(inputs=[user_input_layer, item_input_layer], outputs=[dot_layer])
    ...
```

客户端模型训练：客户端的训练在 hetero_mf_client.py 中实现。客户端本地训练会执行下面三个关键步骤，保证物品隐向量 q 的更新。

```python
def fit(self, data_instances, validate_data=None):
    ...
    while self.aggregator_iter < self.max_iter:
        # 第一步系统会调用梯度下降等最优化算法，来更新物品隐向量
        self._model.train(data, aggregate_every_n_epoch=self.aggregate_every_n_epoch)

        # 第二步发送梯度信息给服务端进行聚合并且更新下发，替换用户隐向量
        modify_func: typing.Callable = functools.partial(
            self.aggregator.aggregate_then_get,
            degree=epoch_degree * self.aggregate_every_n_epoch,
            suffix=self._iter_suffix())
```

```
        self._model.modify(modify_func)

    # 第三步判别是否已经达到收敛条件，如果满足收敛条件则退出，否则重复上面的步骤
    if self._check_monitored_status(data, epoch_degree):
        LOGGER.info(f"early stop at iter {self.aggregator_iter}")
        break

...
```

首先，系统会调用梯度下降等最优化算法，更新物品隐向量（参见式 (9.7)），同时计算出用户隐向量的梯度（参见式 (9.8)），然后发送梯度信息给服务端进行聚合并且更新下发，替换用户隐向量。最后，判断是否已经达到收敛条件，如果满足收敛条件则退出，否则重复上面的步骤。

协调方：协调方在 hetero_mf_arbiter.py 中实现，我们已经阐述过，协调方的主要工作是接收各个客户端上传的用户隐特征向量梯度，进行用户隐向量的聚合更新，并将更新后的结果发送给各参与方进行下一轮的迭代。

```
def fit(self, data_inst):
    while self.aggregator_iter < self.max_iter:
        self.aggregator.aggregate_and_broadcast(suffix=self._iter_suffix())
        if self._check_monitored_status():
            LOGGER.info(f"early stop at iter {self.aggregator_iter}")
            break
        self.aggregator_iter += 1
    else:
        LOGGER.warn(f"reach max iter: {self.aggregator_iter}, not converged")
```

9.3 联邦因子分解机

多家公司的联邦训练还可以体现在如图 9-9 所示的场景中。在该场景中，公司 A 是一家在线的书籍销售商，公司 B 是一家社交网络公司，公司 B 不直接销售商品，但是它有每个用户的画像数据。如果能够利用这部分数据，则对公司 A 的销售额同样有很好的提升。试想一下，如果我们知道某个用户是 25 岁，职业是程序员，那么一般情况下，给他推荐 IT 类书籍要比推荐漫画的更好。本节将引入联邦因子分解机（Federated Factorization Machine）算法，来解决这一场景下的推荐问题。

9.3.1 算法详解

这种多特征的数据，可以利用 9.1.2 节介绍的 FM 来解决，但与 9.2 节讨论的情况一样，由于数据隐私保护等原因，我们无法直接共享不同公司之间的数据。为此，我们借助

联邦学习来解决这个问题。

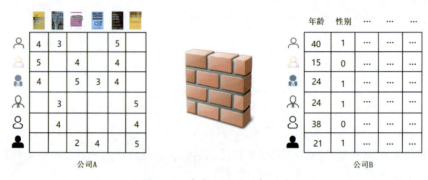

图 9-9 多家公司的联邦训练

为了方便后面讨论,将问题描述如下:假设现在公司 A 有用户的反馈分数和部分特征信息,设为 (X_1, Y),而公司 B 拥有额外的特征数据,设为 X_2,需要保证在两方的数据不出本地的前提下,帮助公司 A 提升推荐性能。对于两方的联合建模,其 FM 模型可以表示为

$$\begin{aligned}\hat{y} = w_0^A + \sum_{i=1}^n w_i^A x_i^A + \sum_{0<i<j\leqslant n} \langle \boldsymbol{v}_i^A, \boldsymbol{v}_j^A\rangle x_i^A x_j^A \\ w_0^B + \sum_{j=1}^m w_j^B x_j^B + \sum_{0<i<j\leqslant m} \langle \boldsymbol{v}_i^B, \boldsymbol{v}_j^B\rangle x_i^B x_j^B \\ + \sum_{0<i\leqslant n, 0<j\leqslant m} \langle \boldsymbol{v}_i^A, \boldsymbol{v}_j^B\rangle x_i^A x_j^B.\end{aligned} \quad (9.10)$$

可以将上面的模型设计拆分为下面的三个部分,分别是:

第一部分表示只考虑公司 A 特征的预测值,满足:

$$w_0^A + \sum_{i=1}^n w_i^A x_i^A + \sum_{0<i<j\leqslant n} \langle \boldsymbol{v}_i^A, \boldsymbol{v}_j^A\rangle x_i^A x_j^A, \quad (9.11)$$

第二部分表示只考虑公司 B 特征的预测值,满足:

$$w_0^B + \sum_{j=1}^m w_j^B x_j^B + \sum_{0<i<j\leqslant m} \langle \boldsymbol{v}_i^B, \boldsymbol{v}_j^B\rangle x_i^B x_j^B, \quad (9.12)$$

第三部分表示分布在两家公司的交叉特征计算,满足:

$$\sum_{0<i\leqslant n, 0<j\leqslant m} \langle \boldsymbol{v}_i^A, \boldsymbol{v}_j^B\rangle x_i^A x_j^B. \quad (9.13)$$

为了解决这个问题，我们先假设两方的数据可以集中共享使用，也就是说，可以将所有的二阶特征交叉项合并，得到式 (9.14)：

$$\hat{y} = w_0^{\mathrm{A}} + \sum_{i=1}^{n} w_i^{\mathrm{A}} x_i^{\mathrm{A}} + w_0^{\mathrm{B}} + \sum_{j=1}^{m} w_j^{\mathrm{B}} x_j^{\mathrm{B}} + \sum_{0 < i < j \leqslant (m+n)} \langle \boldsymbol{v}_i, \boldsymbol{v}_j \rangle x_i x_j. \tag{9.14}$$

式 (9.14) 中，当 $0 < i \leqslant n$ 时，有 $\boldsymbol{v}_i = \boldsymbol{v}_i^{\mathrm{A}}$，$x_i = x_i^{\mathrm{A}}$，当 $n < i \leqslant (m+n)$ 时，有 $\boldsymbol{v}_i = \boldsymbol{v}_i^{\mathrm{B}}$，$x_i = x_i^{\mathrm{B}}$。我们使用平方损失作为 FM 的损失函数，$\hat{y}$ 是预测的评分值，y 是真实的评分值，则对每一条评分样本，其损失函数 L 可以表示为 $L = (\hat{y} - y)^2$，对其求导可得

$$\frac{\partial L}{\partial \theta} = 2(\hat{y} - y) \frac{\partial \hat{y}}{\partial \theta} = 2\mathrm{d} \frac{\partial \hat{y}}{\partial \theta}. \tag{9.15}$$

这里的参数 θ 包括以下几个：$w_0^{\mathrm{A}}, w_0^{\mathrm{B}}, w_i^{\mathrm{A}}, w_i^{\mathrm{B}}, \boldsymbol{v}_i^{\mathrm{A}}, \boldsymbol{v}_i^{\mathrm{B}}$，我们对式 (9.14) 求导，得到 $\hat{y}$ 对每一个参数的偏导数，计算如下：

$$\frac{\partial \hat{y}}{\partial \theta} = \begin{cases} 1 & \theta = w_0^{\mathrm{A}} \text{ 或者 } \theta = w_0^{\mathrm{B}} \\ x_i^{\mathrm{A}} & \theta = w_i^{\mathrm{A}} \\ x_i^{\mathrm{B}} & \theta = w_i^{\mathrm{B}} \\ x_i \sum_{j=1}^{m+n} v_{j,f} x_j - v_{i,f} x_i^2 & \theta = v_{i,f}^{\mathrm{A}} \text{ 或者 } \theta = v_{i,f}^{\mathrm{B}}. \end{cases}$$

其中，最后一步对 $v_{i,f}^{\mathrm{A}}$ 和 $v_{i,f}^{\mathrm{B}}$ 的偏导计算，是由于二阶交叉特征项满足下面的转换：

$$\begin{aligned}
\sum \langle \boldsymbol{v}_i, \boldsymbol{v}_j \rangle x_i x_j &= \sum_{i=1}^{m+n} \sum_{j=i+1}^{m+n} \langle \boldsymbol{v}_i, \boldsymbol{v}_j \rangle x_i x_j \\
&= \frac{1}{2} \sum_{i=1}^{m+n} \sum_{j=1}^{m+n} \langle \boldsymbol{v}_i, \boldsymbol{v}_j \rangle x_i x_j - \frac{1}{2} \sum_{i=1}^{m+n} \langle \boldsymbol{v}_i, \boldsymbol{v}_i \rangle x_i x_i \\
&= \frac{1}{2} \sum_{i=1}^{m+n} \sum_{j=1}^{m+n} \sum_{f=1}^{k} v_{i,f} v_{j,f} x_i x_j - \frac{1}{2} \sum_{i=1}^{m+n} \sum_{f=1}^{k} v_{i,f} v_{i,f} x_i x_i \\
&= \frac{1}{2} \sum_{f=1}^{k} ((\sum_{i=1}^{m+n} v_{i,f} x_i)(\sum_{j=1}^{m+n} v_{j,f} x_j) - \sum_{i=1}^{m+n} v_{i,f}^2 x_i^2) \\
&= \frac{1}{2} \sum_{f=1}^{k} ((\sum_{i=1}^{m+n} v_{i,f} x_i)^2 - \sum_{i=1}^{m+n} v_{i,f}^2 x_i^2).
\end{aligned} \tag{9.16}$$

下面我们给出联邦因子分解机的详细算法流程，描述如下：

（1）公司 A 和公司 B 各自初始化本地模型，即对于公司 A，初始化参数 w_i^{A} 和 $\boldsymbol{v}_i^{\mathrm{A}}$；对于公司 B，初始化参数 w_i^{B} 和 $\boldsymbol{v}_i^{\mathrm{B}}$。

（2）公司 B 将中间结果 $w_0^B + \sum_{j=1}^m w_j^B x_j^B$ 和 $v_i^B x_i^B$ 加密，传输给公司 A。

（3）公司 A 接收到公司 B 传输的加密中间结果，计算加密残差 $[[d]] = [[\hat{y} - y]]$；公司 A 将 $[[d]]$ 和 $[[v_i^A x_i^A]]$ 发送回公司 B。

（4）公司 A 和公司 B 分别利用前面的推导公式，分别求解加密梯度 $\left[\left[\frac{\partial L}{\partial w_0^A}\right]\right]$, $\left[\left[\frac{\partial L}{\partial w_0^B}\right]\right]$, $\left[\left[\frac{\partial L}{\partial w_i^A}\right]\right]$, $\left[\left[\frac{\partial L}{\partial w_i^B}\right]\right]$, $\left[\left[\frac{\partial L}{\partial v_{i,f}^A}\right]\right]$, $\left[\left[\frac{\partial L}{\partial v_{i,f}^B}\right]\right]$。

（5）将这些加密的参数梯度上传到第三方服务端解密，结果分别重新返回公司 A 和公司 B，利用梯度下降更新参数。

（6）重复步骤（2）~（6），直到算法收敛为止。

整个流程如图 9-10 所示。

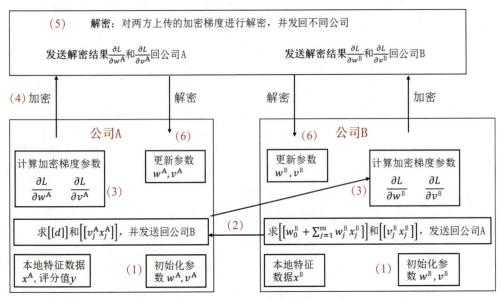

图 9-10 联邦因子分解机执行流程图

9.3.2 详细实现

与联邦矩阵分解算法一样，联邦因子分解机已经在 FATE 中实现，如果读者想了解完整的实现过程和细节，可以访问对应的 GitHub 仓库目录查看（链接 9-2）。本节后面的代码讲解都基于这个目录进行。

本节仅对关键部分进行简单讲解。实现的代码主要由三部分构成，即协调方、guest 方（带标签信息）和 host 方（无标签），它们共同继承基类 HeteroFMBase（在 hetero_fm_base.py 文件中实现）。

算法在实现的过程中，会根据带标签一方的信息不同，区分为二项训练（fit_binary，即标签信息中只有 0 或者 1，表示喜欢或者不喜欢某一个物品。）和多类训练（one_vs_rest_fit，即标签信息包含具体的分数数值，比如 {0,1,2,3,4}，分数越高，表示越喜欢某一个物品，反之，分数越低，表示越讨厌某一个物品）。本节只针对二类训练（fit_binary）进行讲解。

```python
def fit(self, data_instances=None, validate_data=None):
    ...
    if len(classes) > 2:
        self.need_one_vs_rest = True
        self.in_one_vs_rest = True
        self.one_vs_rest_fit(train_data=data_instances, validate_data=validate_data)
            # 多类训练模式
    else:
        self.need_one_vs_rest = False
        self.fit_binary(data_instances, validate_data)  # 二类训练模式
```

- guest 方：对应图 9-10 所示的公司 A（在本节后面的讲解中，我们不区分公司 A 与 guest 方，把它们看成是等价的）。guest 方的数据有标签信息，该部分的代码实现在 hetero_fm_guest.py 中。主要的功能是实现模型的训练和预测。接下来，我们重点分析模型的训练。

模型训练（fit_binary）：算法一开始会初始化公司 A 的参数，即式 (9.10) 中的 w_i^A（对应 w_）和 $\boldsymbol{v}_i^A$（对应 embed_），如下所示：

```python
def fit_binary(self, data_instances, validate_data):
    ...
    fit_intercept = False
    if self.init_param_obj.fit_intercept:
        fit_intercept = True
        self.init_param_obj.fit_intercept = False

    w_ = self.initializer.init_model(model_shape, init_params=self.init_param_obj)
    embed_ = np.random.normal(scale=1 / np.sqrt(self.init_param_obj.embed_size),
                              size=(model_shape, self.init_param_obj.embed_size))
    self.model_weights = FactorizationMachineWeights(w_, embed_,
            fit_intercept=fit_intercept)
    ...
```

模型训练的过程，先是求取梯度信息，如下面的代码块所示，这里要特别注意的是，guest 求取梯度信息，除了自身的加密参数梯度（即 $\left[\left[\frac{\partial L}{\partial w_i^A}\right]\right]$ 和 $\left[\left[\frac{\partial L}{\partial \boldsymbol{v}_i^A}\right]\right]$），还需计

算残差 $[[d]]$，对应下面代码块的 fore_gradient，计算 $[[d]]$ 值必须在 guest 方进行，因为 $[[d]]$ 值的计算需要标签信息，只有 guest 方有标签信息。

```python
while self.n_iter_ < self.max_iter:
    LOGGER.info("iter:{}".format(self.n_iter_))
    batch_data_generator = self.batch_generator.generate_batch_data()
    self.optimizer.set_iters(self.n_iter_)
    batch_index = 0
    for batch_data in batch_data_generator:
        LOGGER.debug(f"MODEL_STEP In Batch {batch_index}, batch data count:"
            {batch_data.count()}")
        # Start gradient procedure
        LOGGER.debug("iter: {}, before compute gradient, data count:"
            {}".format(self.n_iter_, batch_data.count()))
        
        optim_guest_gradient, fore_gradient = 
            self.gradient_loss_operator.compute_gradient_procedure(
                batch_data,
                self.encrypted_calculator,
                self.model_weights,
                self.optimizer,
                self.n_iter_,
                batch_index
            )
```

最后，利用梯度下降更新参数值，结束一次迭代，如下所示：

```python
loss_norm = self.optimizer.loss_norm(self.model_weights)
self.gradient_loss_operator.compute_loss(data_instances, self.n_iter_, batch_index,
        loss_norm)

# clip gradient
if self.model_param.clip_gradient and self.model_param.clip_gradient > 0:
    optim_guest_gradient = np.maximum(optim_guest_gradient,
            self.model_param.clip_gradient)
    optim_guest_gradient = np.minimum(optim_guest_gradient,
            self.model_param.clip_gradient)

_model_weights = self.optimizer.update_model(self.model_weights, optim_guest_gradient)
self.model_weights.update(_model_weights)
batch_index += 1
```

- host 方：对应图 9-10 所示的公司 B（在本节后面的讲解中，我们不区分公司 B 与 host 方，把它们看成是等价的）。host 方的数据没有标签信息，该部分的代码实现在 hetero_fm_host.py 中。同样，我们这里主要分析模型的训练中 host 方的主要工作。

模型训练（fit_binary）：与 guest 方的工作一样，算法一开始会初始化公司 B 的参数，即式 (9.10) 中的 w_j^B（对应 w_）和 $\boldsymbol{v}_j^B$（对应 embed_）：

```python
def fit_binary(self, data_instances, validate_data):
    ...
    fit_intercept = False
    if self.init_param_obj.fit_intercept:
        fit_intercept = True
        self.init_param_obj.fit_intercept = False

    w_ = self.initializer.init_model(model_shape, init_params=self.init_param_obj)
    embed_ = np.random.normal(scale=1 / np.sqrt(self.init_param_obj.embed_size),
                              size=(model_shape, self.init_param_obj.embed_size))

    self.model_weights = FactorizationMachineWeights(w_, embed_,
            fit_intercept=fit_intercept)
    ...
```

在模型训练过程中，host 方只需要计算其自身的加密参数梯度（即 $\left[\left[\frac{\partial L}{\partial w_j^B}\right]\right]$ 和 $\left[\left[\frac{\partial L}{\partial \boldsymbol{v}_j^B}\right]\right]$）即可，其中由式 (9.15) 可知，要计算该梯度值，需要先求出残差 $[[d]]$ 值，该值已由前面 guest 方求出，并传递给 host 方。

```python
def fit_binary(self, data_instances, validate_data):
    ...
    while self.n_iter_ < self.max_iter:
        ...
        for batch_data in batch_data_generator:
            LOGGER.debug(f"MODEL_STEP In Batch {batch_index}, batch data count: "
                {batch_data.count()}")

            # 计算host方自身的加密参数梯度
            optim_host_gradient = \
                self.gradient_loss_operator.compute_gradient_procedure(
                    batch_data, self.model_weights,
                    self.encrypted_calculator,
                    self.optimizer, self.n_iter_,
                    batch_index)

            LOGGER.debug('optim_host_gradient: {}'.format(optim_host_gradient))

            self.gradient_loss_operator.compute_loss(self.model_weights, self.optimizer,
                self.n_iter_, batch_index)
            ...
```

- **协调方**：即图 9-10 所示的第三方设备用于加密与解密。

```python
def fit_binary(self, data_instances=None, validate_data=None):
    ...
    while self.n_iter_ < self.max_iter:
        iter_loss = None
        batch_data_generator = self.batch_generator.generate_batch_data()
        total_gradient = None
        self.optimizer.set_iters(self.n_iter_)
        for batch_index in batch_data_generator:
            # 计算并迁移梯度信息
            gradient = self.gradient_loss_operator.compute_gradient_procedure(
                    self.cipher_operator, self.optimizer, self.n_iter_, batch_index)
            if total_gradient is None:
                total_gradient = gradient
            else:
                total_gradient = total_gradient + gradient

        loss_list = self.gradient_loss_operator.compute_loss(self.cipher_operator,
            self.n_iter_, batch_index)
        ...
```

该实现代码在 hetero_fm_arbiter.py 文件中。协调方的主要工作如图 9-10 所示，主要是对公司 A 和公司 B 的上传加密梯度进行解密，并将结果返回给各参与方更新参数。下面代码块的 loss_list 包含了 guest 方和 host 方的梯度信息。具体实现过程读者可以参考 hetero_fm_arbiter.py 中的 fit_binary 函数。

9.4 其他联邦推荐算法

本章主要介绍了联邦矩阵分解和联邦因子分解机算法，作为当前人工智能落地的热门领域，我们在 FATE 中还实现了很多其他的联邦推荐算法（链接 9-3），如图 9-11 所示。

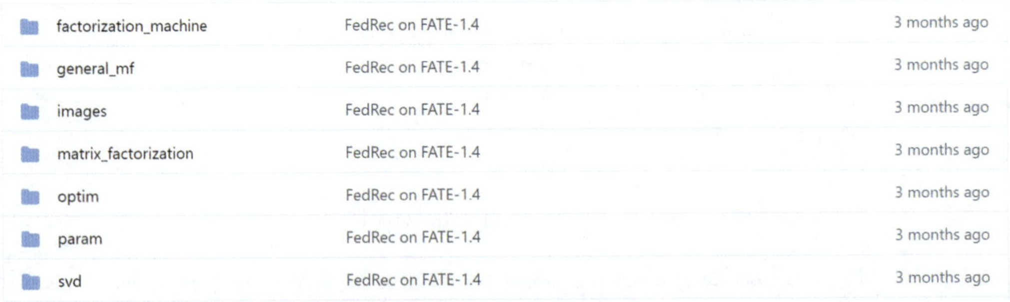

factorization_machine	FedRec on FATE-1.4	3 months ago
general_mf	FedRec on FATE-1.4	3 months ago
images	FedRec on FATE-1.4	3 months ago
matrix_factorization	FedRec on FATE-1.4	3 months ago
optim	FedRec on FATE-1.4	3 months ago
param	FedRec on FATE-1.4	3 months ago
svd	FedRec on FATE-1.4	3 months ago

图 9-11 其他联邦推荐算法

在当前的 FATE 项目中，已经实现的联邦推荐算法列表主要包括下面几项：

- 基于纵向联邦的因子分解机算法。
- 基于横向联邦的因子分解机算法。
- 基于纵向联邦的矩阵分解算法。
- 基于纵向联邦的奇异值分解算法。

鉴于本书的篇幅，我们不在本章中详解每一项算法的原理，感兴趣的读者可以查阅项目的文档，了解其他联邦推荐算法的实现。

9.5 联邦推荐云服务使用

联邦推荐能帮助多个数据使用实体，在合作当中数据不出本地，共同使用数据搭建推荐服务，解决数据孤岛和隐私问题。对用户而言，最明显的益处在于可以利用联邦推荐所提供的多方数据及强大的算法库来提升自己算法的预测效果和产品的分发效率，使推荐服务的质量更上一个台阶。

当前，我们已经在腾讯云中上线了联邦推荐的云服务（链接 9-4），用户可以通过 API 调用的方式尝试联邦推荐的效果。具体来说，当前的联邦推荐云服务有两种使用方式：

- 快速接入云 FDN：如图 9–12 所示，该方法将 FDN 部署在云端，对于客户端本地来说，它只要将用户的数据上报就可以，不需要额外的工程开发，该方法的优点是轻量级、快速接入测试，开发成本低。

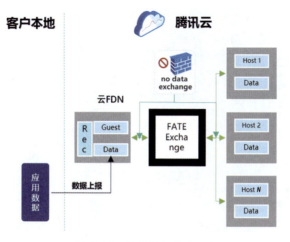

图 9–12　快速接入云 FDN

- 本地化部署 FDN：如图 9-13 所示，该方法将 FDN 的推荐服务部署在本地，该方法的优点是数据不出本地，安全可控。

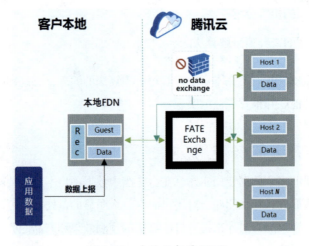

图 9-13　本地化部署 FDN

CHAPTER 10
联邦学习视觉案例

本章，我们描述联邦学习在视觉领域的应用，本章的案例获得了 2020 年 AAAI 人工智能创新应用奖，也是第一个基于联邦学习的人工智能工业级奖项。读者可查阅本案例相对应的论文文献（链接 10-1）。

10.1 概述

在 2012 年的 ImageNet LSVRC 比赛中,AlexNet 凭借 15.3% 的 top-5 错误率夺得冠军后[160],以深度学习为代表的算法模型开始在视觉领域占据绝对的主导地位,并且在很多场景任务中达到、甚至超过人类的水平,如 2015 年,微软宣布在图像识别领域,以 4.94% 的 top-5 错误率超过人类的 5.1% 水平[128];Google 最近发表在 Nature Medicine 上的一项新研究表明,通过 AI 视觉算法能够根据患者的胸部 CT 图像诊断出早期肺癌,与六位放射科医生相比,AI 的准确度更高,检测到的病例增加了 5%,假阳性减少了 11%,AUC(Area Under Curve,曲线下方的面积大小)达到 94.4%[38]。除了算法上的不断提升,大数据和硬件算力的发展也促使人工智能在视觉领域出现爆发性的增长,传统的视觉算法处理流程如图 10-1 所示。

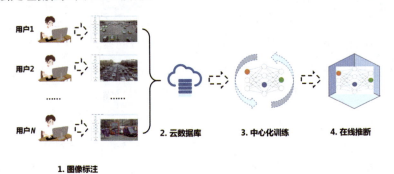

图 10-1　中心化训练流程图[185]

我们以目标检测任务为例,它由下面几个主要步骤构成:首先是将收集来的数据集都集中存放在中心数据库中,并进行集中的图片数据预处理,包括图片数据清理、标注等;然后利用这些预处理的数据进行中心化的模型训练,最后将训练的模型部署到客户。但当前的中心化训练模式使得视觉的落地和部署面临许多困难和挑战,具体来说,主要是受下面因素的影响:

- 数据隐私:在安防、医疗等领域,每一个客户采集的数据都具有高度的隐私性,这些敏感数据在用户没有授权的前提下,通常是被禁止上传的,因此,每一个客户端的数据都无法有效进行共享。另外,机器学习模型的效果非常依赖数据的数量和质量,数据的割裂导致我们只能利用本地的数据进行单点建模,也就是每一个设备单独利用本地数据进行训练,这种单点训练的模型效果也将明显下降。
- 模型更新:传统的处理方式需要将数据集中上传到中心数据库,进行统一的数据处理和模型训练,然后进行模型的评估和部署。在这个过程中,各个数据源之间,由于网络性能和设备性能的差异，导致数据的同步不一致，整个流程会持续较长的时间，因此对于具有实时响应的场景，这种中心化的训练模式无法满足当前的需求。

- 数据的不均匀：这种数据的不均匀性体现在每一个数据源得到的数据，它们的数据分布、数据质量和数据大小各不相同。

10.2 案例描述

本案例是联邦学习在视觉、物联网、安防领域的实际应用，对分散在各地的摄像头数据，通过联邦学习，构建一个联邦分布式的训练网络，如图 10-2 所示，使摄像头数据不需要上传，就可以协同训练目标检测模型，这样一方面确保用户的隐私数据不会泄露，另一方面充分利用各参与方的训练数据，提升机器视觉模型的识别效果。本章后面的章节安排如下：

- 概述本案例中使用的视觉算法，即目标检测算法。
- 联邦视觉产品设计，即在联邦场景下，联邦视觉产品的实际处理流程。
- 联邦视觉案例的具体实现，包括模块设计、训练流程和性能表现。

图 10-2　对摄像头数据构建联邦分布式训练的网络

10.3 目标检测算法概述

当前，常见的计算机视觉任务可以归纳为图像分类、目标检测、语义分割等，图 10-3 概述了这些主流任务之间的主要区别和联系。

本案例的场景已经在 10.2 节做了简要的概述，我们要在摄像头图片数据中找到指定的物体，并能够正确定位位置，这就是典型的目标检测任务。本节将简要回顾目标检测任务常见的算法步骤,如果读者想了解目标检测的详细过程,可以参考相应的文献[235, 236, 237, 48, 239, 182]。

目标检测被广泛应用于多个领域,包括无人驾驶领域。我们通过识别拍摄到的图像里的车辆、行人、道路等目标,来帮助我们规划行进路线;在机器人领域,同样需要利用目标检测算法来进行路径规划;在安防领域,可以利用目标检测算法识别出恐怖分子等特殊人群。

图像分类　　　　　　　目标检测　　　　　　　语义分割

图 10-3　常见的图像任务分类

10.3.1　边界框与锚框

我们先来了解两个与目标检测密切相关的概念:边界框与锚框。在目标检测领域,我们通常使用边界框(bounding box)来描述目标位置,边界框是一个矩形框,由左上角坐标 (x_1, y_1) 和右下角坐标 (x_2, y_2) 来共同确定,如图 10-3 所示。

在运行目标检测算法时,通常会在图像中采样多个候选区域,即候选边界框,不同的目标检测算法所使用的采样算法也不一样,比如使用选择性搜索[108, 107]、通过神经网络学习提取[240] 等,而 YOLO 系列算法则通过定义锚框(anchor box)来提取,锚框是指以每一个像素为中心,生成多个大小和宽高比不同的边界框集合,如图 10-4 所示。

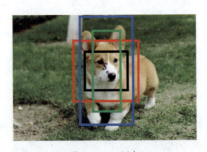

图 10-4　锚框

10.3.2 交并比

当有多个边界框覆盖了图像中的物体时,如果该物体的真实的边界框已知,那么需要有一个衡量预测边界框好坏的指标。在目标检测领域,我们使用交并比(Intersection Of Union, IOU)来衡量。

假设当前有两个边界框 A 和 B,则 A 和 B 的 IOU 值为其相交面积与相并面积的比例,如图 10-5 所示。

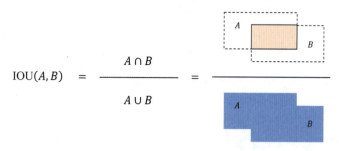

图 10-5 边界框 IOU 计算

10.3.3 基于候选区域的目标检测算法

自 Ross Girshick 等在 2013 年发表了 R-CNN 模型以来[108],深度卷积网络首次被引入目标检测中,并取得了很多突破性的进展,以 R-CNN 为基础,扩展出了一系列以候选区域为核心的算法,包括 R-CNN、Fast R-CNN、Faster R-CNN 等。这一类型的算法在求解目标检测任务时,分为两个阶段:第一阶段先产生所有可能的目标候选框,第二阶段再对候选框做分类与回归。因此,这一类型的算法也被称为二阶段(two-stage)算法。下面我们来概述这一类型算法。

- R-CNN:R-CNN [108] 先对图像提取大约 2000 个的候选区域。然后将候选框输入 CNN 网络中,提取每一个候选框的特征数据,每一个候选框的特征数据与其类别一起构成一个样本,训练多个支持向量机对目标分类,其中每一个支持向量机用来判断样本是否属于同一个类别;利用每一个候选框的特征数据与其边界框一起构成一个样本,用来训练线性回归模型,并预测真实的边界框。R-CNN 的算法流程如图 10-6 所示。

- Fast R-CNN:R-CNN 的性能瓶颈在于,需要对每一个候选区域单独提取特征,但由于候选区域大量重叠,因此单独提取特征导致大量重复计算,Fast R-CNN[107] 对此做了一个重要的改进,即先将图片输入 CNN 网络,得到特征图,在特征图上执

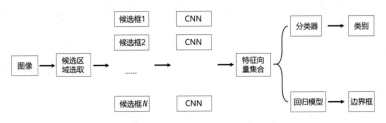

图 10-6 R-CNN 算法流程图

行候选区域选取的工作,并且采用 softmax 分类代替原来的支持向量机,从而加快训练速度。由于每一个候选区域的大小不一样,得到的特征向量长度也不一样,但全连接的输入需要固定大小长度,为此,Fast R-CNN 使用 ROI 池化将不同大小的输入转变为固定的大小长度,Fast R-CNN 的算法流程如图 10-7 所示。

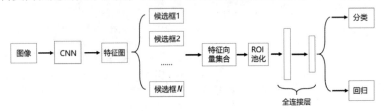

图 10-7 Fast R-CNN 算法流程图

- Faster R-CNN:Fast R-CNN 相比 R-CNN 已经有了很大的提升,但是候选区域的提取与目标检测仍然是两个独立的过程,因此,Faster R-CNN[239] 在此基础上,提出了候选区域网络(Region Proposal Network,RPN)的概念,其余部分没有变化,这样将候选区域的提取与目标检测作为同一个网络进行端到端的训练。Faster R-CNN 的算法流程如图 10-8 所示。

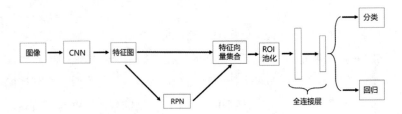

图 10-8 Faster R-CNN 算法流程图

10.3.4 单阶段目标检测

本节将介绍单阶段目标检测算法,与基于候选区域的算法不同,它仅仅使用一个卷积神经网络直接预测不同目标的类别与位置,不需要预先选取候选区域,因此,在效果上,基于区域的算法要比单阶段算法准确度高，但速度较慢；相反，单阶段算法比基于区域的算法速度快，但准确性要低。典型的单阶段目标检测算法包括 SSD、YOLO 系列。

其中，YOLO 算法到目前为止，一共有四个版本[235, 236, 237, 48]，它们都是在最初始的 YOLO 版本上改进的。

概括来说，YOLO 系列算法在处理目标检测任务时，不需要先找出所有的候选框，而是直接将图片输入模型中，最后直接得到边界框的位置及物体的标签信息，并且它将边界框定位与目标分类都看成回归问题，这样做到了端到端的处理，以 Pascal VOC 数据集为例，它的主要处理步骤如下。

（1）将图片裁剪为 $448 \times 448 \times 3$ 大小作为输入，并且将图片分割得到 7×7 网格，如图 10-9(a) 所示，模型的输出是一个 $7 \times 7 \times 30$ 维的向量，如图 10-9(b) 所示，也就是每一个网格都会对应一个 30 维向量，那么这个 30 维向量是什么含义呢？首先，每一个网格会负责一个物体的预测，当一个物体的中心点在网格内时，我们就说这个网格负责预测这个物体。每一个网格会生成 2 个边界框来预测这个物体，每一个边界框由一个 5 元组确定 (x, y, w, h, c)，其中 (x, y) 代表边界框的中心坐标，w 代表边界框的宽，h 代表边界框的高，c 代表边界框的物体属于哪一个类别。

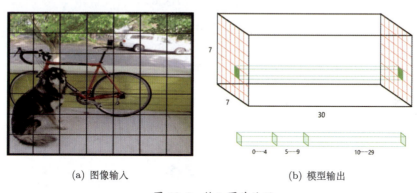

(a) 图像输入　　　　　　　　(b) 模型输出

图 10-9　输入图片处理

（2）对标签进行转化。由上一步可知，每一个边界框用一个 5 元组来表示，而每一个网格会生成 2 个边界框，每一幅图片被分割为 7×7 的网格，且 Pascal VOC 数据集中共有 20 种不同类别的标注物体，为此每一个网格需要一个 20 维大小的额外向量，来存放该网格预测不同类别输出的概率。综上所述，我们得到模型输出的维度大小为 $7 \times 7 \times (2 \times 5 + 20) = 7 \times 7 \times 30$。

更一般地，对于任意的数据集，模型的输出维度大小可以用 $S \times S \times (B \times 5 + C)$ 来表示，其中 $S \times S$ 表示图片被分割的网格个数，B 表示每一个网格会生成 B 个边界框，C

表示数据集中的类别数目。

（3）构建损失函数，利用梯度下降来求解网络。YOLO 损失函数主要由下面三部分构成。

- 类别预测损失：类别的预测损失可以表示为

$$\sum_{i=0}^{S^2} 1_i^{\text{obj}} \sum_c (p_i(c) - \hat{p}_i(c))^2. \tag{10.1}$$

其中 $p_i(c)$ 表示方格 i 属于类别 c 的真实概率，当方格 i 属于类别 c，有 $p_i(c) = 1$，否则 $p_i(c) = 0$；$\hat{p}_i(c)$ 表示模型预测方格 i 属于类别 c 的预测概率。当方格 i 包含物体时，有 $1_i^{\text{obj}} = 1$ 成立，反之，$1_i^{\text{obj}} = 0$。

- 边界框坐标值损失：设真实边界框坐标值表示为 $(x_{ij}, y_{ij}, w_{ij}, h_{ij})$，预测的边界框的坐标值表示为 $(\hat{x}_{ij}, \hat{y}_{ij}, \hat{w}_{ij}, \hat{h}_{ij})$，则边界框的坐标值损失可以表示为

$$\lambda_{\text{coord}} \sum_{i=0}^{S^2} \sum_{j=0}^{B} 1_{ij}^{\text{obj}}[(x_{ij} - \hat{x}_{ij})^2 + (y_{ij} - \hat{y}_{ij})^2] + \lambda_{\text{coord}} \sum_{i=0}^{S^2} \sum_{j=0}^{B} 1_{ij}^{\text{obj}}[(w_{ij} - \hat{w}_{ij})^2 + (h_{ij} - \hat{h}_{ij})^2], \tag{10.2}$$

其中，系数 λ_{coord} 表示该损失值占总损失值的权重。

- 置信度分数的预测损失：置信度分数的预测损失，可以表示为

$$\sum_{i=0}^{S^2} \sum_{j=0}^{B} 1_{ij}^{\text{obj}}(\theta_{ij} - \hat{\theta}_{ij})^2 + \lambda_{\neg\text{obj}} \sum_{i=0}^{S^2} \sum_{j=0}^{B} 1_{ij}^{\neg\text{obj}}(\theta_{ij} - \hat{\theta}_{ij})^2. \tag{10.3}$$

这里 $\lambda_{\neg\text{obj}}$ 属于超参数，θ_{ij} 表示当前网格 i 中边界框 j 与当前网格负责的真实边界框的置信度分数，即它们的 IOU 的大小。

10.4 基于联邦学习的目标检测网络

10.4.1 动机

10.1 节曾描述过在传统的集中式目标检测训练中的几处不足，对模型提供方和数据提供方来说，安全威胁是当前最为头疼和亟待解决的问题。安全的威胁主要来自数据层面，包括：

- 数据提供方的数据源离开本地后，数据提供方就没办法跟踪这部分数据的用途了，也无法保证数据离开本地后不被其他人窃取。
- 一般来说，数据从离开数据提供方，到上传至中心数据库，会经过多个中转地，这就进一步增加了数据泄露的风险和问题排查的难度。

受此影响，当前的模型服务供应商和数据提供方，都急需一种新的模型训练方法：一方面，保证数据不离开本地，这样能够使数据提供方确信数据的安全；另一方面，模型的训练和性能不会受到影响。

这两点都非常适合用联邦学习来解决，联邦学习的定义和提出的初衷，就是保证数据在不出本地的前提下，联合各参与方数据进行协同训练。

10.4.2 FedVision-联邦视觉产品

10.4.1 节介绍了利用联邦学习进行目标检测模型训练的动机，一个完整的联邦视觉（目标检测）产品的流程图如图 10–10 所示。本节将对该产品进行概括的描述。

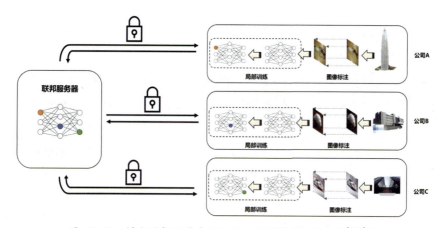

图 10–10　横向联邦视觉产品流程图（图片截取自文献[185]）

图中描述了基于横向联邦学习实现的目标检测模型的工作流程，我们对本案例的基本设置进行如下综述：

- 不失一般性，本案例的联邦网络中的客户参与方共有三个：分别是公司 A、B、C。服务端由微众的云服务器提供。
- 为了简化问题，本案例中的三个客户参与方提供的数据分布都比较均衡。
- 每一个客户方部署联邦学习框架后，其主要工作包括：对本地数据进行预处理；发起联邦学习训练任务；参与联邦学习任务；部署联邦学习模型在本地进行预测和推断。
- 服务端由微众的云服务器提供，其主要工作包括：实时监控客户端参与方的连接情况；对上传的客户端模型进行聚合；挑选客户端参与客户端本地训练；上传全局模型。

- 经过联邦学习更新后的全局模型，有两个用途：

第一，　可以分发到当前联邦网络的客户端参与方（即图中的公司 A、B、C），进行本地部署预测，使得联邦学习的参与方受益；

第二，　如果新的全局模型效果能达到 SOTA 水平，在经过参与方的协商同意后，还可以将新的联邦全局模型以开源或者商业售卖的形式，提供给其他厂商进行部署。

基于联邦学习构建的目标检测视觉模型，相比于集中式的目标检测模型，有下面的优势和好处：

- 隐私性：从隐私角度，联邦学习确保数据的产生、数据的处理都在本地进行。相比集中式训练，数据的隐私安全大为提高。

- 效率：从效率上来说，传统的集中式训练，需要等待所有数据提供方的数据上传后，才进行统一的数据处理，再进行集中式的模型训练和模型评估，最后部署新模型，这个流程的等待时间比较长。而联邦学习的训练，由于每一个客户参与方从数据收集到数据处理都独立完成，且都有发起联邦学习的权力，只要发起联邦学习请求，就能进行模型训练，因此每一个客户方部署新模型的速度都加快了许多。

- 费用：在集中式训练中，将原始数据（图像、视频）上传到服务端会消耗非常多的网络带宽资源。而联邦视觉模型上传的是模型参数，模型参数的传输量要比数据传输量小得多，从而能有效节省网络带宽，节约费用。

10.5　方法实现

基于联邦学习实现目标检测产品是横向联邦的一个经典应用，读者可以参考本案例对应的文献 [185, 191]。本节我们将给出其详细的实现过程。本案例有基于 Flask-SocketIO 的 Python 实现（链接 10-2），也有基于 FATE 的实现（链接 10-3）。最后，我们讨论基于 Flask-SocketIO 的 Python 实现。读者可以自行查阅基于 FATE 的实现。

10.5.1　Flask-SocketIO 基础

本案例的实现，我们将使用 Python 语言和 PyTorch 机器学习模型库，与第 3 章的实现不同，第 3 章使用普通函数调用的方式模拟服务端与客户端之间的通信，本节使用 Flask-SocketIO 作为服务端和客户端之间的通信框架。此外，第 16 章会具体介绍联邦学习中的通信机制和常用的 Python 网络通信包。

通过 Flask-SocketIO，我们可以轻松实现服务端与客户端的双向通信，Flask-SocketIO 库的安装非常方便，只需要在命令行中输入下面的命令即可：

```
pip install flask-socketio
```

- 服务端创建：先来初始化服务端，下面是初始化服务端的一段简短代码。

```python
from flask import Flask, render_template
from flask_socketio import SocketIO

app = Flask(__name__)
app.config['SECRET_KEY'] = 'secret!'
socketio = SocketIO(app)

if __name__ == '__main__':
    socketio.run(app)
```

socketio.run() 是服务器的启动接口，它通过封装 app.run() 标准实现。这段代码是创建 socket 服务端最简短的代码，服务器启动后没有实现任何功能，为了能响应连接的客户端请求，我们在服务端中定义必要的处理函数。socketIO 的通信基于事件，不同名称的事件对应不同的处理函数，在处理函数的定义前，用 on 装饰器指定接收事件的名称，这样事件就与处理函数一一对应，如下我们创建了一个 "my event" 事件，该事件对应的处理函数是 "test_message"。

```python
from flask import Flask, render_template
from flask_socketio import SocketIO

app = Flask(__name__)
app.config['SECRET_KEY'] = 'secret!'
socketio = SocketIO(app)

@socketio.on('my event')
def test_message(message):
    emit('my response', {'data': message['data']})

if __name__ == '__main__':
    socketio.run(app)
```

事件创建后，服务器处在监听状态，等待客户端发送 "my event" 的请求。由于 socketIO 实现的是双向通信，除了能添加事件等待客户端响应，服务端也可以向客户端发送请求，服务端向客户端发送消息使用 send 函数或是 emit 函数（对于未命名的事件使用 send，已经命名的事件用 emit），如上面的代码中，当服务端接收到客户端的 "my event" 事件请求后，向客户端反向发送 "my response" 的请求。

- 客户端：客户端的应用程序设计相对服务端要灵活很多，我们可以使用 JavaScript、C++、Java 和 Swift 中的任意 socketIO 官方客户端库或与之兼容的客户端，来与上面的服务端建立连接。这里，我们使用 socketIO-client 库来创建一个 client。

```python
from socketIO_client import SocketIO

def test_response(data):
    print(data)
sio = SocketIO(host, port, None)
sio.on("my_response", test_response)
sio.emit("my event")
sio.wait()
```

先利用 socketIO 函数构造一个客户端，构造函数需要提供连接的服务端的 IP 和端口信息。然后利用 on 连接事件"my response"和处理函数"test_response"，发送"my event"事件，等待服务端的事件响应。

鉴于本书的篇幅限制，我们不在此对 Flask-SocketIO 做更多的讲述，读者如果想深入了解 Flask-SocketIO 的实现和使用，可以参见 Flask-SocketIO 的官方文档（链接10-4）。联邦学习的过程是联邦服务端与联邦客户端之间不断进行参数通信的过程，图 10-11 展示了联邦客户端与联邦服务端的详细通信过程。

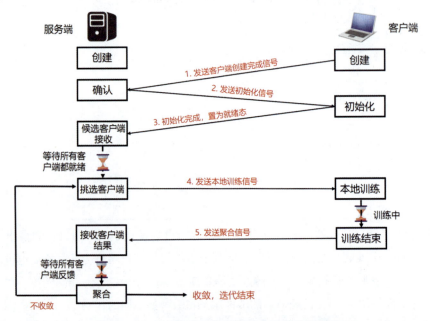

图 10-11　联邦客户端与联邦服务端的通信过程

接下来，我们分别从服务端角度和客户端角度简要分析其构建和实现过程。为了便于案例讲解，本节我们不对传输方案做复杂的讨论，本案例传输的是明文状态下的模型参数。

10.5.2 服务端设计

与普通的横向联邦设计一样，服务端的主体工作仍然是以下三个方面：

- 模型的聚合。聚合客户端上传的局部模型，用于更新全局模型。
- 客户端的选取和模型的分发：每一轮迭代前，从所有客户端中挑选参加训练的客户端集合，并将最新的全局模型下发给这些客户端。
- 网络监听。实时监控客户端设备的网络连接情况。

我们构建一个服务端类，在类结构的构造函数中，部分重要的成员变量定义如下：

```python
class FLServer(object):
    def __init__(self, task_config_filename, host, port):
        self.task_config = load_json(task_config_filename)
        self.ready_client_sids = set()
        
        self.app = Flask(__name__)
        self.socketio = SocketIO(self.app, ping_timeout=3600000,
                                 ping_interval=3600000,
                                 max_http_buffer_size=int(1e32))
        self.host = host
        self.port = port
        self.model_id = str(uuid.uuid4())
        self.aggregator = Aggregator(self.task_config, self.logger)
        ...
        self.register_handles()
```

相比于第 3 章的服务端设计，当前的服务端构造函数要复杂一些，主要增加的是 socket 通信的信息，一些重要的字段解析如下：

- task_config：配置信息，在服务端中保存配置信息。
- ready_client_sids：记录每一轮被挑选的客户端 ID 集合。
- socket_io：利用 Flask-SocketIO 创建的服务端 I/O。
- host 和 port：服务端当前的 host 信息和 port 信息。

- aggregator：模型聚合，当前联邦学习的聚合策略，除了常见的 FedAvg，常用的还包括 one-shot、median 等。在实战过程中，可能会尝试不同的聚合操作，因此，为了便于统一管理，我们可以单独定义一个聚合类，将不同的聚合操作放置在 aggregator 类中，方便调用。

构造函数的最后是一个 register_handles 函数，用于事件注册，即用于响应客户端的请求。下面是我们定义的部分事件注册函数，包括响应客户端就绪请求处理、响应模型聚合请求处理、响应模型评估请求处理等。有关事件的概念已经在 10.5.1 节做了介绍。

```python
def register_handles(self):
    @self.socketio.on('connect')
    def handle_connect():
        # 处理连接事件（内置）
        ...
    @self.socketio.on('reconnect')
    def handle_reconnect():
        # 处理重连事件（内置）
        ...
    @self.socketio.on('disconnect')
    def handle_disconnect():
        # 处理断开事件（内置）
        ...
    @self.socketio.on('client_wake_up')
    def handle_wake_up():
        # 处理客户端唤醒事件
        ...
    @self.socketio.on('client_ready')
    def handle_client_ready():
        # 处理客户端就绪事件
        ...
    @self.socketio.on('client_update')
    def handle_client_update(data):
        # 处理模型聚合事件
        ...
    @self.socketio.on('client_eval')
    def handle_client_eval(data):
        # 处理模型评估事件
        ...
    ...
```

服务端创建完成后，会等待客户端创建信号发送，接收到客户端的创建信号后，会将它们全部放置在候选列表 ready_client_sids 中，每一轮迭代会随机挑选部分客户端 client_sids_selected 参与下一轮的迭代训练。

```
for e in range(conf['global_epochs']):
    # 采样挑选部分客户端参与联邦训练
    client_sids_selected = random.sample(ready_client_sids, conf['k'])
```

联邦服务端的另一个主要功能是进行模型聚合，如下是 FedAvg 的实现，我们将每一轮上传的客户端模型参数放置在 model_weights 中，选择本地样本数量占全体样本数量的比例作为模型参数的权重，求取新的全局模型参数值 new_weights：

```
def update_weights(self, client_weights, client_sizes):
    # client_weights存储每一个客户端上传的模型参数列表
    # client_sizes存储每一个客户端的本地样本数量
    total_size = np.sum(client_sizes)        # 计算总样本数量
    new_weights = [np.zeros(param.shape) for param in client_weights[0]]

    # FedAvg聚合
    for c in range(len(client_weights)):
        for i in range(len(new_weights)):
            new_weights[i] += (client_weights[c][i] * client_sizes[c] / total_size)
    self.current_weights = new_weights
```

10.5.3 客户端设计

设计客户端时，同样先创建一个基于 socketIO-client 实现的客户端结构，其构造函数主体如下所示：

```
class FederatedClient(object):
    def __init__(self, server_host, server_port, task_config_filename, gpu, ignore_load):
        self.task_config = load_json(task_config_filename)
        self.local_model = None
        self.dataset = None
        ...
        self.sio = SocketIO(server_host, server_port, None, {'timeout': 36000})
        self.register_handles()
        print("sent wakeup")
        self.sio.emit('client_wake_up')
        self.sio.wait()
```

我们看到，客户端的设计基本是在第 3 章的基础上，添加了有关网络连接和事件注册的处理。在联邦学习中，服务端设备与客户端设备是双向通信的，因此需要客户端注册相应的事件函数，用于响应服务端发送的事件请求处理。在服务端设计中，我们使用 on 装饰器定义在函数上面的方式来注册事件，这里我们介绍另一种注册方式，如下所示：

```python
def register_handles(self):
    ########## Socket IO messaging ##########
    def on_connect():
        ...
    def on_disconnect():
        ...
    def on_reconnect():
        ...
    def on_request_update(*args):
        ...
    def on_stop_and_eval(*args):
        ...
    def on_init(*args):
        ...

    self.sio.on('connect', on_connect)                          # 注册连接事件
    self.sio.on('disconnect', on_disconnect)                    # 注册断开事件
    self.sio.on('reconnect', on_reconnect)                      # 注册重连事件
    self.sio.on('init', self.on_init)                           # 注册初始化事件
    self.sio.on('request_update', on_request_update)            # 注册本地模型更新事件
    self.sio.on('stop_and_eval', on_stop_and_eval)              # 注册本地模型评估事件
```

这里的 on 是一个接口函数，其参数是事件名称和对应的响应函数名称。客户端创建完毕后，等待服务端下发的初始化命令，服务端会下发初始的全局模型和配置信息给客户端，客户端初始化主要是将本地模型替换全局模型，同时利用配置信息读取本地训练数据集：

```python
def on_init(self, model, dataset):
    self.local_model = model
    self.dataset = dataset
    ...
    self.sio.emit('client_ready')
```

客户端设计的另一个重要环节是本地训练，通常情况下，客户端的本地训练与集中式训练没有太大的区别，以下是 Faster R-CNN 的本地训练代码：

```python
def train_one_epoch(self):
    pred_bboxes, pred_labels, pred_scores = list(), list(), list()
    gt_bboxes, gt_labels, gt_difficults = list(), list(), list()
    self.trainer.reset_meters()
    for ii, (img, sizes, bbox_, label_, scale, gt_difficults_) in \
            tqdm.tqdm(enumerate(self.dataloader)):
        scale = at.scalar(scale)
        img, bbox, label = img.cuda().float(), bbox_.cuda(), label_.cuda()
```

```
        self.trainer.train_step(img, bbox, label, scale)
        if (ii + 1) % self.opt.plot_every == 0:
            sizes = [sizes[0][0].item(), sizes[1][0].item()]
            pred_bboxes_, pred_labels_, pred_scores_ = self.faster_rcnn.predict(img, [sizes])
            pred_bboxes += pred_bboxes_
            pred_labels += pred_labels_
            pred_scores += pred_scores_
            gt_bboxes += list(bbox_.numpy())
            gt_labels += list(label_.numpy())
            gt_difficults += list(gt_difficults_.numpy())
    return self.trainer.get_meter_data()[total_loss]
```

YOLO v3 的本地训练代码主体部分如下所示：

```
def train_one_epoch(self):
    self.yolo.train()
    for batch_i, (_, imgs, targets) in enumerate(self.dataloader):
        batches_done = len(self.dataloader) * 1 + batch_i
        imgs = Variable(imgs.to(self.device))
        targets = Variable(targets.to(self.device), requires_grad=False)
        loss, outputs = self.yolo(imgs, targets)
        loss.backward()
        if batch_i % 10 == 0:
            print("step: {} | loss: {:.4f}".format(batch_i, loss.item()))
        if batches_done % self.model_config["gradient_accumulations"]:
            self.optimizer.step()
            self.optimizer.zero_grad()
    return loss.item()
```

10.5.4 模型和数据集

我们使用 YOLO v3[237] 和 Faster R-CNN[239] 分别作为当前的目标检测候选模型，这两个模型也是当前比较成熟和常用的目标检测模型，有很多开源的实现。视觉模型设计不是本书的研究对象，有关 YOLO v3 和 Faster R-CNN 模型的详细实现可以参考相应的文献，我们这里不再详述，读者也可以在本章配套的 GitHub 中查找其实现。

数据集我们使用 FATE 平台中的公开数据集：街道公开数据集，读者可以从 FATE 数据集网站中获取和查看详细信息（如图 10-12 所示）。该数据集通过真实的摄像头采集数据，共 956 张图片，7 个类别。有关该数据集的详细数据分布，读者可以阅读该数据集对应的参考文献 [191]。

图 10-12 FATE 数据集官网（链接 10-5）

10.5.5 性能分析

我们对两个模型在联邦学习中的性能进行了测试，分别测试了它们在不同数量的客户参与方（C），以及不同的本地训练迭代次数（E）配置下的性能结果，图 10-13 所示为在 mAP 上的性能对比，可以看到，参与联邦训练的客户方越多，其迭代收敛也越快。

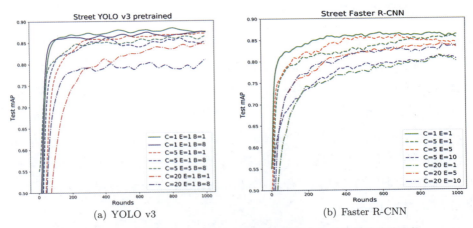

图 10-13 在 YOLO v3 和 Faster R-CNN 模型上分别进行的结果比较

图 10-14 是对应的两个模型在损失值上的对比，综合两个结果不难发现下面的结论：

- 随着客户端参与的增多，模型在刚开始的几轮迭代中，会低于集中式训练的效果，这主要是受各参与方的数据不平衡影响，全局模型需要一个适应过程。
- 当迭代次数到达一定轮数后，全局模型的性能开始逼近集中式训练的结果，这也是联邦学习无损性特点的体现。

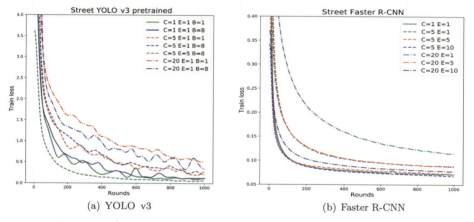

图 10-14　在 YOLO v3 和 Faster R-CNN 模型上分别进行的结果比较

CHAPTER 11
联邦学习在智能物联网中的应用案例

本章介绍联邦学习在智慧城市建设中的一个应用,即用户的出行预测,帮助用户更好地规划出行安排。

人工智能物联网（以下简称 AIoT）是一种将人工智能技术和物联网技术相结合而出现的前瞻性概念。在 AIoT 的概念中，物联网中的设备和传感器能搜集到大量的数据，通过对数据进行人工智能的语义分析和处理，实现万物的数据化、万物的智联化，帮助使用者做出更好的决策，如图 11-1 所示。

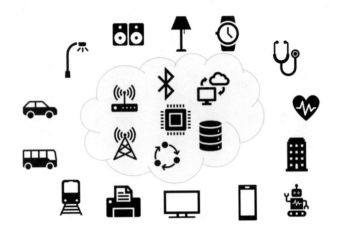

图 11-1　AIoT 应用场景

尽管当前的 IoT 设备可以采集到大量数据，但是由于数据隐私法案日趋完善，IoT 设备的数据受到越来越严格的保护，使得 IoT 设备容易变成多个独立的数据孤岛，数据的价值也将难以被利用。随着联邦学习技术的提出和普及，以及边缘端设备的处理能力不断加强，联邦学习正迅速成为 AIoT 领域中数据隐私保护机器学习的一种有效方案，其主要思想是将计算放在边缘端设备中进行，保证数据不出本地，从而最大化保证用户的隐私数据不泄露。本章介绍联邦学习在 AIoT 中的一个重要应用：预测社区住户的出行时间，从而帮助住户提供更好的出行建议（如打车预测、路线推荐等）。本案例是横向联邦学习在 AIoT 领域的应用实践。

11.1　案例的背景与动机

随着 AIoT 技术的发展，智慧城市、智能家居、智慧社区等概念层出不穷。智慧社区是指通过在社区中部署 AIoT 设备，采集社区住户的日常行为数据，再通过人工智能技术分析住户的行为习惯，为住户提供更好的出行建议（路线选择、出行提醒等），达到智能化管理的目的。

当前的智慧社区管理，一般是在各社区中安装 AIoT 设备，收集本小区住户的出行信息（住户通过打卡、二维码等方式录入出行信息），如图 11-2 所示。

图 11-2　智慧社区应用

由于社区住户的行为数据属于个人隐私信息,在当前日趋严格的隐私保护法案监管下,不适合将数据上传到云端进行集中式处理,各社区的数据通常只能在本地进行独立的处理和分析,这种单点的数据处理方式效果非常有限,功能也仅局限于对本社区用户的简单统计分析(如本社区人口统计等)。因此,是否能有一种有效的方法,既能保护各社区的住户信息不泄露,又能将各社区联合起来,构成一张完整的智慧城市网络,进而对这张城市网络进行更深入的分析,为社区提供更智能化的管理方案,成为当前 AIoT 的热门研究方向。

联邦学习的出现提供了一种可行的解决方案,通过联邦学习技术的架构,一方面保证住户的信息数据不离开本地,另一方面能有效联合各社区的数据进行联合建模。例如,通过联合部署在各社区的 AIoT 设备,利用联邦学习进行住户的出行预测分析,如预测用户的上班时间及目的地,从而提供有效的出行路线,避开出行高峰。首先,我们对本案例的基本设置进行如下综述:

- 本案例是横向联邦学习案例,联邦网络中的客户参与方共有 10 个社区。服务端由微众的云服务器提供。
- 本案例中的 10 个社区数据分布情况在 11.4.3 节中描述。
- 本案例的目的如上所述:通过出行预测,为用户提供有效的出行路线和智能提醒等。

11.2 历史数据分析

社区住户出行数据通常包含住户的登记信息和历史出行记录,其中登记信息通常包含用户的性别、年龄等画像信息;历史出行记录通常包括住户 ID、出行时间、出行地点、通行方式等字段,如图 11-3 所示。

	village_id	household_id	sex	age	opened_type	opened_time	opened_location
0	5ed7c2fe758...	ef612470735...	1	30	1	2019-10-15 ...	
1	5ed7c2fe758...	f4349bbb195...	0	36	1	2019-10-15 ...	
2	5ed7c2fe758...	b928873e33f...	1	43	1	2019-10-15 ...	
3	5ed7c2fe758...	24885144443...	0	25	1	2019-10-15 ...	
4	5ed7c2fe758...	06eff311a0a...	0	27	1	2019-10-15 ...	

图 11-3 出行记录数据格式样例

其中"village_id"和"household_id"分别表示社区 ID 和住户 ID 信息,"opened_time"表示出行时间,"opened_location"表示出行目的地。

我们可以通过分析历史数据,为构建联邦学习模型提供更多的依据。首先,我们观察年龄对出行时间的影响,如图 11-4 所示。

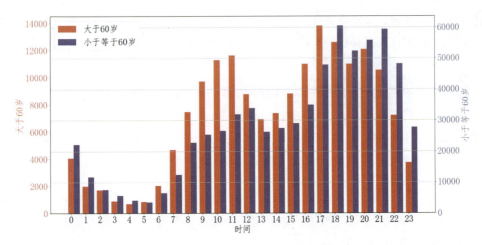

图 11-4 不同年龄人群的出行时段统计

观察不同住户群体的不同出行习惯,图中将住户分为了两组,一组是年龄大于 60 岁的,一组是年龄小于 60 岁的,按小时统计他们每天出行的时间。可以看出,年龄大于 60 岁的住户早上出门的次数比较多,而年龄小于 60 岁的住户晚上出门的次数比较多。下面,我们再以个体为单位进行分析。

图 11-5 中展示了 4 位住户的历史出行记录，对其历史数据进行可视化后，按天作为纵坐标单位，每一个小时区间作为横坐标，若该住户在第 y 天的第 x 小时区间有出行记录，则在 (x,y) 处画一个点进行标记。可以看出，不同住户的行为习惯同样存在较大差异。

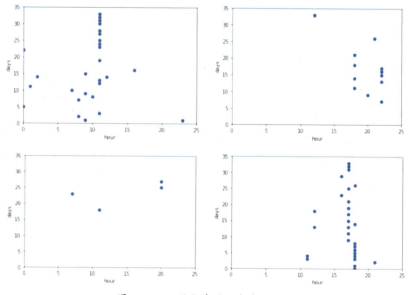

图 11-5　4 位住户的历史出行记录

通过上面两个数据维度的简单分析，我们不难发现，在社区出行问题上，传统的数据分析很难取得令人满意的效果：

首先，不同住户群体差异性很大，仅通过统计分析很难捕获到关键的统计规律性。

其次，单个社区的住户数量一般比较少，如果仅靠单个住户的数量进行建模，无法构建有效的机器学习模型。

为此，我们采用联邦学习的策略，与前几章的案例一样，联邦学习在保证数据不出本地的前提下，有效联合各方进行模型训练，这样既能保证数据的安全隐私，又能保证充分利用各方的数据提升模型效果。

11.3　出行时间预测模型

11.3.1　问题定义

对于出行时间的预测，一个很自然的想法是把问题归结为回归问题，即通过用户的历史行为数据准确预测用户下一次的出行时间。但住户的出行时间具有一定的随机性，因此准确预测出行时间具有一定的难度。事实上，绝大多数时候，我们并不需要一个准确值，而是需要一个大致的区间，比如我们常说的下班高峰期，通常是在晚上 6 点到晚上 9 点这个区间段，对区间的预测难度要比直接预测一个准确时间点（比如晚上 6 点 30 分）更低。

为此，我们将出行时间预测退化为一个多分类问题，将每一天的时间划分为多个区间段，预测用户出行的时间段。比如一种简单的划分是将 24 个小时区间均分为 N 等份，如图 11-6 所示是将 24 小时离散化为 6 个区间。

图 11-6　将 24 小时离散化为 6 个区间

11.3.2　构造训练数据集

本案例是根据住户的历史数据对未来的出行进行预测，这是一个典型的时间序列建模问题，原始数据的格式已经在图 11-3 中展示了，我们来考虑每一条训练样本 (x, y) 的构建，首先是特征 x 的构造，特征构造包括两个层面的特征数据：

- 画像属性特征构建：通过住户的登记信息和历史出行，提取包括用户的性别、年龄，工作日出行频率（最近半年、最近一个月、最近一周等）、休息日出行频率（最近半年、最近一个月、最近一周等）等用户画像信息。

- 时间序列特征：时间序列建模问题，可以通过滑动窗口的方式来构建训练数据集，如图 11-7 所示。

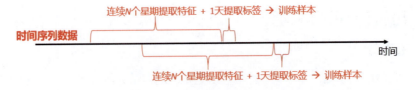

图 11-7　构建训练数据集：滑动窗口

假设当前处于第 T 天，那么我们可以把前面的 N 天构成一个时间序列：

$$\{F_{T-N}, F_{T-N+1}, \cdots, F_{T-1}\}, \tag{11.1}$$

将该序列作为递归神经网络的输入得到用户时序行为特征，其中每一天的输入数据 F_{T-i} 包括是否为工作日；当前 24 个时间区间段中是否有出行记录等。如图 11-8 所示。

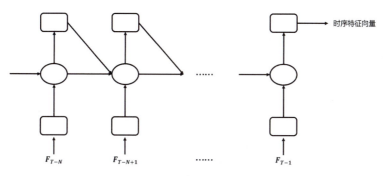

图 11-8　时序特征向量构建

训练集中标签 y 的构建则相对简单，前面已经提到将问题转化为多分类处理，假设将每天 24 个小时划分为 6 个区间，如果出行时间在早上 7 点，那么该条记录的标签数据为：[0,1,0,0,0,0]。当然，区间的划分可以根据实际业务情况制定，并没有统一的标准。

11.3.3　模型结构

我们采取的模型结构如图 11-9 所示。将序列数据输入递归网络中提取时序特征向量，本案例采用 LSTM 网络[131] 作为递归网络模块，然后将其与画像属性特征拼接，接入全连接层，完整的结构图如图 11-9 所示。

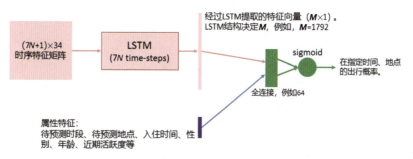

图 11-9　模型结构

模型结构的构建代码如下所示，这里使用 Keras 快速构建出行时间预测模型：

```python
def buildModel(self):
    sequence_length = int(self.WeFLConfiguration['preprocess']['sequence_length'])
    feature_num = int(self.WeFLConfiguration['preprocess']['feature_num'])
    property_length = int(self.WeFLConfiguration['preprocess']['property_length'])

    adam = keras.optimizers.Adam(lr=0.0001)

    input_sequence = keras.layers.Input(shape=(sequence_length, feature_num))
    input_feature = keras.layers.Input(shape=(property_length,))
    lstm_feature = keras.layers.LSTM(64)(input_sequence)
    mixed_feature = keras.layers.concatenate([lstm_feature, input_feature], axis=-1)

    time_layer = keras.layers.Dense(64, activation='tanh')(mixed_feature)
    time_layer = keras.layers.Dense(32, activation='tanh')(time_layer)
    time_layer = keras.layers.Dense(16, activation='tanh')(time_layer)
    time_out = keras.layers.Dense(1, activation='sigmoid')(time_layer)

    daily_layer = keras.layers.Dense(64, activation='tanh')(mixed_feature)
    daily_layer = keras.layers.Dense(32, activation='tanh')(daily_layer)
    daily_layer = keras.layers.Dense(16, activation='tanh')(daily_layer)
    daily_out = keras.layers.Dense(1, activation='sigmoid')(daily_layer)

    lstm_model = keras.models.Model(inputs=[input_sequence, input_feature],
        outputs=[time_out, daily_out])
    lstm_model.compile(loss='binary_crossentropy', optimizer=adam, metrics=['accuracy'])

    return lstm_model
```

代码先读取配置文件，按照其设定，设置了时序特征的长度（即天数，sequence_length）、用户画像特征的长度（property_length）和每一天的输入特征长度（feature_num），并创建 LSTM 网络得到时序特征向量 lstm_feature，将其与用户画像特征 input_feature 进行拼接后，得到混合向量 mixed_feature，再接入全连接层，得到出行时间的预测概率。

11.4　联邦学习实现

本节的架构可以直接复用第 10 章的实现，服务端与客户端之间的通信基本一致，如图 11-10 所示，主要区别在于数据的读取格式及模型结构的不同。

由于本章的案例与合作方签署了保密协议，因此在本书中，我们不会公开社区用户的出行数据和线上部署的代码。

第 11 章 联邦学习在智能物联网中的应用案例   157

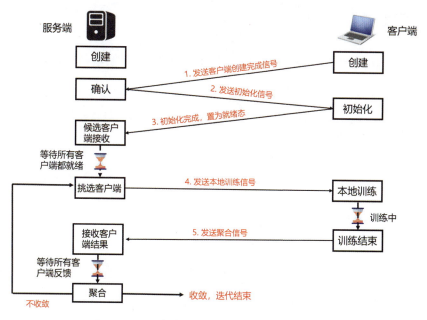

图 11-10 联邦客户端与联邦服务端的通信过程

11.4.1 服务端设计

参考 10.5.2 节的服务端设计，我们需要在服务端完成三大基本功能，包括客户端模型聚合、全局模型的分发和客户端网络监听，如下所示。我们看到图 11-10 中的设计与 10.5.2 节介绍的设计非常相似，除了变量命名不一样，核心都是通过创建 socket 建立双向通信（红色框部分），并注册事件响应函数来响应客户端的接口。

```python
class WeFLServer(Object):
    def __init__(self, inModel, inWeFLConfig):
        ...
        self.ready_trainer_sids = set()
        self.trainer_sids_selected = set()

        # 构建flask_socketio服务端
        self.app = flask.Flask(__name__)
        self.weflSocketIO = flask_socketio.SocketIO(self.app)
        self.host = self.WeFLConfiguration[weflserver][weflserverip]
        self.port = int( self.WeFLConfiguration[weflserver][weflserverport] )

        self.weflModelID = str(uuid.uuid4())    # 模型ID

        # 注册响应事件
```

```
        self.registerEventHandlers()
        ...
```

接下来，我们定义服务端的聚合函数，以下代码给出了 FedAvg 算法的实现：

```
def updateWeights(self, model_weights, model_sizes):
    new_weights = [np.zeros(w.shape) for w in self.current_weights]
    total_size = np.sum(model_sizes)
    
    for c in range(len(model_weights)):
        for i in range(len(new_weights)):
            new_weights[i] += model_weights[c][i] * model_sizes[c] / total_size
    self.current_weights = new_weights
```

代码中的 model_weights 是客户端模型列表集合，model_sizes 是对应每一个客户端的模型权重。接下来，我们继续定义性能的聚合函数（包括损失值的聚合、准确度的聚合）：

```
def aggregateLossAndAccuracy(self, trainer_losses, trainer_accuracies, trainer_sizes):
    total_size = np.sum(trainer_sizes)
    # weighted sum
    aggr_loss = []
    for m_idx in range(len(trainer_losses[0])):
        aggr_loss.append(np.sum(trainer_losses[i][m_idx] / total_size * trainer_sizes[i]\
                for i in range(len(trainer_sizes))))
    aggr_accuraries = []
    for m_idx in range(len(trainer_accuracies[0])):
        aggr_accuraries.append(np.sum(trainer_accuracies[i][m_idx] / total_size * trainer_sizes[i]\
                for i in range(len(trainer_sizes))))
    return aggr_loss, aggr_accuraries
```

代码中的 trainer_losses 和 trainer_accuracies 分别代表每一个客户端模型上传的损失值列表集合和准确度列表集合，trainer_sizes 对应每一个客户端的权重。但需要注意的是，性能的聚合函数并不是必须的，因为我们更多是对全局模型的性能评估，因此，在模型聚合后，可以在服务端直接对全局模型的性能进行预测。

11.4.2 客户端设计

客户端的设计与 10.5.3 节的设计基本一致，客户端的创建和初始化可以参考 10.5.3 节的详细讲解，这里不再详述。本案例的模型结构已经在 11.3.3 节中给出详细的创建代码，本地的训练如下面代码块所示，我们使用 Keras 的 fit 接口来完成本地的模型训练。

```python
def trainOneRound(self):
    self.model.compile(loss=keras.losses.binary_crossentropy,
        optimizer=keras.optimizers.Adam(lr=0.0003),
        metrics=['acc'])
    train_batch_x, train_batch_y = self.get_train_batch()
    self.model.fit(train_batch_x, train_batch_y,
        epochs=self.model_config['epoch_per_round'],
        batch_size=self.model_config['batch_size'],
        verbose=0,
        class_weight= ['auto', 'auto'])

    score = self.model.evaluate(self.x_test, self.y_test, verbose=1)
    print(score)
    if len(score) < 5:
        score = [0, 0, 0, 0, 0]
    return self.model.get_weights(), [score[-5], score[-4], score[-3]], [score[-2],
        score[-1]]
```

11.4.3 性能分析

鉴于本案例和合作方的保密协定，我们不会公布本案例的数据，本节我们对模型的效果进行简要的分析。

数据分布：在 10 个社区场景中，利用联邦学习对出行时间进行 POC 预测。首先看这 10 个社区场景的数据分布情况，我们选取了从 2017 年 1 月到 2019 年 4 月的小区住户打卡记录，总体情况见表 11-1。

表 11-1 小区住户打卡记录数据分布

社区 ID	1	2	3	4	5	6	7	8	9	10
样本数	34727	90051	54694	146725	69537	158751	66406	44217	56227	133397
住户数	516	1310	660	2450	1453	2943	618	264	1013	1186

其中每一个社区的数据分布（本地样本数分布和社区的住户数分布）如图 11-11 所示。

评估方式：如 11.3.1 节所述，将出行预测模型归结为多分类问题，为了实验的方便，在输出中，我们将每天 24 小时划分为 6 段，构成一个 6 分类，采用准确率作为评估标准，联邦模型与本地模型的训练结果对比如图 11-12 所示，其中的本地训练是指只利用本地的样本数据进行模型训练的结果。

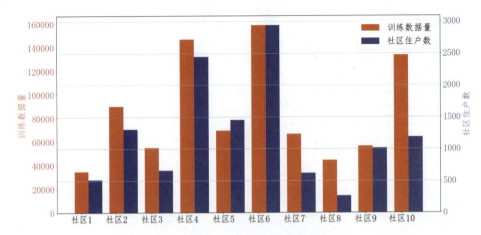

图 11-11 每一个社区的数据分布可视化

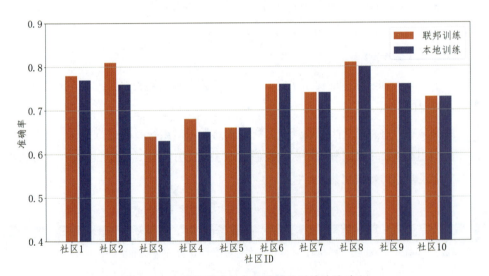

图 11-12 联邦模型与本地模型的训练结果对比

CHAPTER 12
联邦学习医疗健康应用案例

本章探讨联邦学习在医疗健康领域的应用。随着"AI+ 医疗"的进一步融合、深入，AI 辅助技术已经在多个医疗领域为人类提供帮助，特别是基于大数据的深度学习正在逐渐改变传统的医疗行业，为疾病提供更快速、更准确的诊断和治疗。但医疗领域也是受数据隐私保护影响最大的行业之一，借助联邦学习打破困境，成为当前一个可行的解决方案。在阅读本章的内容时，读者也可以参考本章案例相对应的论文文献（链接 12-1）。

12.1 医疗健康数据概述

医疗健康数据一般是指收集分析得到的消费者（患者）的身体和临床数据，按照 2018 年 9 月国家卫健委发布的《国家健康医疗大数据标准、安全和服务管理办法（试行）》[332]，健康医疗大数据可以划分为以下几个方面：

- 患者的电子病历、医学影像等为主的健康医疗服务数据。
- 基因序列、蛋白质组等生物医学数据。
- 城镇居民、职工等医疗保险数据。
- 药物临床试验、医疗机构药品等医药研发与管理数据。
- 疾病监测、突发公共卫生事件监测等公共卫生数据。
- 卫生资源与医疗服务调查、计划生育统计等统计数据。
- 与人类健康密切相关的空气污染物和气候状况等环境数据。

这些数据通常过于复杂（具有高度非结构化、异构、稀疏等特点），以至于使用传统的数据处理方法效果不佳。因此，医疗保健数据通常需要由具备专业医学知识且资深的数据科学家来处理。另外，面对来自庞大数量、丰富种类和严苛准确性的医疗数据的挑战，医疗系统需要采用能够收集、存储和分析这些信息的技术，这也强化了工业界使用大数据分析来制定战略性业务决策的必要性。

把机器学习应用于医疗健康领域是目前一个极具潜力的发展方向，也是最近十分火热的投资方向。近年来，我们看到非常多的公司、机构、学校投入大量资源于此。就医疗影像来说，医院很大一部分收入来源于此，并且影像检查的需求每年都以 30% 左右的速度增长，但与之相对应的是专业医生的数量每年增速仅 4% 左右。这个巨大的缺口导致急需一种手段提升医疗影像数据的处理效率。医学数据与普通图像数据最大的区别在于：医学图像的处理专业性强，且对准确率的要求更高，机器学习依靠对大量数据的处理能力，在医学治疗和诊断等多方面有非常多的应用。然而，机器学习在医疗领域的应用所面临的最大的挑战来自匮乏的优质数据，我们经常处于数据贫乏且正样本量较小的环境中。例如，虽然一般的物体识别项目可以使用数百万个图像进行训练，但是在医学成像中的数据集却只有数百个对象。医学影像研究人员已经通过收集或生成大型高质量数据集（例如，英国的生物数据库 UK Biobank[58]）来解决这一问题，即使这样，Biobank 的数据集当前也只有 1400 万个对象。

医疗健康数据匮乏主要是由于数据包含极其敏感的私人信息。事实上，尽管获取医学图像的费用可能很高，但是医疗中心每年仍然为护理和全球研究进行了数百万次扫描，由于数据隐私法规，这些图像是不可直接用于研究的，即使在这些机构内部，这些数据的访问也受到严格的限制。因此，如何在保证数据隐私的前提下，合法利用这些医疗数据也成为当前亟待解决的问题。一种可行的方案是数据匿名化，但真正的数据匿名化很难实现，因为目前尚不清楚机器学习可以从看似无用的数据中提取出什么样的信息。例如，机器学习算法可以从一些医学图像中预测患者的年龄和性别，这就导致可能存在的隐私泄露问题。因此，这些隐私问题限制了我们在研究中充分发挥人工智能的优势。

随着隐私保护技术的不断发展，我们可以在不共享患者数据的前提下，对来自多个医院和诊所的数据进行模型训练。它允许将数据的使用与模型训练分离。换句话说，我们不再需要请求数据集的副本才能在研究中使用它。最近，在 Google、DeepMind、Apple、OpenAI 和微众银行等科学家的共同努力下，这项技术已变得越来越易于研究人员和工程人员实施。

现在，我们给出医疗健康领域数据特性的总结。首先，从数据安全角度出发，医疗数据有下面三个特点：

• 隐私性：医院中的数据高度涉及患者隐私。其中不仅包含了患者的基本信息，如年龄、性别、家庭关系等，更重要的是包含了患者的疾病史甚至当前健康状态。此类信息一旦被泄露滥用，将造成不可估量的后果。

• 稀有性：诊疗数据是每个医院的数字资产，每个数据样本的记录都可能耗资巨大。其中包含了各个医院医生的心血及研究成果。

• 安全性：医疗数据可能包括了不同地区健康状态的关键信息，如果泄露可能造成国家安全方面的威胁。

另外，从数据分布角度，医疗数据相比于普通的图片数据，也具有下面两个特点：

• 复杂：医院数据是个极为复杂的系统，包含量化检查结果、文字记录、时序变化等多种角度及维度的信息。对机器学习来说，统一的处理带来了极大的挑战。

• 不平衡：医院由于各自属性及地域环境影响，数据差异极大。这也给机器学习带来了挑战。

综上所述，医疗领域的数据孤岛问题是一个极有深远社会价值但很棘手的问题。本章将探讨一种新兴的隐私保护机器学习技术，即联邦学习，来处理医疗数据的案例。与前面案例一样，联邦学习在医疗上可根据实际情况使用不同的方案。例如，当每家医院自身的样本数量不足，但联合所有医院可解决样本不足的问题时，可以用横向联邦；当每家医院握有相同患者的不同检测数据时，此时适用纵向联邦学习[172, 291, 161, 181, 135, 180]。

在后面的两个小节中，我们依次介绍两个联邦学习技术在医疗场景中的落地案例，分别是**联邦医疗大数据用于脑卒中预测**和**联邦医疗影像用于肺结节识别**。

12.2 联邦医疗大数据与脑卒中预测

12.2.1 脑卒中预测案例概述

"脑卒中"又称"中风""脑血管意外"，是一种急性脑血管疾病，主要是由于脑部血管突然破裂或因血管阻塞导致血液不能流入大脑而引起脑组织损伤的一组疾病，包括缺血性和出血性卒中。调查显示，脑卒中已成为我国排名第一的死亡原因，也是中国成年人残疾的首要原因[326]，具有发病率高、死亡率高和致残率高的特点。预防脑卒中已成为世界范围内重要的公共卫生重点。脑卒中发生的原因有很多，包括性别、年龄、种族、不良的生活习惯等因素。本节介绍如何联合各家医院用户诊断的医疗数据信息，在不泄露用户数据隐私的前提下，提升脑卒中发病预测模型的效果，做到早识别、早预防。

12.2.2 联邦数据预处理

12.1 节已经对医疗数据进行了定义，它通常包括患者的基本数据、电子病历、诊疗数据、医学影像数据、医学管理、经济数据、医疗设备和仪器数据等。与其他机器学习问题一样，我们处理医疗数据的第一步也是对上述数据进行预处理，将其转化为模型的可输入格式。

与集中式训练不同的是，过往不同的医院对各自的医疗数据进行单独处理时，不同的医院有不同的处理方法和标准。在联邦学习的场景下，如果没有统一的数据预处理标准，将导致各自构建的特征数据无法共用，因此，为了训练统一的全局模型结构，我们要求各医院的特征输入一致，对不同医院构建同一套数据标准形成疾病标签集与特征集，在此特征标准上构建同一套模型，这就是联邦数据预处理。

该技术可以在不泄露数据的情况下整合多家医院（或不同机构，如政府、医保、公司）的数据联合训练模型，可应用到重大慢病疾病（如脑卒中）的发病预测。对不同医院构建统一的数据和特征标准，使各医院按照该标准对自有的疾病、用药、检验检查、症状、手术等方面的数据进行清洗，形成各自标准化的疾病标签集与医疗特征集。图 12-1 就是我们的一种医疗数据标准化的方案。

经过数据预处理和标准化处理的样本数据如图 12-2 所示，图中将结构化的病历数据如胆固醇（Cholesterol）、甘油三酯（triglyceride）等，非结构化的数据如心跳频率（heartbeat）、B 超指标（CIMT）等都进行了统一的标准化处理，并对数据进行了归一化。

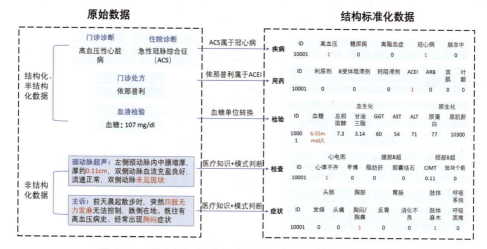

图 12-1　医疗数据标准化（图片由腾讯天衍实验室提供）

	Cholesterol	triglyceride	GGT	AST	ALT	CIMT	GLU	heartbeat	sleep	PLT	...
0	-0.121756	-0.13537	-0.188833	1.912282	16.049385	-0.145207	0.0	-0.036664	-0.118355	-0.073464	...
1	-0.646840	-0.13537	-0.188833	-0.208707	-0.049402	-0.145207	0.0	-0.036664	-0.118355	-0.073464	...
2	0.140785	-0.13537	-0.188833	-0.208707	-0.049402	-0.145207	0.0	-0.036664	-0.118355	-0.073464	...
3	-0.121756	-0.13537	-0.188833	-0.208707	-0.049402	-0.145207	0.0	-0.036664	-0.118355	-0.073464	...
4	-0.384298	-0.13537	-0.188833	-0.208707	-0.049402	-0.145207	0.0	-0.036664	-0.118355	-0.073464	...

图 12-2　经过数据预处理和标准化处理的样本数据

12.2.3　联邦学习脑卒中预测系统

传统的集中式脑卒中预测系统流程如图 12-3 所示。患者的临床数据零散地存储在各个医院的电子健康记录的数据库中，这些医疗健康数据受政策保护无法汇总，因而限制了常规的人工智能技术在医疗领域的应用。

在这项工作中，我们提出了一种隐私保护方案，以预测病患得脑卒中的风险，并将训练后的联邦模型部署在医院的私有云服务器上。整个联邦学习脑卒中预测系统如图 12-4 所示。整个联邦脑卒中预测系统主要由三大组件构成，分别是联邦服务端（部署在腾讯云）、联邦客户端（每个客户端部署在私有云上）、监控与可视化系统。

系统遵循服务器-客户端设定，共有 5 家医院参与联邦学习训练，每一家医院的基本客户端数据分布见表 12-1。

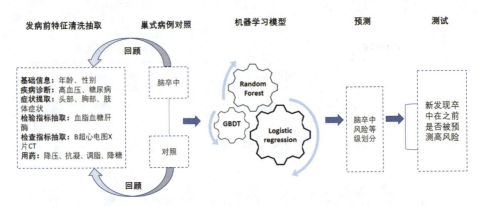

图 12-3 传统的集中式脑卒中预测系统流程（图片由腾讯天衍实验室提供）

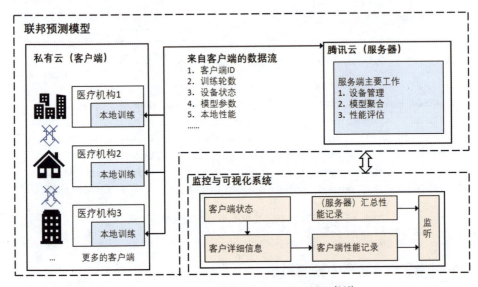

图 12-4 整个联邦学习脑卒中预测系统[146]

表 12-1 本案例的客户端数据分布

	医院 A	医院 B	医院 C	医院 D	医院 E
病人样本数据	132631	36118	18876	17123	11076

本案例是常规的横向联邦实现。关于横向联邦的架构实现方式，前面章节已经介绍了三种：第 3 章基于本地模拟的实现，第 10 章基于 Flask-SocketIO 的网络通信实现，第 5 章基于 FATE 的实现。读者可以参考前面章节的详细讲解。本章不对横向联邦的框架进行介绍，仅对模型的细节进行简要的描述。**注意，由于医疗数据是极为隐私的数据，加之保密协议，我们不在本书中展示真实的数据。**

（1）每一个客户端，即每一间医院，利用自然语言处理、图像特征提取、关系网络等人工智能技术清洗从医院收集的患者的原始数据，并归一化形成结构化的医疗数据，包括病人基础信息、疾病诊断信息、症状信息、检验检查指标信息及用药信息，如图 12-2 所示。这些医疗数据均被存储在每家医院的私有云中。在现实中，由于法律法规的限制，每家医院的私有云将不允许相互通信。

脑卒中问题转化为一个二分类问题，即用前面经过处理的特征数据，预测用户患病的概率。这里采用一个多层感知机作为预测模型，如下面的代码块所示：

```python
class Net(nn.Module):
    def __init__(self, input_size, output_size):
        super(Net, self).__init__()
        self.fc1 = nn.Linear(input_size, 50)
        self.fc2 = nn.Linear(50, 10)
        self.fc3 = nn.Linear(10, output_size)
        nn.init.normal_(self.fc3.weight, mean=0, std=1)

    def forward(self, x):
        x = F.elu(self.fc1(x))
        x = F.elu(self.fc2(x))
        return F.log_softmax(self.fc3(x), dim = -1)
```

（2）在服务端，我们采用腾讯云服务器充当模型聚合器。服务端主要负责设备管理、模型聚合和性能评估等。服务端会先挑选客户端，并分别下发模型到各个客户端进行本地训练，如下面的代码块所示：

```python
for curr_round in range(1, args.training_rounds + 1):
    results = await asyncio.gather(
        *[ fit_model_on_worker(worker=alice, traced_model=traced_model,
            batch_size=args.batch_size, curr_round=curr_round,
            max_nr_batches=args.federate_after_n_batches, lr=learning_rate,
            dataset_key='hospital_a',
        ),
        fit_model_on_worker(worker=bob, traced_model=traced_model,
            batch_size=args.batch_size, curr_round=curr_round,
            max_nr_batches=args.federate_after_n_batches, lr=learning_rate,
            dataset_key='hospital_b',
        ),
        fit_model_on_worker(worker=charlie, traced_model=traced_model,
            batch_size=args.batch_size, curr_round=curr_round,
            max_nr_batches=args.federate_after_n_batches, lr=learning_rate,
            dataset_key='hospital_c',
        ),
        fit_model_on_worker(worker=dog, traced_model=traced_model,
            batch_size=args.batch_size, curr_round=curr_round,
            max_nr_batches=args.federate_after_n_batches, lr=learning_rate,
```

```
                dataset_key='hospital_d',
        ),
        fit_model_on_worker(worker=egg, traced_model=traced_model,
            batch_size=args.batch_size, curr_round=curr_round,
            max_nr_batches=args.federate_after_n_batches, lr=learning_rate,
            dataset_key='hospital_e',
        ) ]
    )
```

将每一个客户端的结果返回给 results，服务端接收到各客户端的上传模型参数后，会进行聚合（聚合结果为 traced_model）和模型评估，以确定是进行下一轮的迭代还是提前终止。

```
models = {}
loss_values = {}
for worker_id, worker_model, worker_loss in results:
    if worker_model is not None:
        models[worker_id] = worker_model
        loss_values[worker_id] = worker_loss
traced_model = federated_avg(models)
if test_models:
    evaluate_model_for_testing(model_identifier="Federated model", worker=testing,
        dataset_key="testing",
        model=traced_model, nr_bins=10, batch_size=512, print_target_hist=False,
    )
```

（3）我们还设计了一个监控和可视化管理工具，图 12-5 显示了系统中客户的用户界面，即一个名为 FedAI Stroke Prediction 的小程序。可视化小程序是为了让医生能实时查看训练的效果。在用户界面的第一页上，每个用户（来自医院的医生）可以查看本医院患者的统计信息。例如，男性和女性的数量、正负样本的数量、通信轮次、模型中的特征维度等。还有一些患者统计数据的直方图，即患者年龄。联邦预测模型和单一预测模型之间的性能被绘制在用户界面的第二页上。

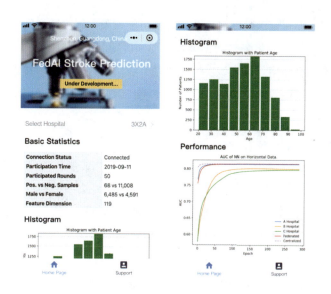

图 12-5　FedAI Stroke Prediction 客户端小程序[146]

12.3　联邦学习在医疗影像中的应用

12.2 节讲解了利用医疗的各种数据特征信息进行脑卒中预测的构建，这些特征数据既有文本信息，也有图像信息，甚至包括病人的病历数据；既可以是结构化数据，也可以是非结构化数据。但在医疗 AI 领域，能够给模型带来最有价值信息的通常是医学影像图片。

医疗影像，作为一种以非侵入式方式取得生物内部组织影像的技术，已经广泛应用于现代医学诊疗之中。目前，应用于临床的医学影像手段主要包括超声、X 光、计算机断层扫描（CT）、核磁共振（MRI）等。解读每一类医学影像都需要专业性，并且对于每一例病例影像的解读都会消耗大量时间与精力。

人工智能的医学影像辅助诊疗方案在近年来展现了巨大的优势及前景，基于深度学习的肿瘤识别、病灶区域分割等技术不断涌现。一个医疗人工智能的建立，需要大量数据及对其清晰准确的标注。有了充足的数据准备，科研人员才可以有针对性地建立深度学习模型进行训练。

目前，医疗图像数据集通常只包括了几百张相关数据，国际知名医疗会议 MICCAI 上发布的几个公开的医疗图像分割数据集更只有几十例相关数据。虽然这些数据可以通过数据增广等手段训练深度学习模型，但当其被用作真实医疗诊断时，可能会面临覆盖面不足等情况。对于训练深度学习模型，最好的情况应该是收集到的数据充分覆盖临床中可能遇到的每一种情况,而每家医院的病例及情况都可能有限。解决这个问题的最佳途径就是联合尽可能多的相关医院,将各自数据整合。而高度隐私的病患数据,受法规政策限制,很难互相传输或者整合使用。为了解决上述难题,我们引入联邦学习技术,在保证数据不出各自医院且符合政策法规的前提下,利用技术手段联合多家医院共同训练模型。

12.3.1 肺结节案例描述

肺结节(pulmonary nodule, PN)是指肺内直径小于或等于3cm的类圆形或不规则形病灶,影像学表现为密度增高的阴影,可单发或多发,边界清晰或不清晰的病灶。不同密度的肺结节,其恶性概率不同,依据结节密度将肺结节分为三类:实性结节(solid nodule)、部分实性结节(part-solid nodule)和磨玻璃密度结节(ground glass nodule, GGN)[329]。

与脑卒中病例一样,肺结节的发病原因也受到多种因素影响,并且肺结节有良性结节和恶性结节之分,恶性肺结节早期较隐匿,如果不早期干预,其病程迅速、恶性度强、预后差,所以正确评价肺结节的良恶性,有助于选择正确的治疗手段。

本案例将分析在各家医院不共享医疗影像数据时,如何提升识别恶性肺结节模型的效果。

12.3.2 数据概述

我们联合了 10 家医院,每家医院单独提供肺部 CT 数据集,每家医院的数据集数量从 20 到 110 份不等,一共有 565 份肺部 CT 数据,其中包含了 861 个由领域专家标注的肺结节,图 12-6 展示了肺结节的部分样例。注意,**由于医疗图像数据是极为隐私的数据,加之有保密协议约束,我们不在本书中展示真实的数据**,读者可以通过公开的数据集进行本案例的研究,如 LIDC-IDRI 肺结节公开数据集(链接 12-2)。

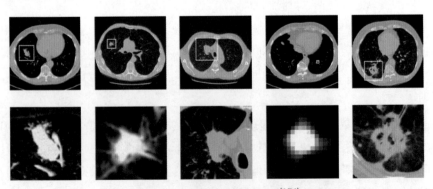

图 12-6 肺结节的部分样例[174]

每一家医院的 CT 图片数量和标注的肺结节数量分布如图 12-7 所示。为了有一个共同的参照标准，我们从每家医院随机抽取 10 份数据，经过严格脱敏及审核批准后，上传到服务器作为共同的测试数据集。这些数据在其本地将不再参与深度模型训练，其他数据都严格留存在医院本地服务器。

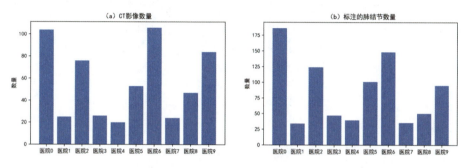

图 12-7　每一家医院的 CT 图片数量和标注的肺结节数量分布

12.3.3　模型设计

本案例的目标是，通过给定用户的肺部 CT 数据集，识别用户患有恶性肺结节的概率。模型由两部分构成，分别是肺结节检测模型，将肺结节检测问题抽象为一个三维 CT 图像的目标检测问题；分类模型，当我们经过检测模型检测到肺结节后，判断该肺结节是良性还是恶性。

（1）肺结节检测模型（称为 Nodule-Net）：针对 3D 医疗图片的识别问题，当前已经有很多相关的研究，如针对肺部图片[310, 320] 的、针对大脑医学图片[230, 218] 的，以及针对眼镜影像图片[103, 270] 的，等等。其中大部分模型设计都利用了三维卷积网络的深度学习技术。

针对当前的肺结节问题，我们基于参考文献 [174] 设计了一个三维的卷积神经网络用于检测肺结节的位置。Nodule-Net 模型结构如图 12-8 所示，这个网络的主干采用了类似 U-net[246] 的结构。整个网络结构主要由卷积层、残差结构体和反卷积层组成，模型将输出候选肺结节区域图片。

我们将图 12-8 所示的平面结构描绘为图 12-9 所示的三维结构。每个用户的数据都是三维的医疗图片集，将用户的医疗图片数据作为输入，经过卷积层、残差模块和反卷积层的处理后得到候选区域。

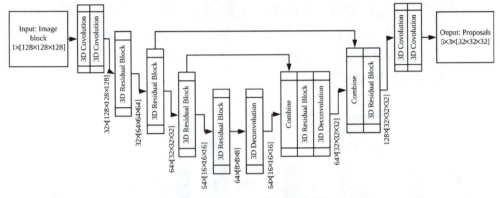

图 12-8 Nodule-Net 模型结构

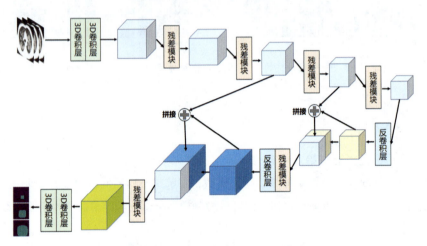

图 12-9 Nodule-Net 模型的三维结构

其中残差模块是由三个残差单元组成的堆叠结构，残差模块和残差单元的结构如图 12-10 所示。

（2）分类模型（称为 Classification-Net）：当我们得到候选的肺结节区域后，下一步判断当前用户的肺结节是良性还是恶性。为此，先将每一个用户的 CT 图片数据得到的排名最高的 5 个候选结节区域图片分别重新代入 Nodule-Net 模型中，取最后一个卷积层的输出作为每一个候选区域的特征表示，将其代入全连接层中，得到恶性肺结节的概率，分类模型的模型结构如图 12-11 所示。

图中，第 i 个候选区域对应的恶性肺结节概率为 P_i，患有恶性肺结节的概率为

$$P = 1 - (1 - P_d) * \prod_{i=1}^{5}(1 - P_i). \tag{12.1}$$

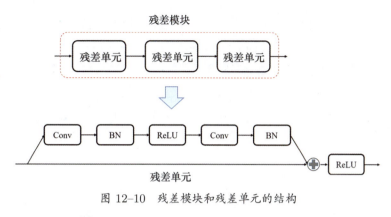

图 12-10　残差模块和残差单元的结构

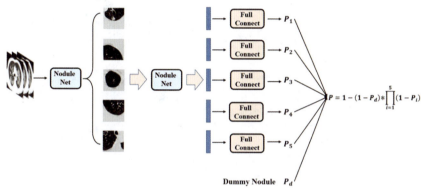

图 12-11　分类模型的模型结构

这里我们引入一个参数项 P_d，P_d 被称为假结节，之所以要引入这个参数，是因为当一个用户患有恶性肺结节，而目标检测网络 Nodule-Net 并没有发现时，模型很可能会将一些良性特征归类为恶性肺结节的特征，这是不合理的。为了解决这个问题，我们引入可训练的参数 P_d 来缓解这种情况，更详细的分析，读者可以参考文献 [174]。

12.3.4　联邦学习的效果

我们将 12.3.3 节的模型放置在标准的横向联邦学习架构中实现：每个医院作为客户端节点，另外设置一个外网服务器用于联邦学习的模型融合及调度工作。模型在服务器端进行随机初始化，然后将参数发送给各个客户端节点。客户端节点将在本地对模型进行一个世代的训练，并将其参数传输回服务器端。服务器端收到所有客户端发来的参数后，将它们进行融合，融合方法参照 FedAvg。不断循环迭代上述步骤，直到结果收敛。

为了比较联邦学习的模型效果，我们同时安排了模型在所有医院使用本地数据训练的实验，并记录其结果。后期，我们也申请了将所有数据脱敏，然后进行集中式深度学习训练，将其结果用作对照。图 12-12 所示为联邦医疗图像分析结果对比，包括了每个迭代损失与检测准确率的曲线。可以看出，联邦学习的性能无论是损失曲线还是准确率，都远胜于单个医院的数据能够做到的水平，这是打破数据壁垒直接带来的优势。相对于集中所有数据进行的集中式机器学习训练，联邦学习曲线稍显不稳定，但最终仍收敛到非常接近的损失及准确率。

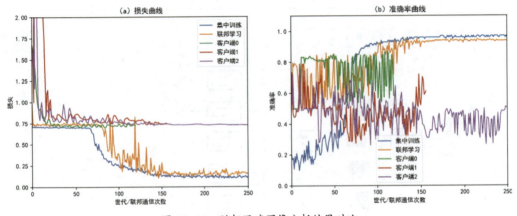

图 12-12　联邦医疗图像分析结果对比

CHAPTER 13
联邦学习智能用工案例

本章介绍如何利用联邦学习来构建协同的智能用工解决方案，并在联邦学习的架构上，提出一种基于多人博弈游戏的联邦学习激励机制方案。期望通过提供适当的激励措施，让各参与方长期参与到联邦生态中、并长期维持高质量的数据供给。读者可以同时参考本章对应的论文文献（链接13-1）。

13.1 智能用工简介

大城市中存在大量从事临时工作的人。这群人由于生活在一个陌生的环境中，没有太多可依靠的资源和人脉，他们中的许多人通过不可靠的中介寻求临时工作，面临被诈骗的高风险[282]。另外，一些实体店在不同时期、不同情况下（例如，客户高峰期、库存补充期）的人力需求会出现较大的波动，比如在消费高峰期，临时需要大量的人力资源。是否有一种方案可以解决上述社会挑战，同时使该市场能更有效地满足人力需求？

在本章中，我们提出智能用工 —— 一种由人工智能算法赋能的众包平台[87]，来解决上述挑战。它旨在为工作者个人工作管理移动应用程序（例如，Zhiyouren 应用程序（链接 13-2））提供优化的任务工作者匹配建议，以支持大量临时工作者的动态参与。该平台的 AI 引擎是一个数据驱动的实时多智体组织[303, 305, 163, 162, 178]，方法由文献 [225, 296, 299, 298, 302, 297, 316] 等扩展而来。为了符合构建道德 AI 的新兴最佳实践[304, 300, 301, 32]，该算法着重于工作者的公平待遇和人类监督的可解释性。

13.2 智能用工平台

本节先探讨一个智能用工平台的设计关键点，包括其架构设计和算法实现。

13.2.1 智能用工的架构设计

图 13-1 展示了智能用工的整体系统架构。它通过任务（这里主要是指招聘信息）、工作者候选人的数据库配置文件与个人工作管理移动应用程序进行通信。关键信息包括：任务奖励、完成标准、任务类型、不同类型任务的工作者能力水平、生产率、可用性及对价格变化的敏感性等。

智能用工 AI 引擎会根据当前的已有数据，生成一个初始的候选人录用列表，这些录用候选人的工作记录将通过其个人工作管理移动应用程序反馈给管理者。候选人的能力水平通过两方面来反馈：第一是对于定义明确的任务（比如是否按时上班、是否按时完成任务等目标明确的任务），可以通过传感器进行监控；第二是对于定义不太明确的任务，由管理者人工评估。

将管理者的人为评价和传感器的监控结果作为输入，提供给智能用工算法引擎（算法引擎有很多智能用工算法，其中包含本章后面提出的任务——工作者匹配优化方法），重新评估当前候选人是否适合继续担任当前的工作。

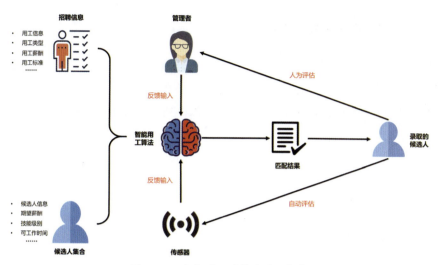

图 13-1　智能用工的整体系统架构

13.2.2　智能用工的算法设计

为了公平地对待工作者，我们的目标是确保能力和生产率相近的工作者长期获得公平的收入。这样一个目标可以转化为当任何工作者的收入与同类工作者相比时，将其遗憾降到最低。AI 引擎采用排队系统的概念来模拟工作者的遗憾，我们用 $Y_i(t)$ 表示工作者 i 在当前回合 t 中的遗憾值，它满足下面的动态规划公式：

$$Y_i(t+1) = \max[0, Y_i(t) + \bar{v}(t-1) - v_i(t)], \tag{13.1}$$

其中，$v_i(t)$ 是当前回合 t 中分配给工作者 i 的任务收入，$\bar{v}(t-1)$ 是 $(t-1)$ 回合 i 同类工作者获得的平均收入。从式 (13.1) 可知，当工作者 i 在第 $(t-1)$ 回合中，其工作收入小于平均收入时，它的遗憾值会随之增加；相反，如果其工作收入大于平均收入，那么它的遗憾值也会减少。

参考李雅普诺夫（Lyapunov）优化技术[217]，我们得到了 t 回合工作者的遗憾分布为 l_2-范数：$L(t) = \frac{1}{2} \sum_{i=1}^{N} Y_i^2(t)$。因此，工作者收入随时间的波动可以表示为

$$\triangle = \frac{1}{T} \sum_{t=0}^{T-1} [L(t+1) - L(t)]. \tag{13.2}$$

通过最小化式 (13.2)，该算法为工作者提供了两个公平维度：

- 在任何给定的任务分配周期中，具有相似能力和生产力的工作者从任务中获得公平收入。

- 工作者的遗憾随时间的变化很小。

同时，参与业务的工作者的集体效用，可以被建模为 $v_i(t)q_{i,j}(t)p_i(t)$，其中 $q_{i,j}(t)$ 和 $p_i(t)$ 分别是工作者 i 对于 j 类型任务的能力水平和他的生产率，我们的目标是将其最大化。根据参考文献 [298, 297] 中提到的技术，可以得到如下联合目标函数：

$$\max \frac{1}{T} \sum_{t=0}^{T-1} \sum_{i=1}^{N} v_i(t)[\rho q_{i,j}(t)p_i(t) + Y_i(t)], \quad (13.3)$$

该目标函数满足：

$$\sum_{j=1}^{M} 1_{j \to i} \in (0, 1) \quad (13.4)$$

$$q_{i,j}(t) \geqslant \theta_j(t), \forall i, j, t. \quad (13.5)$$

在这里，$\rho > 0$ 是一个控制变量，用于管理者向 AI 引擎发出信号，告知如何在产生更高的收入与公平对待工作者之间进行权衡；$\theta_j(t)$ 是工作者有资格执行某种任务所需的最低能力级别。图 13-2 为智能用工 AI 引擎概述。

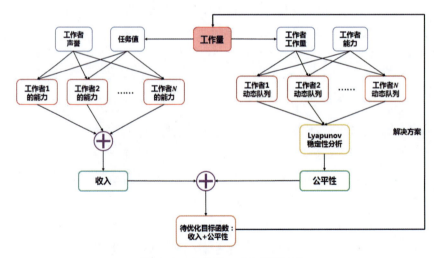

图 13-2　智能用工 AI 引擎概述

将参考文献 [298, 297] 中开发的索引排序，可以有效地解决优化问题。工作者按其 $[\rho q_{i,j}(t)p_i(t) + Y_i(t)]$ 索引的降序排列，而任务按其"奖励时间等待时间"值的降序排列。然后，将高级别的任务分配给高级别的员工，直到找不到更多的任务或更合适的员工为止。如果采用 mergesort 排序算法，该算法的时间复杂度为 $O(N \log N)$，支持大规模运算。

该算法的结果是将工作者的能力、生产率、遗憾、系统管理者的偏好、任务奖励和等待时间等精细粒度的张量映射到任务分配计划中。可以通过论证技术[99]生成解释，并根据向用户显示的 AffectButton[56] 生成情感内涵。由于情况可能会随时间而变化，因此如果用户可以等待更合适的工作人员来使用，则解释也提供了更好的替代方案使解释性与解释之间保持平衡[261]。

图 13-3 显示了智能用工的演示系统。该系统提供两种操作模式。首先，管理者可以手动启动从数据库系统加载工作者信息和新任务信息的过程，并启动 AI 引擎的任务分配算法。提供可视化工具来说明工作者的能力分布（即他们的声誉值[256]）及生产力。任务分配操作完成后，结果将在系统用户界面的中央面板中以树状视图显示。用户可以将其展开以查看与优化算法有关的关键统计信息，还可以单击任何给定任务触发解释功能，查看 AI 引擎生成的特定建议背后的原理。

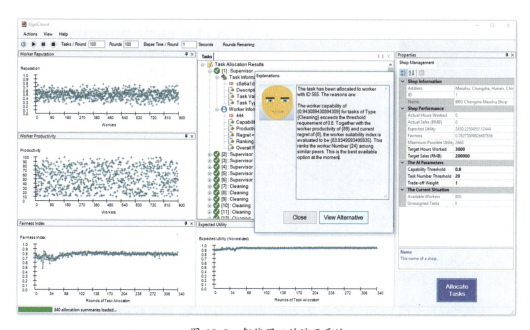

图 13-3　智能用工的演示系统

其次，该系统提供了一种"自动引导"的操作模式。在这种模式下，系统会自动按预设的间隔查询工作者和任务数据库，以更新有关给定业务的工作者和任务状态的最新信息，并执行任务分配操作；自动绘制每一轮任务分配的摘要信息，包括 Jain 公平性指数[141]和预期实现的集体效用，供用户查看。

13.3 利用横向联邦提升智能用工模型

智能用工平台使我们能够动态且灵活地雇用临时工作者。与现有系统相比，它提供了有效且可解释的 AI 任务分配优化，旨在强调公平对待工作者，同时减少管理人员的工作量，找到适合任务的工作者。它为大规模城乡迁移带来的重大社会问题提供了一个蕴含希望的解决方案，同时赋予传统企业有效满足其人力需求的能力。

这种系统成功的一个关键因素是对新员工绩效的准确预测。尽管每个企业都可以使用本地存储的工作者数据，但由此产生的零散的机器学习模型可能无法提供令人满意的性能。在这里，我们看到了联邦学习[285]的机会，在遵守隐私保护法规的同时，利用本地存储的工作者数据构建一个强大的聚合模型。

利用联邦学习构建联邦智能用工如图 13-4 所示，每一个智能用工系统都记录了本地的员工数据，这里我们采用的是横向联邦技术，在保证数据不出本地的前提下，训练出一个更好的模型来预测员工绩效，其中每一个系统都采用式 (13.3) 作为最优化目标。

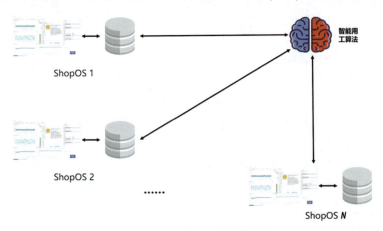

图 13-4　利用联邦学习构建联邦智能用工

横向联邦智能用工模型遵循常规的横向联邦进行训练，其流程和横向联邦架构的细节，读者可参考前面的横向联邦案例章节，本节不再详述。

13.4 设计联邦激励机制，提升联邦学习系统的可持续性

联邦学习虽然能够在保护数据隐私的前提下"共享"敏感的本地数据，协同构建和提升智能用工算法模型。但在现实场景中，如何能够让参与者受益，并激发它们持续参与到联邦训练中，成为联邦学习一个亟待解决的问题。

为了维持高质量数据所有方的长期参与（尤其是企业），需要联邦学习系统提供适当

的激励措施。设计有效、合理的激励机制，其中关键一点是了解参与方在不同机制下的行为反应。因此，我们提出了基于多人博弈游戏的联邦学习激励机制研究——FedGame[278]，以研究联邦中的参与方在不同激励机制下的决策行为。FedGame 允许人类玩家作为联邦参与方体验各种不同的联邦环境，并对其决策过程进行分析和可视化，为今后联邦学习的激励机制设计提供参考[147]。

FedGame 是一个通用的联邦学习激励机制，本节将 FedGame 应用到横向智能用工的激励机制上。为了使读者更容易理解后面的表述，我们将本节的每一个智能用工方看成一个游戏参与方。

13.4.1　FedGame 系统架构

图 13-5 展示了 FedGame 的系统架构。在游戏中，电脑玩家和各联邦将被创建，用来模拟联邦学习的环境。人类玩家将会扮演企业角色（本节指每一个智能用工平台），并加入其中一个联邦（在游戏开始时，数据量和计算资源将随机分配）。假定人类玩家和其他电脑玩家在相同市场上竞争，那么在联合建模中贡献自己的数据有可能不仅仅帮助了自己，也为竞争对手提供了支持[294]。

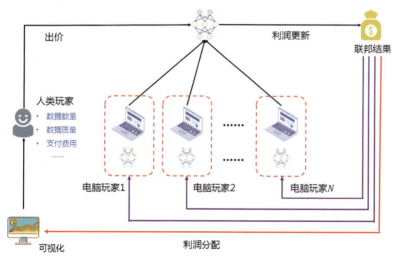

图 13-5　FedGame 的系统架构。在游戏中，人类玩家代表联邦中的某一参与方。系统会记录用户行为和各项游戏数据，为联邦学习激励研究提供支持

决策将会涉及诸如资源数量、数据质量、数据数量和愿意支付金额等关键信息。电脑玩家会根据设定的方法来决定对联邦贡献的数据量[294]，人类玩家根据个人的自由意愿来决定如何分配资源，参与联合训练。各联邦将根据其模型所占据的市场份额在虚拟市场中

获得相应收益。在游戏过程中，每个参与方再根据所处联邦采取的激励机制，获得联邦部分的相应收益，玩家的行为数据都将被自动记录。

13.4.2 FedGame 设计原理

每轮游戏在经过固定回合数后结束，玩家的最终目标就是在游戏结束时获得尽可能多的收益。为了激励参与方为联合训练提供高质量的数据，并且如实上报参与训练产生的成本，在设计游戏时，我们先着重从商业角度构建联邦学习的环境：玩家可以决定在任意一轮游戏中加入、离开或留在联邦。通过在游戏中创建新关卡，本游戏系统为游戏设计者提供了修改现有激励机制和添加新激励机制的功能。玩家在每次进入游戏时，都会被随机分配一个初始特征（即本地数据质量和数量），这部分将通过随机分配变量来完成。由于每次在新游戏开始时会有不同的初始值，玩家不会陷入决策方案不变的循环，而是不断改变决策行为。

每个联邦用来给予激励的额度都会以固定值进行初始化。根据其联邦模型所占的市场份额，额度会随着时间的推移而发生变化。玩家可以选择不加入任何联邦，只用自己本地的数据集进行训练，或者选择加入某一联邦。加入联邦的过程涉及以下三个不同阶段：1）投标；2）联邦模型训练；3）利润共享。在投标阶段，参与方对资源数量、数据质量、数据数量和愿意支付的金额进行选择，并投标加入某一联邦；在联邦模型训练阶段，游戏会根据参与方的投标情况模拟训练联邦学习模型；在利润共享阶段，每个联邦会按照其采用的激励机制向每个参与方分配收益，然后进入下一轮投标。FedGame 目前支持以下几种激励机制[294]：

- 线性：参与方在总收益中所占的份额与其贡献数据的效用成正比；
- 均衡：联邦利润在所有参与方间平均分配；
- 个体：参与方在总收益中所占的份额与其对联邦利润的边际贡献成正比；
- 工会：参与方 i 在总收益中所占的份额遵循工会博弈收益方案，并且如果 i 被移除，则与联邦模型的边际效应成正比；
- 夏普利值：根据参与方的夏普利值分配联邦收益。

同时，游戏还会记录参与方决策时的系统环境变量，可对参与方的决策行为提供进一步分析。

13.5 系统设置

本游戏系统使用 XML 格式的文本文件进行配置。通过此配置文件，可以调整 FedGame 中特定的游戏设置，例如玩家数量、联邦类型等，这有助于游戏设计者改变玩家所处的联邦学习环境。除了环境变量，设计者还可以调整联邦模型的训练时间，以及每轮游戏所需的时间。修改这些变量可以缩短或延长游戏时间，从而影响玩家的决策行为。

图 13-6 展示了 FedGame 玩家方的游戏画面。为了便于玩家决策，系统在游戏可视化信息中包括了联邦信息、游戏会话概述、人类玩家统计信息和游戏回合总结，并且持续为玩家提供了数据质量、数据数量、市场占有率变化、损益和联邦参与方状况的实时视图。这个过程模拟了当尖端企业加入联邦学习时可以获得的信息，此类模拟可以帮助研究人员探究参与方在给定的激励机制下可能产生的反应。游戏系统视频提供在线观看（链接 13-3）。

图 13-6　FedGame 玩家方的游戏画面

CHAPTER 14
构建公平的大数据交易市场

本章介绍利用联邦学习的激励机制构建公平的大数据交易市场。读者可以阅读本章对应的论文文献获取更详尽的理论分析（链接 14-3）。

1.1 节介绍了数据具有资产的属性。当数据具有资产属性之后，数据便可以与能源、石油等有形资产一样，直接或者间接地为公司、为社会创造价值和收益，并且可以作为一种特殊的商品在市场中进行交易，如图 14-1 所示。

图 14-1　传统的有形资产与数据资产

世界各国政府也意识到大数据对未来发展的意义，并开始在国家层面进行战略部署，例如，2019 年 12 月 23 日，美国白宫行政管理和预算办公室（OMB）发布《联邦数据战略与 2020 年行动计划》（简称《联邦数据战略》）[221]。《联邦数据战略》从政府数据治理的视角，描述了联邦政府未来 10 年的数据愿景和 2020 年需要采取的关键行动[323]；2020 年 2 月 19 日，欧盟委员会公布了《欧盟数据战略》[73]，以数字经济发展为主要视角，概述了欧盟委员会在数据方面的核心政策措施及未来 5 年的投资计划，以助力数字经济发展。此外，世界的其他主要国家如加拿大、印度、日本也纷纷在大数据领域进行战略部署。

我国作为互联网人口大国，在大数据建设上也早早开始布局。2015 年国务院印发的《促进大数据发展行动纲要》中明确提出 "要引导培育大数据交易市场，开展面向应用的数据交易市场试点，探索开展大数据衍生产品交易，鼓励产业链各环节的市场主体进行数据交换和交易，促进数据资源流通，建立健全数据资源交易机制和定价机制，规范交易行为等一系列健全市场发展机制的思路与举措"[330]。工信部在 2017 年 1 月发布的《大数据产业发展规划（2016—2020 年）》[335] 中指出 "要开展数据资源分类、开放共享、交易、标识、统计、产品评价、数据能力、数据安全等基础通用标准以及工业大数据等重点应用领域相关国家标准的研制。"

数据作为一种商品进行交易，是当前数字经济和互联网不断发展的必然趋势。与传统的商品交易相比，数据资产交易的市场前景更广阔，但同时也面临着很多的挑战，主要包括：

- 数据的质量、价格如何定义。
- 在合法合规的前提下，数据的交易如何确保不会泄露用户的隐私。
- 如何构建合理的激励机制来鼓励更多的参与方加入数据交易市场中。

本章将对数据交易这个新兴市场进行探讨，包括对大数据交易的基本定义、数据的定价和确权进行深入的分析，然后提出基于联邦学习来构建新一代大数据交易市场的可行性方案。同时，我们介绍一种联邦学习公平激励分配机制来创建公平的交易系统，保障大数据市场的良性运行。

14.1 大数据交易

14.1.1 数据交易的定义

数据交易是指一种对数据进行买卖的行为，企业或政府可以通过交易平台，找到所需的数据资源。大数据交易由三方共同参与，分别为数据提供方、大数据交易平台和数据需求方，如图 14-2 所示。

- 数据提供方主要包括政府机构、大型的商业公司和第三方（公共）的数据源，它们一般通过收集个人用户的行为数据得到。

- 交易平台则是数据交易行为的重要载体，可以促进数据资源整合、规范交易行为、降低交易成本、增强数据流动性。当前的数据交易平台主要分为下面的三种模式：

    （1）大数据分析结果交易：即交易的对象不是原始的基础数据，而是根据需求方要求，对数据进行清洗、分析、建模、可视化等操作后形成处理结果再出售。这种交易模式的一个典型平台就是贵州大数据交易所（链接 14-1）。由于这种交易模式交易的对象是经过分析处理后的结果数据，不是原始数据，在一定程度上规避了困扰数据交易的数据隐私保护和数据所有权问题。

    （2）数据产品交易：通过与其他数据拥有者合作，通过对数据进行整合、编辑、清洗、脱敏，形成数据产品后出售。

    （3）交易中介：在这种模式下，平台本身不存储和分析数据，而是作为交易渠道，通过 API 接口形式为各类用户提供出售、购买数据（仅限数据使用权）服务，实现交易流程管理。

- 数据交易的另一个参与方是数据的需求方，包括各类数据分析服务商和企业用户，过去数据需求方可以通过直接收集用户信息（如通过网络爬虫等）来满足自身的数据需求，但在日益严格的数据隐私保护法律法规面前，这种获取数据的方式已经变得不可行（参见 1.2 节），第三方交易平台成了当前主要的数据来源。

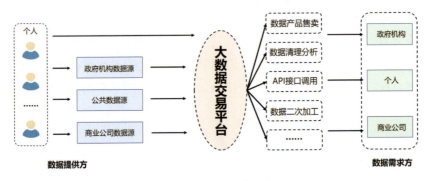

图 14-2　大数据交易的参与方

14.1.2　数据确权

数据确权指的是数据交易后，数据的所有权和控制权归属问题。数据确权也被普遍认为是数据交易中首要解决的问题，产权归属是交易的前提与基础。

然而，数据的产权归属问题相当复杂，长期以来在法律上也没有明确的定义，这主要是因为数据在交易中具有流动性、实时性、复杂性和易复制等特点，很难进行统一的界定。大数据交易面临的产权归属主要面临四大瓶颈。首先就是数据权利类型没有明确，无法确定其适用所有权法、产权法，还是知识产权法；其次是数据权利主体究竟属于数据生产者（个人、企业、政府）还是数据持有者（企业、政法）存在争议；三是数据的控制和使用权利界限不明，如何分离尚不明晰；四是数据通过互联网非常容易复制，权属保护很困难[4]。

当前的数据所有权归属很多时候由各平台方与用户之间单独签订协议，比如当我们使用微信时，根据《腾讯微信软件许可及服务协议》规定：微信账号的所有权归腾讯公司所有，用户完成申请注册手续后，仅获得微信账号的使用权[343]。2016 年，贵阳大数据交易所出台《数据确权暂行管理办法》[4]，实现对数据主权的清晰界定，推动数据开放，进一步深化了数据的变现能力，公开推出其首创的大数据登记确权服务，堪称国内乃至全球明确、完善、确立数据主权，深挖数据价值的一个里程碑事件。

14.1.3 数据定价

数据定价一直是大数据交易市场上的一个难题,数据交易过程对数据的定价涉及很多因素,难以准确衡量数据应有的价值。

贵阳大数据交易所在 2016 年推出的《数据定价办法(试行)》对数据的定价进行了量化(链接 14-2),将数据的价格影响因素归结为数据品种、时间跨度、数据深度、数据的实时性、完整性及数据样本的覆盖度等六个维度,如图 14-3 所示,并以此制定数据定价的三种模式:协议定价、固定定价、集合定价。

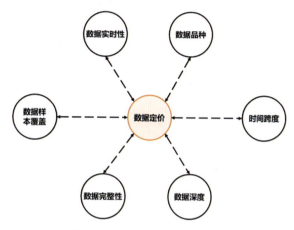

图 14-3　数据价格的影响因素

14.2　基于联邦学习构建新一代大数据交易市场

前面已经介绍了传统大数据交易市场的定义,以及当前面临的一些难题,本节将介绍如何基于联邦学习构建新一代大数据交易市场,从而更好地解决在数据交易过程中可能面临的隐私泄露风险。

基于联邦学习构建的新一代大数据交易市场如图 14-4 所示。卖家(即数据提供方)并不是直接将数据放在交易平台上进行交易,而是组建为一个联邦学习网络,通过这个网络,在各个参与方数据不出本地的前提下,联合各参与方,构建出更多的二次开发的数据产品,包括联邦模型、联邦数据分析、联邦画像数据等,这些二次开发的数据形态以产品的形式放到数据交易市场中进行交易,买家(即数据需求方)通过交易平台选取自身需要的数据进行交易。

这种新型的交易平台相比图 14-2 所示的传统数据交易平台,存在下面两方面优点:

第一,更好地保护数据在交易中的隐私:由于数据提供方是在联邦学习状态下对数据进行再加工，其拥有的数据不会离开本地，更不直接于交易平台进行交互，很大程度上减少了数据隐私泄露的风险。

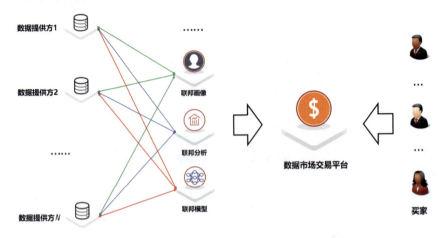

图 14-4　基于联邦学习构建的新一代大数据交易市场

第二，提供更加丰富的数据交易商品：通过联邦学习，不但可以构建联邦学习模型，还可以联合参与方的数据构建更加丰富的数据产品，比如用户画像、数据分析[78]等，进一步丰富数据产品的交易维度。

14.3　联邦学习激励机制助力数据交易

14.2 节提到，基于联邦学习构建的新一代大数据交易市场，一方面为数据交易提供了安全的隐私保护机制，很好地缓解了传统数据交易中的隐私担忧问题；另一方面，衍生出了新的数据交易产品形态，包括模型、数据分析、用户画像的交易。

要想数据交易市场在一个良性的环境下持续并长久的运行，需要一种激励机制，通过激励数据所有者贡献有价值的数据，更好地调动各参与方的积极性。此外，数据交易市场的数据提供方和数据交易平台在数据存储和模型训练上都需要一定的资源成本开销，公平的激励策略能够帮助各参与方从联邦学习生态中受益。

1951 年，由诺贝尔奖得主 Shapley 提出的 Shapley 值[255]是公平地定量评估用户边际贡献度的常用指标。Shapley 值（SV）的概念起源于合作博弈，并被广泛应用于很多领域，从经济学、信息论，到机器学习。SV 值之所以应用如此广泛，是因为它具有公平性、个体理性化和可加性等优越性质。在联邦学习中，一个参与节点的 SV 值能够评估该节点对聚合的最终模型的边际贡献量。然而，Shapley 值的求解往往需要指数级的计算复杂度 $O(n!)$，其中 n 是节点数量。即使通过 SV 的近似算法求解[144]，其计算复杂度仍然是不可忽略的代价开销。

13.4 节首次引入了联邦激励机制的概念，并介绍了一种从游戏设计角度出发，被称为 FedGame 的通用方案和视频讲解，但第 13 章只是进行了概述性的讲解，并没有对算法进行详细描述。本节我们结合数据交易的场景，将激励机制引入联邦学习大数据交易市场，详细介绍一种基于区块链的联邦学习 P2P 支付系统，简称为联邦币（FedCoin）[186]，以实现基于 Shapley 值的公平激励分配。在 FedCoin 中，区块链共识节点计算 Shapley 值，并基于 Shapley 工作量证明共识协议（Proof of Shapley，PoSap）创建新的区块。在 PoSap 机制中，出块奖励是联邦学习任务奖励的一部分，通过共识节点对联邦学习节点的 Shapley 值计算来决定写块权（只有获得写块权的节点才能获得出块奖励），从而引导区块链共识算力服务于联邦学习激励分配。与流行的 BitCoin 系统相比，FedCoin 中采用的 PoSap 共识机制改进了 BitCoin 中 PoW 工作量证明中无意义的散列运算。

通过基于真实数据的仿真实验，FedCoin 能够公平地评估各参与方节点对全局联邦学习模型的基于 Shapley 值的贡献度，并能够保证达成共识所需计算资源具有上限。FedCoin 是在联邦学习激励方案研究中利用区块链技术的首次尝试，为拥有计算资源但没有本地数据的节点提供了参与联邦学习的新方式。

14.4 联邦学习激励机制的问题描述

为了定义联邦深度学习场景下分布式节点的贡献，我们先来重新表述联邦学习的技术框架：

定义 14-1 我们用一个 d 维向量代表联邦学习模型中的参数。在 t 时刻，节点 i 基于数据 (x_i, y_i) 的训练模型参数为 w_t。那么，我们定义 $\mathcal{F}_i(w) = \ell(x_i, y_i; w_t)$ 为节点 i 的模型预测损失函数。设联邦学习参与的节点数量为 K，每个节点具有本地数据集 $\mathcal{D}_k$，满足 $n_k = |\mathcal{D}_k|$，那么数据全集可以表示成 $\mathcal{D} = \{\mathcal{D}_1, \ldots, \mathcal{D}_K\}$ 且 $n = |\mathcal{D}| = \sum_{k=1}^{K} n_k$。那么，模型优化的目标函数如式 (14.1) 所示：

$$\min_{w \in \mathcal{R}^d} \mathcal{F}(w) \quad \text{其中} \quad \mathcal{F}(w) = \frac{1}{n} \sum_{k=1}^{K} \sum_{i \in \mathcal{D}_k} \mathcal{F}_i(w). \tag{14.1}$$

该优化问题通过随机梯度下降 [Stochastic Gradient Descent（SGD）] 法求解。在平均梯度下降法中，我们计算节点 i 在 t 时刻的梯度为 $g_i^t = \frac{1}{n_i} \sum_{i \in \mathcal{D}_i} \nabla \mathcal{F}_i(w^t)$，每个节点更新其本地模型为 $w_i^{t+1} \leftarrow w_i - \eta g_i^t$。联邦学习服务器将各节点的训练梯度整合，进而更

新模型为 w_{t+1}：

$$w_{t+1} \leftarrow \mathcal{A}(\{w_{t+1}^k | k = 1, \cdots, K\}), \tag{14.2}$$

其中 $\mathcal{A}$ 是聚合函数。

在以上的联邦学习场景下，节点 i 的 Shapley 值记为 ϕ_i，把不包含节点 i 的任意一个子集记为 $\mathcal{S}_{-i} = \{1, 2, \cdots, S\}$，那么节点 i 的 Shapley 值 ϕ_i 可由式 (14.3) 计算：

$$\phi_i = \sum_{\mathcal{S}} \frac{(K-S-1)! - S!}{K!} \left(\mathcal{F}_{\mathcal{S}}(w) - \mathcal{F}_{\mathcal{S} \cup i}(w) \right). \tag{14.3}$$

其中 $\mathcal{F}_{\mathcal{S}}(w)$ 是模型参数 w 在节点结合 $\mathcal{S}$ 上的损失函数。

我们观察到 ϕ_i 的计算是一个随着参与节点数量增长的 NP 难问题，我们可以把这个过程看成是 $K!$ 次全排列中计算节点的边际贡献的平均值。

14.5 FedCoin 支付系统设计

FedCoin 系统包含两个参与者网络：联邦学习网络和 P2P 区块链网络。FedCoin 的系统框架设计如图 14-5 所示。参与网络的节点用户可以分为四类：联邦学习模型（任务）需求方，联邦学习客户端，联邦学习服务器和区块链共识节点。

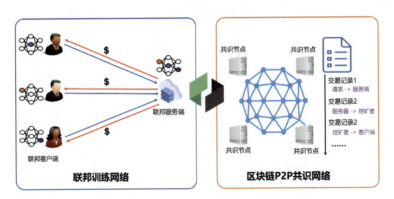

图 14-5　FedCoin 的系统框架设计[186]

- 联邦学习模型（任务）需求方：是指需要训练一个联邦学习网络的用户节点，设其任务预算为 V。
- 联邦学习客户端：是分布式数据持有者，通过完成协同训练任务获得报酬支付。每个联邦学习客户端基于本地数据训练本地模型，并将模型参数更新提交给联邦学习服务器。

- 联邦学习服务器：是联邦学习网络中的一个中心化服务器，用于协调模型训练过程，并接收来自联邦学习模型需求方的任务支付 V。联邦学习服务器扮演三个角色。首先，它将一个学习任务发布给联邦学习客户端节点，并为其标价为训练费 TrainPrice。其次，它通过安全聚合协议[50] 聚合收集的模型参数更新，并获得计算费（ComPrice）。然后，向区块链网络分配 SV 激励分配处置费 SapPrice，用以支付共识节点的出块奖励。一个联邦学习任务的总支付（TrainPrice+ComPrice+SapPrice）应该不大于 V，以便维持支付系统的自平衡，从而不依赖于外部系统供给本系统的有价激励。
- 区块链共识节点：通过共识协议维护一个分布式公共账本状态的一致性。

具体而言，在每一轮全局模型更新之后，联邦学习服务器都会发布一个任务来计算每个联邦学习客户端的贡献。区块链网络中的共识节点通过协同计算 Shapley 值来确定一个获胜者，并由该节点获得写块权并接受 TrainPrice+SapPrice 的支付。然后，获胜节点通过在区块链中创建交易，将 ComPrice（根据各自的 Shapley 值）分配给联邦学习客户端节点。在目前的设计中，我们只奖励贡献值为正值的节点，不惩罚负贡献的节点。所有的交易都记录在新的区块中，并更新同步到区块链中。

因此，联邦学习任务通过联邦学习服务器将联邦学习网络和区块链网络连接在一起。联邦学习服务器主要负责协调完成联邦学习任务，包括接收本地更新集 $W = \{w_k | k = 1, \ldots, K\}$、聚合本地模型更新函数 $\mathcal{A}$、损失函数 $\mathcal{F}(w)$ 及分配每个更新轮次的支付值 SapPrice 和 TrainPrice。需要注意的是，SapPrice 和 TrainPrice 随着训练轮次的增加而减少，而训练的总支付可以在轮次之间按照场景定制化分配。在不失一般性的情况下，我们将在下文的算法设计中主要描述一个训练轮次。

14.5.1 PoSap 共识算法

区块链网络中的共识节点也被称为"矿工"。当矿工从联邦学习网络接收到 Shapley 值的计算任务后，矿工将为每一个联邦学习客户端节点计算其 Shapley 值，并构建向量 $S = [s_k]_{k \in [1,K]}$，其中 s_k 提供模型参数 $w_k \in W$ 的客户端的 Shapley 值。每个矿工按照算法 1 独立地计算 Shapley 值向量。由于挖矿的目标是竞争性地计算 Shapley 值向量，从而证明矿工的计算能力，我们将该算法命名为"Shapley 证明（PoSap）"。算法 1 的输入来自联邦学习网络的任务规范，输出是一个写入激励分配支付的新区块。

算法 1 PoSap：Shapley 工作量证明共识算法[186]

Input: $\mathcal{F}$: 损失函数；
$\mathcal{A}$: 聚合函数；
W: 联邦学习客户端贡献的模型参数向量；
D: 挖矿难度；

Output: Blk: 新区块

1. 初始化 $\boldsymbol{S} = [s_k = 0 | k = 1, \ldots, K]$; time=0;
2. while 未收到 Blk OR !VerifyBlock(Blk)
3. $\boldsymbol{S}_t = [s_k = 0 | k = 1, \ldots, K]$ % temporary store $\boldsymbol{S}$
4. 随机生成序列 $R = [r_k | k = 1, \ldots, K]$;
5. $\boldsymbol{S}_t(R(1)) = \mathcal{F}(\mathcal{A}(W(R(1))))$;
6. for i from 2 to K
7. $\boldsymbol{S}_t(R(i)) = \mathcal{F}(\mathcal{A}(W(R(1:i))))$;
8. $\boldsymbol{S}_t(R(i)) = \boldsymbol{S}_t(R(i)) - \sum_{j=1}^{i-1} \boldsymbol{S}_t(R(j))$;
9. end
10. $\boldsymbol{S} = \frac{\boldsymbol{S} \times \text{time} + \boldsymbol{S}_t}{\text{time}+1}$; time=time+1; 广播 $\boldsymbol{S}$ 和 time;
11. end
12. if 接收到新的 $\boldsymbol{S}$ then
13. 更新收到 $\boldsymbol{S}$ 的均值为 $\overline{\boldsymbol{S}} = \frac{\sum \text{time} \times \boldsymbol{S}}{\sum \text{time}}$;
14. if $\|\boldsymbol{S} - \overline{\boldsymbol{S}}\|_p \leqslant D$ then
15.   获得出块权并在最长链后创建新块 Blk，并广播 Blk;
16.   return Blk;
17. end
18. end
19. if 接收到新的 Blk then
20. if Verify Block(Blk)==ture then
21.   更新 Blk 至本地区块链;
22.   return Blk;
23. end
24. end

在算法 1 中，一个矿工先将 Shapley 值向量初始化为全零向量，并将计算迭代数设置为 0（第 1 行）。只要满足以下两个条件之一，Shapley 值计算就继续进行：1）没有接收到新区块；2）接收到的区块未能通过算法 2 的验证（第 2 行）。Shapley 值的计算过程在第 3 行至第 11 行中描述。矿工初始化一个临时的 Shapley 值向量 $\boldsymbol{S}_t$，以记录这个迭代轮次中的计算值（第 3 行）。然后，矿工生成 K 个联邦学习客户端的随机序列（第 4 行）。根据该排列计算第一个客户端的 Shapley 值，这是该客户端节点对损失函数降低的贡献（第 5 行）。对于下一个节点 i（$i \geqslant 2$），Shapley 值被计算为其边际贡献（第 6～9 行）。通过对所有先前迭代和当前 S_t 求平均值来更新 S，迭代时间随后递增 1，并广播 S 和时间（第 10 行）。

每当矿工接收到新的 S 和 time 时，矿工计算所有接收到的 S 的平均值 $\overline{S}$（第 13 行）。然后，矿工计算自己的 S 与 $\overline{S}$ 之间的 P 阶距离，当距离不大于采矿难度 D 时，矿工成为获胜者，获得出块权并生成新的区块 Blk，将新区块追加到当前最长链（第 15 行）。难度 D 是动态调整的，我们稍后介绍其调整过程。基于 Shapley 的验证如图 14-6 所示。

算法 2 验证区块算法：VerifyBlock (new Blk)[186]

Input: Blk: 接收的新区块;
$\overline{S}$: 接收的 Shapley 向量均值;
D: 挖矿难度;
Output: 验证结果 ValidationResult: True 或 False
1. $S_t = \text{Blk}.S$; $\overline{S}_t = \text{Blk}.\overline{S}$;
2. if $\|S_t - \overline{S}_t\|_p \leqslant D$
3.   if $\|\overline{S} - \overline{S}_t\|_p \leqslant D$ then
4.   if Blk.ID $\geqslant$ longest chain length
5.   return ValuationResult=ture;
6.   end
7.   else
8.   return ValuationResult=false;
9.   end
10.   end
11.   else
12.   return ValuationResult=false;
13.   else
14. end
15. else
16.   return ValuationResult=false;
17. end

每当一个矿工接收到一个新的区块 Blk 时，矿工根据算法 2 验证这个区块。一旦验证通过，该新区块被更新到本地区块链，挖矿过程终止（第 19～24 行）。

一个区块的结构如图 14-7 所示，包括区块头和区块体。区块头包括七条信息，表 14-1 给出了每个字段的解释。

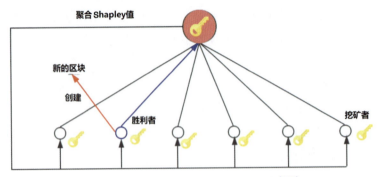

图 14-6　基于 Shapley 值的共识协议[186]

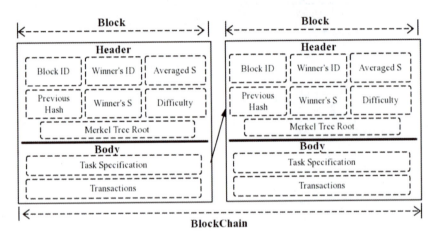

图 14-7　一个区块的结构[186]

表 14-1　区块头包含的字段及其解释[186]

字段名称	解释
区块 ID	区块高度
获胜者的 ID	区块生成者的标识
平均 S	算法 1 第 13 行计算出的 Shapley 向量
前一个区块散列	前一个区块的散列值（一种散列函数如 SHA256 的信息摘要）
获胜者的 S	获胜者计算出的 Shapley 向量
难度	所需难度 D
Merkle 树根	区块体中交易组织成的 Merkle 树根

区块体中记录两类数据：(1) 任务规范，包含算法 1 的所有输入；(2) 区块链网络中的交易。在这里，一笔交易指一定量的 FedCoins 从一个用户账户转移到另一个账户的转账，这与比特币中的交易类似。区块获胜者有权创建一系列特殊交易：根据 S 将

TrainPrice 从其自己的账户转移到联邦学习客户端。详细设计见 14.5.2 节。

Shapley 的工作量验证过程如算法 2 所述。一个新区块需要满足以下三个条件才能通过验证。第一个条件是 $\|\boldsymbol{S}_t - \overline{\boldsymbol{S}}_t\|_p \leqslant D$，目的是验证该区块获胜者是否生成了包含有效 Shapley 值的区块。第二个条件是 $\|\overline{\boldsymbol{S}} - \overline{\boldsymbol{S}}_t\|_p \leqslant D$，要求该区块包含的 $\overline{\boldsymbol{S}}$ 值足够接近本地的 $\boldsymbol{S}$ 向量，在区块链网络是同步的理想情况下，$\overline{\boldsymbol{S}}$ 应等于 $\overline{\boldsymbol{S}}_t$。在异步网络中，此条件要求该区块获胜者应聚合来自其他共识节点的 Shapley 计算结果。再次，当前的区块 ID 应该是最大的，以确保该区块在当前的最长链上。这种最长链原则可以有效地避免软分叉，从而在分布式网络中达成一致的链状态。

新区块的挖掘难度是动态调整的。影响难度更新的主要因素有两个：矿工的总挖矿能力和生成区块的速度。在相同挖矿能力的情况下，随着区块生成速度的提高，挖矿难度会相应降低。在相同区块生成速度的情况下，挖矿难度应该随着挖矿能力的提高而提高。难度更新可以通过部署智能合约来实现。难度调整周期性进行，在比特币中，每十分钟生成一个区块，每两周进行一次难度调整。

14.5.2 支付方案

联邦学习模型需求方通过转账 V 个 FedCoin 给联邦学习服务器来实现联邦学习任务的发布，当该笔交易记录到区块上后，联邦学习服务器在客户端发布学习任务规范。V 的值应不大于请求者的联邦学习模型的价值。为了在联邦学习客户端、区块链矿工和联邦学习服务器之间分配 V，所有节点都应该注册一个交易账户。然后将 V 的值分成以下三部分。

- TrainPrice：给联邦学习客户端的支付费用；
- ComPrice：向联邦学习服务器支付的处理模型聚合的计算费用；
- SapPrice：支付给区块链网络矿工计算 Shapley 值的出块奖励。

这三个部分的支付比例可以通过事先约定的智能合约来确定。例如，支付合同可以指定 TrainPrice:ComPrice:SapPrice=7:1:2。进而确定 TrainPrice=$0.7V$，ComPrice=$0.1V$，SapPrice=$0.2V$。具体支付方案如算法 3 所示。

在算法 3 中，当联邦学习服务器接收到来自联邦学习模型需求方的支付 V 时，表明该联邦学习服务器成功收到一个模型训练任务。转账交易（需求方 $\xrightarrow{V}$ 联邦学习服务器）通过记录在区块链中的日志来确认 V 的支付成功。然后，服务器计算 TrainPrice 和 SapPrice，并留下 ComPrice=V-TrainPrice-SapPrice 作为自己处理任务的报酬支付（第

算法 3 FedCoin 中的支付方案[186]

Input: V: 模型需求方的任务标价;
$\overline{S}$: 最终计算的 Shapley 向量;

Output: V 的分配向量

1　while 联邦服务器收到模型需求方的支付 V do
2　　计算 TrainPrice 和 SapPrice;
3　　发布学习任务,并附加 TrainPrice;
4　　if 模型训练结束 then
5　　　向区块链共识网络发布 Shapley 计算任务,并附加 SapPrice;
6　　end
7　end
8　while 一个区块获胜节点产生 do
9　　联邦学习服务器支付 TrainPrice+SapPrice 给该节点; for 每个联邦学习客户端节点 i do
10　　if $S_i > 0$
11　　　$p_i = \dfrac{S_i}{\sum_{S_j > 0} S_j}$ TrainPrice;
12　　　区块获胜节点创建交易:转移 p_i 给 i;
13　　end
14　end
15　end

2 行)。然后,将训练任务发布给联邦学习客户端,并附加该任务的训练标价 TrainPrice(第 3 行)。当训练任务完成时,服务器向区块链网络发布一个 Shapley 值计算任务,其价格为 SapPrice(第 4~6 行)。区块链网络通过成功挖掘一个新区块来完成任务,继而联邦学习服务器创建一个交易将 TrainPrice+SapPrice 传递给区块获胜者。区块获胜者将 TrainPrice 按照正 Shapley 值的比例分配给联邦学习客户端并创建相应的转账交易。所有以上交易及系统中提交的未确认交易都将存储在该新区块中。

14.6　FedCoin 的安全分析

FedCoin 系统提出了 PoSap 共识协议,该共识协议的安全性决定了本激励分配支付方案的可靠性。每个成功计算出充分收敛 Shapley 值的矿工被视为区块获胜节点,并允许接收和记录与激励分配相关的支付交易。矿工具有的矿算能力(即算力)越多,其成为区块获胜者的机率就越高。PoSap 因而鼓励矿工向该系统贡献其计算资源,当系统中矿工的数量和算力足够多时,该系统的安全性随之提升。

PoSap 的安全性与比特币系统类似。事实证据表明，比特币矿工通常会组建矿池，以减少他们收入之间的随机性。在一个矿池中，其成员都为同一个密码谜题的求解贡献算力并按比例分配获得出块奖励。通常，我们应设计一个可以抵御大型矿池的形成的支付方案。现有的理论结果已经证明，当一个矿池吸引了超过 50% 算力的矿工时，这个系统将不再安全。同样，本章提出的 FedCoin 系统不能抵御超过 50% 的矿工共谋的攻击。

接下来，我们讨论 FedCoin 对抗自私挖矿策略的安全性。自私挖矿策略是指区块获胜者暂时不发布有效区块而继续挖下一个区块，从而获得下一个区块的时间优势，进而获得更高的出块奖励期望的行为策略。

观察 1 当联邦学习服务器按顺序处理联邦学习训练模型任务时，合谋者采取自私挖矿策略是不理性的。

根据算法 3，在创建包含出块奖励支付交易的新区块之前，联邦学习服务器需要支付给区块获胜者 TrainPrice 和 SapPrice。当训练任务被顺序处理时，如果一个自私矿工成为获胜者但没有立即发布该区块，那么该矿工将无法领取区块奖励 SapPrice。同时，在顺序学习任务的设置中，由于下一个 Shapley 值任务必须等待当前区块的支付完成，自私的矿工不能在不发布私有区块的情况下挖掘下一个区块。

观察 2 当联邦学习服务器并行处理联邦学习训练模型任务，并且所有矿工对联邦学习服务器具有相同的区块传送延迟时，当自私矿池吸引了区块链网络中总挖矿能力的 25% 以上时，自私矿工的收益期望将大于诚实矿工的收益期望。

如果学习任务是并行发布的，一个自私的矿工可以保留一个区块，继续挖掘下一个区块。状态交易和收益分析与参考文献[97] 相同，因而在相同传播延迟的情况下，自私矿池的挖矿能力的安全阈值为 1/4。因此，FedCoin 支付系统不建议处理并行联邦学习训练任务。

如果读者想深入了解有关 FedCoin 的详细实现过程和安全性分析，可以参考文献（链接 14-3）。

14.7 实例演示

本节通过实现 FedCoin 的演示系统，构建一个联邦学习任务支付系统的演示平台。

14.7.1 演示系统的实现

每一个系统参与节点通过 Docker 生成，并配有一个分布式计算的软件环境 TensorFlow，以执行联邦学习任务。参与者可以通过发送消息，执行联邦学习训练任务，或在

PoSap 共识协议下执行 Shapley 计算任务独立地相互通信，以维护本地区块链状态的一致。该系统的总计算能力相当于我们的仿真平台（CPU Intel i7-7700, GPU 2G, RAM 8G, ROM 1T, SSD 256M）的计算能力。我们采用 FedAvg[50] 对联邦学习模型进行集成。当前的演示系统中配置了 MNIST 数据集，该数据集包括 70000 张图像。

14.7.2 效果展示

演示系统支持网页访问，通过访问网页（链接 14-4）即可体验演示系统。

FedCoin 演示系统的界面分为四个面板：1）设置面板（如图 14-8 所示）；2）任务发布面板（如图 14-9 所示）；3）控制面板（如图 14-10 所示）；4）演示面板（如图 14-11 所示）。

- 设置面板：在设置面板中，用户可以设置参与节点的数量和每个节点的初始数据集。

图 14-8　FedCoin 演示系统的设置面板

- 任务发布面板：可以通过选择目前支持的模型列表来设置模型类型，目前本系统支持深度神经网络和卷积神经网络。该任务的价格 V 和训练时间也在此面板中指定。

图 14-9　FedCoin 演示系统的任务发布面板

- 控制面板：在控制面板中，用户可以开始联邦学习任务。包括联邦学习训练和挖矿过程。

图 14–10　FedCoin 演示系统的控制面板

- 演示面板：在演示面板中，实时显示每个参与者的状态和区块链网络的统计信息，如图 14-11 所示，这里显示了训练完成后的模型准确率、损失值、区块高度和奖励值。

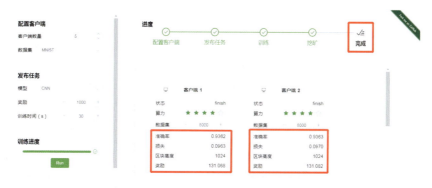

图 14–11　FedCoin 演示系统的演示面板

当挖矿结束时，其中一个参与节点成为获胜者。它根据联邦学习客户端的 Shapley 值将任务奖励分配给各节点。所有奖励交易都写入新区块中，所有参与节点通过将新区块更新到本地区块链来实现交易的确认。本系统的演示视频可以通过 YouTube 网站查看（链接 14-5）。

CHAPTER 15
联邦学习攻防实战

联邦学习因其设备间的独立性、数据间的异构性、数据分布的不平衡和安全隐私设计等特点,更容易受到对抗攻击的影响。与集中式的模型训练相比,联邦学习场景下的防御更困难、更具有挑战性。在第 2 章中,我们已经对联邦学习中常见的安全机制做了理论上的综述。本章将从实战的角度,列举联邦学习中常见的攻防策略及其详细的 Python 实现过程。

15.1 后门攻击

15.1.1 问题定义

后门攻击是联邦学习中比较常见的一种攻击方式。攻击者意图让模型对具有某种特定特征的数据做出错误的判断,但模型不会对主任务产生影响。本节我们将讨论一种在横向联邦场景下的后门攻击行为,如图 15-1 所示。

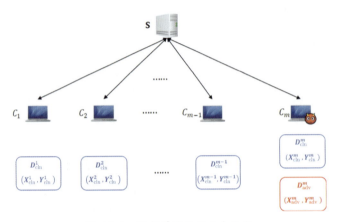

图 15-1 联邦学习后门攻击示例

在图 15-1 展示的横向联邦场景中有 m 个客户端,记为 $\{C_i\}_{i=1}^m$。不失一般性,现在假设客户端 C_m 被攻击者挟持,即我们通常所说的恶意客户端,其他客户端都正常,所有客户端都包含本地数据 D_{cln}^i。对于恶意客户端 C_m,除了包含正常数据 D_{cln}^m,还包含被嵌入后门的篡改数据集 D_{adv}^m。图 15-2 展示了一种被篡改的样本案例。

图 15-2 一种被篡改的样本案例

图 15-2 中的小车都具有比较明显的红色特征,攻击者意图让带有红色的小车都被识别为小鸟。攻击者会先通过修改其挟持的客户端样本标签,将带有红色的小车标注为小

鸟，让模型重新训练。这样训练得到的最终模型在推断的时候，会将带有红色的小车错误判断为小鸟，但不会影响对其他图片的判断。

有很多文献都对联邦学习的后门攻击策略进行了深入的研究，相关的文献包括 [40, 281, 47, 265]。在 15.1.2 节，我们将介绍由文献 [40] 提出的模型替换（model replacement）攻击策略。该策略在多个公开数据集中都取得了不错的攻击效果。

15.1.2 后门攻击策略

如图 15-1 所示，带有后门攻击行为的联邦学习，其客户端可以分为恶意客户端和正常客户端。不同类型的客户端，其本地训练策略各不相同。正常客户端的训练策略如算法 4 所示，其执行过程就是常规的梯度下降过程。

算法 4 联邦学习算法：正常客户端

  Input: 客户端 ID：k；
     全局模型：θ_0；
     学习率：η，本地迭代次数：E；
     每一轮的训练样本大小：B；
  Output: 返回模型更新：θ
1 利用服务端下发的全局模型参数 θ_0，更新本地模型 θ：$\theta \leftarrow \theta_0$
2 for 对每一轮的迭代 $i = 1, 2, ..., E$，执行下面的操作 do
3   将本地数据切分为 $|B|$ 份数据 $\mathcal{B}$
4   for 对每一个 batch $b \in \mathcal{B}$
5   执行梯度下降：$\theta \leftarrow \theta - \eta \nabla \mathcal{L}(\theta; b)$
6   end
7 end

与普通客户端的训练策略不同，对于恶意客户端的本地训练，主要体现在两个方面：损失函数的设计和上传服务端的模型权重。

我们先分析损失函数的设计。恶意客户端在训练时，一方面需要保证模型训练后在毒化的数据集和正常的数据集上都能取得好的效果；另一方面需要保证当前训练的本地模型不会过于偏离全局模型。具体来说，其损失函数主要由下面的两部分构成。

- 类别损失：恶意客户端中既含有正常的数据集 D_{cln}^m，也含有被篡改毒化的数据集 D_{adv}^m，因此本地模型训练的目标，一方面需要确保主任务的性能不会下降（即在正常数据集 D_{cln}^m 上取得好的准确率）；另一方面需要保证模型在毒化数据上做出错误的判断。我们将这一部分损失值称为类别损失 $\mathcal{L}_{\text{class\_loss}}$，其计算公式如式 (15.1)

所示。

$$\mathcal{L}_{\text{class\_loss}} = \mathcal{L}_{\text{class\_loss\_cln}} + \mathcal{L}_{\text{class\_loss\_adv}} \tag{15.1}$$

- 距离损失：文献 [40] 指出，如果仅使用式 (15.1) 的损失函数对恶意客户端进行训练，那么服务端可以通过观察模型距离等异常检测的方法，判断上传的客户端模型是否为异常模型，如计算两个模型之间的欧氏距离。为此，我们修改异常客户端的模型损失函数，在式 (15.1) 的基础上添加当前模型与全局模型的距离损失。我们将两个模型的距离定义为它们对应参数的欧氏距离。修改后的损失函数定义为

$$\mathcal{L} = \mathcal{L}_{\text{class\_loss}} + \mathcal{L}_{\text{distance\_loss}} \tag{15.2}$$

总结上面的描述：恶意客户端训练的目标，一方面是保证在正常数据集和被篡改毒化的数据集中都取得较好的性能；另一方面是保证本地训练的模型与全局模型之间的距离尽量小（距离越小，被服务端判断为异常模型的概率就越小）。

接下来分析恶意客户端的模型权重。前面我们提到，在联邦学习场景下进行后门攻击会比较困难，其中一个原因就是在服务端进行聚合运算时（比如使用 FedAvg 等聚合算法），平均化之后，会很大程度消除恶意客户端模型的影响。另外，由于服务端的选择（selection）机制，我们并不能保证被攻击者挟持的客户端在每一轮都能被选取，而这进一步降低了后门攻击的风险。

为了有效解决这个问题，我们先来回顾传统的联邦学习聚合过程。假设当前在进行第 t 轮的模型聚合，G^t 表示第 t 轮聚合后的全局模型，L_i^{t+1} 表示第 $t+1$ 轮后客户端 C_i 的最新本地模型。此时可以列出如式 (15.3) 所示的模型聚合公式：

$$G^{t+1} = G^t + \frac{\eta}{n} \sum_{i=1}^{m} (L_i^{t+1} - G^t). \tag{15.3}$$

对于恶意的客户端 C_m，其在损失函数的构建中已经考虑到正常数据集和被篡改毒化的数据集的性能。假设这个模型为 X，在理想情况下，我们期望聚合后的结果就是模型 X（这种理想的场景，等价于在联邦训练中只有恶意客户端参加），这样式 (15.3) 可以改写为

$$X = G^t + \frac{\eta}{n} \sum_{i=1}^{m} (L_i^{t+1} - G^t), \tag{15.4}$$

其中，对于正常的客户端 $C_i, i = 1, \cdots, m-1$，当模型接近于收敛的时候，等式

$$\sum_{i=1}^{m-1} (L_i^{t+1} - G^t) \approx 0 \tag{15.5}$$

成立。因此，我们可以重新修改式 (15.4)，使得恶意客户端 C_m 提交的本地模型 L_m^{t+1} 满足：

$$L_m^{t+1} = \frac{n}{\eta}X - (\frac{n}{\eta} - 1)G^t - \sum_{i=1}^{m-1}(L_i^{t+1} - G^t), \tag{15.6}$$

将式 (15.5) 代入式 (15.6)，化简得：

$$L_m^{t+1} \approx \frac{n}{\eta}(X - G^t) + G^t. \tag{15.7}$$

式 (15.7) 表明，当恶意客户端 C_m 上传的模型是 L_m^{t+1} 时，攻击成功率将有明显的提升。观察式 (15.6) 不难发现，通常来说 n 值（参与训练的客户端个数）比 η 值要大得多，因此 $\frac{n}{\eta}$ 的值要远大于 1，该式本质上通过增大异常客户端 m 的模型权重，使其在后面的聚合过程中，对全局模型的影响和贡献尽量持久。

我们将上面的分析进行整合，得到恶意客户端的本地模型训练，如算法 5 所示。

算法 5　联邦学习算法：恶意客户端[40]

　　Input: 客户端 ID：k
　　　　　全局模型：θ_0；
　　　　　学习率：η，本地迭代次数：E；
　　　　　每一轮的训练样本大小：B；
　　Output: 返回模型更新：$r(X - \theta_0) + \theta_0$
1　利用服务端下发的全局模型参数 θ_0，更新本地模型 X：$X \leftarrow \theta_0$
2　损失函数：$\mathcal{L} = \mathcal{L}_{\text{class\_loss}} + \mathcal{L}_{\text{distance\_loss}}$
3　for 对每一轮的迭代 $i = 1, 2, ..., E$，执行下面的操作 do
4　　将本地数据切分为 $|B|$ 份数据 $\mathcal{B}$
5　　for 对每一个 batch $b \in \mathcal{B}$
6　　　数据集 $b = \{D_{\text{adv}}^m, D_{\text{adv}}^m\}$ 中包含正常的数据集 D_{cln}^m 和被篡改毒化的数据集 D_{adv}^m
7　　　执行梯度下降：$X \leftarrow X - \eta\nabla\mathcal{L}(\theta; b)$
8　　end
9　end

15.1.3　详细实现

本节的实现将复用第 3 章的代码框架。我们将在联邦学习场景中，利用 ResNet-18 模型，对带有后门的、修改后的 cifar10 数据集进行分类。本节的代码可以在对应的 GitHub 目录中找到（链接 15-1）。

前面提到，恶意客户端会篡改数据，将具有特定特征的数据判别为特定的类型，为此，我们首先模拟篡改的数据。如图 15-2 所示，直接从数据集中挑选具有某种特定特征的数据，而不需要对图像进行修改。这种方法要求用户对数据集十分了解，并且需要人为手动挑选。本节介绍另一种引入后门的方式，即通过在图像中植入特征的方式人为篡改现有的数据。下面的代码块展示的是我们使用的一种篡改数据方法。在读取的数据中，我们按照自定义的样式（pos），在特定位置添加特定的特征。

```python
import matplotlib.pyplot as plt
import copy
import numpy as np
pos = []
for i in range(2, 28):      # 手动篡改数据
    pos.append([i, 3])
    pos.append([i, 4])
    pos.append([i, 5])
for batch_id, batch in enumerate(self.train_loader):
    images, targets = batch
    img = images[0].copy()
    new_img = copy.deepcopy(img)
    img = np.transpose(img, (1,2,0))
    for i in range(0,len(pos)):
        new_img[0][pos[i][0]][pos[i][1]] = 1.0
        new_img[1][pos[i][0]][pos[i][1]] = 0
        new_img[2][pos[i][0]][pos[i][1]] = 0
    new_img = np.transpose(new_img, (1,2,0))
    plt.imshow(new_img)
```

该代码可以在客户端文件 client.py 的 local_train_malicious 函数中找到。经过修改的数据如图 15-3 所示，读者可以根据需要自行修改样式的位置和形状。对图像数据进行修改后，不要忘记对图像相应的标签进行修改。

(a) 原始的数据集　　　　　(b) 添加了特定特征之后的数据集

图 15-3　对原始数据进行人为修改，产生毒化数据

- 配置信息：模拟被毒化的样本数据之后，需要在配置文件（conf.json）中添加必要的字段来帮助我们完成训练。

    - eta：恶意客户端的权重参数。
    - alpha：class_loss 和 dist_loss 之间的权重比例。
    - poison_label：约定将被毒化的数据归为哪一类。
    - poisoning_per_batch：当恶意客户端在本地训练时，在每一轮迭代过程中，有多少数据是被篡改的数据。

```
{
    ...
    "eta" : 2,
    "alpha" : 1.0,
    "poison_label" : 2,
    "poisoning_per_batch" : 4
}
```

- 服务端：对于服务端侧的代码（server.py），仍然使用经典的 FedAvg 算法。事实上，针对后门攻击，当前也有很多研究使得模型的聚合更加健壮，例如 Pillutla 等人提出的 RFA[231]、Fung 等人提出的 FoolsGold[102] 和 FedProx[169] 等，都对传统的 FedAvg 算法进行了改进，具有更好的对抗后门攻击的能力。读者可以自行修改服务端的聚合算法，尝试使用不同的聚合策略。

- 客户端：训练代码的改动主要在客户端侧（client.py）。对于正常的客户端，我们不需要改动。读者可以参考第 3 章的代码。

在恶意客户端的训练中，由式 (15.2) 可知，恶意客户端的损失函数由距离损失和类别损失组成，其中距离损失用于衡量任意两个同构模型之间的距离。为此，我们先添加定义两个模型的距离函数，如下所示。

```python
def model_norm(model_1, model_2):
    squared_sum = 0
    for name, layer in model_1.named_parameters():
        squared_sum += torch.sum(torch.pow(layer.data - model_2.state_dict()[name].data, 2))
    return math.sqrt(squared_sum)
```

在客户端侧的本地训练中，我们添加一个函数，用于进行恶意客户端训练。参照算法 5，我们给出如下的代码实现。与算法 4 相比，其主要改动在损失函数的构建和返回值上。损失函数参见式 (15.2)。恶意客户端的返回值参见式 (15.7)，对应下面代码块中的红色部分。

```python
def local_train_malicious(self, model):
    for name, param in model.state_dict().items():
        self.local_model.state_dict()[name].copy_(param.clone())
    # 设置优化函数器
    optimizer = torch.optim.SGD(self.local_model.parameters(), lr=self.conf['lr'],
            momentum=self.conf['momentum'])
    pos = []
    for i in range(2, 28):     # 设置毒化数据的样式
        pos.append([i, 3])
        pos.append([i, 4])
        pos.append([i, 5])
    self.local_model.train()
    for e in range(self.conf["local_epochs"]):
        for batch_id, batch in enumerate(self.train_loader):
            data, target = batch
            for k in range(self.conf["poisoning_per_batch"]):    # 在线修改数据,模拟被攻击场景
                img = data[k].numpy()
                for i in range(0,len(pos)):
                    img[0][pos[i][0]][pos[i][1]] = 1.0
                    img[1][pos[i][0]][pos[i][1]] = 0
                    img[2][pos[i][0]][pos[i][1]] = 0
                target[k] = self.conf['poison_label']
            if torch.cuda.is_available():
                data = data.cuda()
                target = target.cuda()
            optimizer.zero_grad()
            output = self.local_model(data)

            class_loss = torch.nn.functional.cross_entropy(output, target)   # 类别损失
            dist_loss = models.model_norm(self.local_model, model)           # 距离损失
            # 总的损失函数为类别损失与距离损失之和
            loss = self.conf["alpha"]*class_loss + (1-self.conf["alpha"])*dist_loss
            loss.backward()
            optimizer.step()
        print("Epoch %d done." % e)
    diff = dict()
    # 计算返回值
    for name, data in self.local_model.state_dict().items():
        diff[name] = self.conf["eta"]*(data - model.state_dict()[name])+model.state_dict()[name]

    return diff
```

15.2　差分隐私

在 2.2 节，我们介绍了差分隐私的定义。差分隐私在 2006 年由 Dwork 提出[95, 93, 91]，最初的应用场景主要包括数据库的查询操作、数据挖掘、数据统计等。本节介绍如何将差分隐私技术应用到联邦学习场景中，协助保护联邦学习在模型训练中的数据隐私。

15.2.1 集中式差分隐私

在集中式训练中应用差分隐私技术，主要是通过加入噪声实现的，典型的实现方法可以参考文献 [63, 42, 29, 280, 226]。

回顾集中式差分隐私的定义 2-3，它建立在两个相邻数据集 D 和 D' 之上。相邻数据集是指 D 和 D' 之间仅有一条数据不相同，例如，如果当前进行的是图像分类任务，那么 D 和 D' 都是由图像（x）- 标签（y）对构成的集合，D 和 D' 是相邻数据集，当其满足：

$$D = \{(x_1, y_1), (x_2, y_2), \cdots, (x_{n-1}, y_{n-1})\}, \quad D' = D \cup (x_n, y_n). \tag{15.8}$$

差分隐私技术使得用户无法从获取的输出数据中区分数据是来源于数据集 D，还是数据集 D'，从而达到保护数据隐私的目的。这种隐私保护更多是强调**数据层面**（称为 data level 或 example level）的保护。

在传统的梯度下降算法 SGD 中，定义了损失函数和优化器后，就可以利用反向传播进行求解，其过程如下所示。

```python
for i, data in enumerate(train_datasets):
    inputs, targets = data
    optimizer.zero_grad()
    outputs = model(inputs)           # 计算模型输出
    loss = criterion(outputs, labels)  # 计算损失函数
    loss.backward()                    # 反向传播求参数梯度
    optimizer.step()                   # 利用梯度下降更新模型参数
```

DPSGD 的迭代过程则如下所示。在每一轮迭代过程中，前面的代码块部分两者基本一致，主要不同点在于梯度裁剪和添加高斯噪声。DPSGD 修改损失函数的表示，然后按每一个样本的损失函数进行求导，对每一个样本的梯度进行裁剪（红色框部分），在聚合的过程中添加高斯噪声（绿色框部分），得到带有噪声的梯度 $\widetilde{g}_t$，最后利用梯度下降更新模型参数。

```python
for i, data in enumerate(train_datasets):
    inputs, labels = data
    optimizer.zero_grad()
    outputs = model(inputs)
    loss = criterion(outputs, labels)

    losses = torch.mean(loss.reshape(batch_size, -1), dim=1)
```

```
gradients = dict()
for tensor_name, tensor in model.named_parameters():
    gradients[tensor_name] = torch.zeros_like(tensor)

for j in losses:
    j.backward(retain_graph=True)
    # 梯度裁剪，C为边界值，使得模型参数的梯度在[-C,C]的范围内
    torch.nn.utils.clip_grad_norm_(model.parameters(), C)
    for tensor_name, tensor in model.named_parameters():
        gradients[tensor_name].add_(tensor.grad)
    model.zero_grad()

for tensor_name, tensor in model.named_parameters():
    if torch.cuda.is_available():
        noise = torch.cuda.FloatTensor(tensor.grad.shape).normal_(0, sigma)
    else:
        noise = torch.FloatTensor(tensor.grad.shape).normal_(0, sigma)
    gradients[tensor_name].add_(noise)
    tensor.grad = gradients[tensor_name] / num_microbatches
optimizer.step()
```

DPSGD 的算法流程如算法 6 所示。我们注意到，第 6 行的梯度裁剪和第 8 行的添加噪声是 DPSGD 的核心操作，也是 DPSGD 与 SGD 的区别所在。

算法 6　基于差分隐私的深度学习模型训练[29]

Input: 训练样本数据：$\{(x_1, y_1), (x_2, y_2), ..., (x_N, y_N)\}$；
　　　损失函数：$\mathcal{L}(\theta) = \frac{1}{N} \sum_{i=1}^{N} \mathcal{L}(\theta; x_i, y_i)$；
　　　学习率：η_t，梯度裁剪边界值：C；
　　　高斯噪声标准差：σ，每一轮的训练样本大小：B；

Output: 模型参数：θ_T

1　随机初始化模型参数 θ_0
2　for 对每一轮的迭代 $t = 1, 2, ..., T$，执行下面的参数更新
3　　从样本集中随机挑选大小为 B 的集合 B_t
4　　for 对每一个样本 $i \in B_t$
5　　　求取梯度值：$g_t(x_i, y_i) \leftarrow \nabla_{\theta_t}(\mathcal{L}(\theta; x_i, y_i))$
6　　　梯度裁剪：$\tilde{g}_t(x_i, y_i) \leftarrow g_t(x_i, y_i) / \max(1, \frac{\|g_t(x_i, y_i)\|_2}{C})$
7　　end
8　　将梯度聚合并添加高斯噪声：$\tilde{g}_t \leftarrow \frac{1}{B} \{\sum_i \tilde{g}_t(x_i, y_i) + N(0, \sigma^2 C^2 I)\}$
8　　更新模型参数：$\theta_t \leftarrow \theta_{t-1} - \eta_t \tilde{g}_t$
10　end

15.2.2 联邦差分隐私

与集中式差分隐私相比,在联邦学习场景下引入差分隐私技术,除了需要考虑数据层面的隐私安全,还需要考虑用户层面(称为 user level 或 client level)的安全问题。在第 2 章的定义 2-3 中,我们给出了中心化差分隐私数据的定义,该定义构建在相邻数据集的概念基础上。

定义 15-1 相邻数据集 设有两个数据集 D 和 D',若它们之间有且仅有一条数据不一样,那我们就称 D 和 D' 为相邻数据集。

同理,为了定义用户层面的隐私安全,我们引入了用户相邻数据集(user-adjacent datasets)的概念,其定义如下:

定义 15-2 用户相邻数据集 设每一个用户(即客户端)c_i 对应的本地数据集为 d_i,D 和 D' 是两个用户数据的集合,我们定义 D 和 D' 为用户相邻数据集,当且仅当 D 去除或者添加某一个客户端 c_i 的本地数据集 d_i 后变为 D'。

可以通过图解直观地理解相邻数据集与用户相邻数据集的概念的区别。首先来看相邻数据集。如图 15-4 所示是两个相邻数据集 D 和 D',数据集 D 和数据集 D' 仅相差一个元素 d_5。

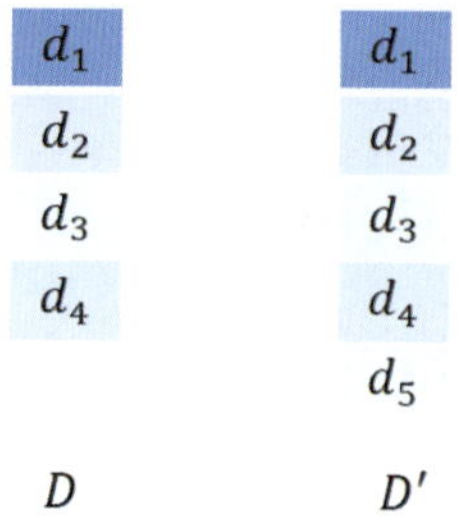

图 15-4 相邻数据集

接下来看用户相邻数据集。如图 15-5 所示,数据集 D 包括用户 c_1、c_2、c_3 的本地数据,而数据集 D' 包括用户 c_2、c_3 的本地数据,因此数据集 D 和数据集 D' 是用户相邻的(D' 可以通过添加用户 c_1 的本地数据集 d_1,得到 D)。

联邦差分隐私不但要求保证每一个客户端的本地数据隐私安全,也要求客户端之间的信息安全,即用户在服务端接收到客户端的本地模型,既不能推断出是由哪个客户端上传的,也不能推断出某个客户端是否参与了当前的训练。

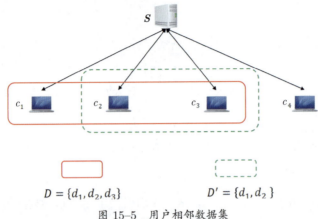

图 15-5　用户相邻数据集

参考文献 [199, 197] 介绍了一种 DP-FedAvg 的算法，它将联邦学习中经典的 FedAvg 算法[200] 和参考文献 [29] 提到的差分隐私训练相结合，并将其应用在语言模型的预测上，取得了不错的效果。DP-FedAvg 的客户端本地训练算法如算法 7 所示。

算法 7　联邦差分隐私算法：客户端[199]

　　Input: 客户端 ID：k；

　　　　　全局模型：θ_0；

　　　　　模型参数：学习率 η，本地迭代次数 E；

　　　　　每一轮的训练样本大小：B；

　　Output: 模型更新：$\Delta^k = \theta - \theta_0$

1　利用服务端下发的全局模型参数 θ_0，并更新本地模型 θ：$\theta \leftarrow \theta_0$

2　for 对每一轮的迭代 $i = 1, 2, ..., E$，执行下面的操作 do

3　　　将本地数据切分为 $|B|$ 份数据 $\mathcal{B}$

4　　　for 对每一个 batch $b \in \mathcal{B}$

5　　　　　执行梯度下降：$\theta \leftarrow \theta - \eta \nabla l(\theta; b)$

6　　　　　参数裁剪：$\theta \leftarrow \theta_0 + \text{clip}(\theta - \theta_0)$

7　　　end

8　end

与 FedAvg 的客户端本地训练相比，DP-FedAvg 需要在每一步本地迭代更新后，对参数进行裁剪（算法 7 第 6 行）。服务端侧算法如算法 8 所示。

我们来大致分析 DP-FedAvg 在服务器侧的基本流程，其主要工作包括如下几点：

- 随机挑选参与训练的客户端集合 $\mathcal{C}^t$。
- 对挑选的客户端 $k \in \mathcal{C}^t$，执行本地模型训练，参见算法 7。

算法 8 联邦差分隐私算法：服务端[199]

Input: 训练样本数据：$\{x_1, x_2, ..., x_N\}$；
　　　　损失函数：$L(\theta) = \frac{1}{N}\sum_{i=1}^{N} L(\theta; x_i)$；
　　　　学习率：η_t，梯度裁剪边界值：C；
　　　　噪声参数：σ，每一轮的训练样本大小：B；

1　随机初始化模型参数 θ_0
2　定义客户端权重：客户端 c_i 对应的权重为 $w_k = \min(\frac{n_k}{\hat{w}}, 1)$
3　设 $W = \sum_k w_k$
4　**for** 对每一轮的迭代 $t = 1, 2, ..., T$，执行下面的参数更新 **do**
5　　以概率 q 挑选参与训练的本轮训练的客户端集合 $\mathcal{C}^t$
6　　**for** 对每一个用户 $k \in \mathcal{C}^t$ **do**
7　　　执行本地训练：$\Delta_k^t = \text{ClientUpdate}(k, \theta_{t-1})$
7　　**end**
9　　聚合客户端参数：
$$\Delta^t = \begin{cases} \dfrac{\sum_{k \in \mathcal{C}^t} w_k \Delta_k^t}{qW}, & \text{for } \widetilde{f}_f \\ \dfrac{\sum_{k \in \mathcal{C}^t} w_k \Delta_k^t}{\max(qW_{\min}, \sum_{k \in \mathcal{C}^t} w_k)}, & \text{for } \widetilde{f}_c \end{cases}$$
10　 对 Δ^t 值进行裁剪：
$$\Delta^t \leftarrow \Delta^t / \max(1, \frac{\|\Delta^t\|}{C})$$
11　 求取高斯噪声的方差：
$$\sigma = \begin{cases} \dfrac{zS}{qW}, & \text{for } \widetilde{f}_f \\ \dfrac{2zS}{\max(qW_{\min})}, & \text{for } \widetilde{f}_c \end{cases}$$
12　 更新全局模型参数：$\theta_t \leftarrow \theta_{t-1} + \Delta^t + N(0, I\sigma^2)$
13　**end**

- 服务端接收每一个客户端 k 的模型参数 Δ_k^t，执行聚合操作，得到 Δ^t。
- 求取高斯噪声分布的方差 σ，利用高斯分布 $N(0, I\sigma^2)$ 生成噪声数据。
- 在全局模型聚合操作中添加噪声数据，得到新的全局模型参数 θ_t。
- 重复上面的步骤，直到模型收敛为止。

15.2.3　详细实现

本节我们给出 DP-FedAvg 的详细实现过程。我们将复用第 3 章的代码框架，在其基础上添加差分隐私策略。在 DP-FedAvg 的实现过程中，需要求取两个相同结构的模型权重差值的范数，在 15.1 节已经给出其实现，如下所示。

```
def model_norm(model_1, model_2):
    squared_sum = 0
    for name, layer in model_1.named_parameters():
        squared_sum += torch.sum(torch.pow(layer.data - model_2.state_dict()[name].data, 2))
    return math.sqrt(squared_sum)
```

- 配置信息：修改配置信息文件 conf.json。具体来说，需要添加两个字段：将 dp 设置为 True；C 值是裁剪边界值。

```
{
    ...
    "dp" : true,
    "C" : 1,
    "sigma" : 0.001,
    "q" : 0.1,
    "W" : 1
}
```

- 客户端侧：客户端侧的修改，主要是在本地训练过程中，在每一轮迭代完成后对参数进行裁剪，其主要实现过程如下所示。参数更新后，对参数的变化 $\theta - \theta_0$ 进行裁剪，裁剪系数为

$$\text{norm\_scale} = \frac{C}{||\theta - \theta_0||_2} \tag{15.9}$$

经过多轮本地训练迭代之后，将最终的模型参数变化值 Δ_k 上传到服务端。

```
if self.conf["dp"]:
    model_norm = models.model_norm(model, self.local_model)
    norm_scale = min(1, self.conf['C'] / (model_norm))
    for name, layer in self.local_model.named_parameters():
        clipped_difference = norm_scale * (layer.data - model.state_dict()[name])
        layer.data.copy_(model.state_dict()[name] + clipped_difference)
```

- 服务端侧：服务端侧的主要修改在于对全局模型参数进行聚合时添加噪声。噪声数据由高斯分布生成。我们知道，高斯分布的参数包括均值 μ 和标准差 σ，这里取 $\mu = 0$，$\sigma = \frac{zC}{qW}$。事实上，为了方便，可以直接在配置文件中设置 σ 的值。

```
def model_aggregate(self, weight_accumulator):
    for name, data in self.global_model.state_dict().items():
        update_per_layer = weight_accumulator[name] * self.conf["lambda"]
        if self.conf['dp']:
            sigma = self.conf['sigma']
            if torch.cuda.is_available():
```

```
            noise = torch.cuda.FloatTensor(update_per_layer.shape).normal_(0, sigma)
        else:
            noise = torch.FloatTensor(update_per_layer.shape).normal_(0, sigma)
        update_per_layer.add_(noise)
    if data.type() != update_per_layer.type():
        data.add_(update_per_layer.to(torch.int64))
    else:
        data.add_(update_per_layer)
```

15.3 模型压缩

模型压缩是深度学习领域常见的一种技巧，主要用于减少模型的参数和大小，提高模型的训练和推断速度。在联邦学习场景中，对模型进行压缩有下面两个好处。

- 减少模型参数传输量。我们知道，联邦学习的模型训练需要在客户端和服务端之间进行大量的参数传输，因此在模型训练过程中对网络的稳定性要求比较高。为了减少对网络稳定性的依赖，一种可行的方案是减少数据的传输量，而模型的压缩正是减少参数传输的有效方案[157]。
- 提升安全性。模型的压缩导致模型传输的不是原始的参数数据，因此，与差分隐私一样，即使恶意攻击者窃取了中间的模型参数，也很难将其还原。

15.3.1 参数稀疏化

稀疏化是模型压缩领域常用的一种技巧。本节我们将介绍如何通过稀疏化技术降低模型被攻击的风险。

尽管稀疏化的思想与差分隐私的噪声机制比较类似，但稀疏化的处理更加直接。假设当前的模型结构为 $G = \{g_1, g_2, \cdots, g_L\}$，这里的 g_i 表示第 i 层。在第 t 轮，客户端 c_i 的本地迭代训练中，模型将从 G^t 变为 L_i^{t+1}。按照 FedAvg 的算法思想，客户端 c_i 将向服务端上传模型参数 $(L_i^{t+1} - G^t)$。

稀疏化思想是在每一个客户端中保存一份掩码矩阵 $R = \{r_1, r_2, \cdots, r_L\}$。$r_i$ 是与 g_i 形状大小相同的参数矩阵，且只由 0 和 1 构成。客户端将模型参数 $L_i^{t+1} - G^t$ 与 R 相结合，上传 $(L_i^{t+1} - G^t) \odot R$。

我们先在配置文件中添加字段"prop"，它是用来控制掩码矩阵中 1 的数量的。具体来说，"prop"越大，掩码矩阵中 1 的值越多，矩阵越稠密；相反，"prop"越小，掩码矩阵中 1 的值越少，矩阵越稀疏。

```
{
    ...
    "prop" : 0.6
}
```

算法的主要改动在客户端。我们先在客户端的类构造函数中添加生成掩码矩阵 mask 的代码（如下所示），掩码矩阵是使用伯努利分布函数（bernoulli distribution）随机生成的。

```python
self.mask = {}
for name, param in self.local_model.state_dict().items():
    p=torch.ones_like(param)*self.conf["prop"]
    if torch.is_floating_point(param):
        self.mask[name] = torch.bernoulli(p)
    else:
        self.mask[name] = torch.bernoulli(p).long()
```

在本地训练中，在最后一步上传模型参数时，将模型参数与掩码矩阵相乘，掩码中 0 对应的参数值相当于被隐藏了。

```python
def local_train(self, model):
    for name, param in model.state_dict().items():
        self.local_model.state_dict()[name].copy_(param.clone())
    # 设置优化器
    optimizer = torch.optim.SGD(self.local_model.parameters(), lr=self.conf['lr'],
                                momentum=self.conf['momentum'])
    # 进行普通的联邦本地训练
    self.local_model.train()
    for e in range(self.conf["local_epochs"]):
        for batch_id, batch in enumerate(self.train_loader):
            data, target = batch
            if torch.cuda.is_available():
                data = data.cuda()
                target = target.cuda()
            optimizer.zero_grad()
            output = self.local_model(data)
            loss = torch.nn.functional.cross_entropy(output, target)
            loss.backward()
            optimizer.step()
        print("Epoch %d done." % e)
    # 将模型参数与掩码矩阵相乘，以隐藏部分参数值，达到防御目的
    diff = dict()
    for name, data in self.local_model.state_dict().items():
        diff[name] = (data - model.state_dict()[name])
        diff[name] = diff[name]*self.mask[name]
    return diff
```

我们来看经过参数稀疏化之后模型的性能表现。如图 15-6 所示，随着掩码矩阵中 0 的数量越来越多，稀疏化处理后的模型性能在开始迭代时会有所下降，但随着迭代的进行，模型的性能会逐步恢复到正常状态。

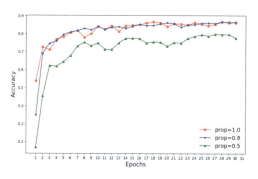 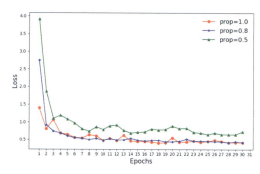

图 15-6　稀疏化处理后的模型性能

15.3.2　按层敏感度传输

在联邦学习场景下训练模型与集中式训练一样，模型参数存在显著的冗余。文献 [83] 指出，在大部分深度神经网络中，仅使用很少的（比如 5%）权值，就足以达到和原来网络相近甚至超过原来网络的性能，剩下的权值甚至不用被学习。这与 Dropout[262] 的思想有异曲同工之妙。

这种网络权重重要性的思想已经被大量应用于模型压缩上[210, 120, 164]。重要性传输对于减少传输开销起到了非常重要的作用。同时，由于只传输了部分参数数据，即使攻击者获取了这部分数据，也会因为没有全局信息而很难利用模型反演攻击反推原始数据，从而有效提升了系统的安全性。本节我们来讲解在联邦学习上实现基于敏感度剪枝的防御技术。

定义 15-3　层敏感度　设当前的模型表示为 $G = \{g_1, g_2, \cdots, g_L\}$，这里的 g_i 表示第 i 层。在第 t 轮，客户端 c_j 进行联邦学习本地训练时，模型将从 $G^t = G$ 变为 $L_j^{t+1} = \{g_{1,j}^{t+1}, g_{2,j}^{t+1}, \cdots, g_{L,j}^{t+1}\}$。我们将第 i 层的变化记为

$$\delta_{i,j}^t = |\mathrm{mean}(g_{i,j}^t) - \mathrm{mean}(z_{i,j}^{t+1})|, \tag{15.10}$$

每一层的参数均值变化量 δ，我们称为敏感度。

基于按层敏感度剪枝的实现过程：对任意被挑选的客户端 c_j，在模型本地训练结束后，按照式 (15.10) 计算模型的每一层均值变化量 $\Delta_{i,j}^t = \{\delta_{1,j}^t, \delta_{2,j}^t, \cdots, \delta_{L,j}^t\}$，将每一层

的变化量从大到小进行排序，变化越大，说明该层越敏感。算法将取敏感度高的层上传。而敏感度低，即变化不大的层，将不被上传。

下面我们继续复用第 3 章的代码框架，利用 ResNet-50 模型对 cifar10 图像进行分类任务。首先在配置文件中添加一个字段 "rate"：

```
{
    ... ,
    "rate" : 0.95
}
```

该字段的作用是控制传输比例。我们按式 (15.10) 分别求出每一层训练前后的变化值，并对其排序后，只需要在客户端 client.py 的本地训练 local_train 中做少量修改即可。

```python
def local_train(self, model):
    for name, param in model.state_dict().items():
        self.local_model.state_dict()[name].copy_(param.clone())
    # 设置优化器
    optimizer = torch.optim.SGD(self.local_model.parameters(), lr=self.conf['lr'],
                                momentum=self.conf['momentum'])

    self.local_model.train()
    for e in range(self.conf["local_epochs"]):
        for batch_id, batch in enumerate(self.train_loader):
            data, target = batch
            if torch.cuda.is_available():
                data = data.cuda()
                target = target.cuda()
            optimizer.zero_grad()
            output = self.local_model(data)
            loss = torch.nn.functional.cross_entropy(output, target)
            loss.backward()
            optimizer.step()
        print("Epoch %d done." % e)
    # 按变化率从大到小进行排序
    diff = dict()
    for name, data in self.local_model.state_dict().items():
        diff[name] = (data-model.state_dict()[name])
    diff = sorted(diff.items(), key=lambda item:abs(torch.mean(item[1].float())), reverse=True)
    # 返回变化率最大的层
    ret_size = int(self.conf["rate"]*len(diff))
    return dict(diff[:ret_size])
```

我们也观察到，按层的变化排序之后，参数量比较多的层变化一般都比较小，变化最小的后 10% 的层的参数量占整体参数量的 75%，如图 15-7 所示。

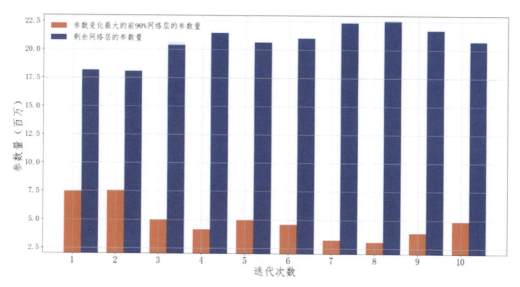

图 15-7 利用联邦学习训练深度模型，只需要传输少量参数，就能达到比较好的训练效果

修改客户端之后，我们需要对服务端的聚合函数进行修改。由于客户端是按层上传的，因此在聚合时也需要按层聚合：

```
def model_aggregate(self, weight_accumulator, cnt):
    for name, data in self.global_model.state_dict().items():
        if name in weight_accumulator and cnt[name] > 0:
            # 通过名字按层进行聚合
            update_per_layer = weight_accumulator[name] * (1.0 / cnt[name])
            if data.type() != update_per_layer.type():
                data.add_(update_per_layer.to(torch.int64))
            else:
                data.add_(update_per_layer)
```

在联邦学习中，基于按层敏感度压缩技术，利用 ResNet-50 对 cifar10 图像分类的结果如图 15-8 所示。

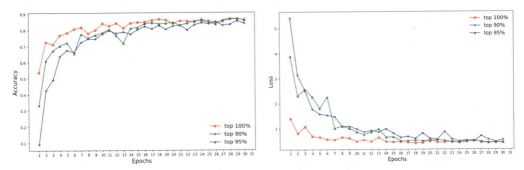

图 15-8 红色线表示没有压缩的传输；绿色线是按变化大小排序后，传输前 95% 的层的曲线，前 95% 的层其参数量占整体参数量的 50% ~ 60%；蓝色线是按变化大小排序后，传输前 90% 的层的曲线，前 90% 的层其参数量占全体参数量的 20% ~ 30%

15.4 同态加密

本书 2.1.2 节已经对同态加密技术做了简要的介绍。本节将介绍如何使用 Paillier 半同态加密算法来保护横向联邦训练过程中的数据隐私问题。读者通过本节能够了解，在 FATE 内部是如何通过同态加密机制，在保护数据安全隐私的前提下，实现模型更新训练的。

15.4.1 Paillier 半同态加密算法

Paillier 半同态加密算法是由 Pascal Paillier 在 1999 年提出的[223]，是非对称加密算法的一种实现，能够在加密的情况下对加密数据进行操作，然后对加密结果进行解密，得到的结果与直接在明文数据下操作的结果相同。

为了后面讨论方便，我们使用 x 表示明文，使用 $[[x]]$ 表示其对应的密文。Paillier 支持下面两种加密状态下的运算：

- 加法同态：满足 $[[u+v]] = [[u]] + [[v]]$
- 标量乘法同态：对于任意常数 k，满足 $[[ku]] = k * [[u]]$

然而，Paillier 并不满足乘法同态运算。虽然 Paillier 算法不是全同态加密的，但是与 FHE 相比，其计算效率大大提升，因此在工业界被广泛应用。

15.4.2 加密损失函数计算

在求解机器学习模型的过程中，通常会先定义一个损失函数 $L(\theta; X)$，然后使用诸如随机梯度下降等最优化算法策略最小化 $L(\theta; X)$ 值，使 $L(\theta; X)$ 值最小的 θ^* 就是参数最

优解。我们以逻辑回归（下面简称 LR）为例，设当前有 n 个样本数据集合为

$$T = (x_1, y_1), (x_2, y_2), \cdots, (x_n, y_n), \tag{15.11}$$

其中 $x_i \in \mathrm{R}^d$，$y_i \in \{-1, 1\}$，LR 使用对数损失作为其目标损失函数：

$$L = \frac{1}{n} \sum_{i=1}^{n} \log(1 + \mathrm{e}^{-y_i \theta^{\mathrm{T}} x_i}), \tag{15.12}$$

对式 (15.12) 求导，求得损失函数值 L 关于模型参数 θ 的梯度 $\frac{\partial L}{\partial \theta}$，满足：

$$\frac{\partial L}{\partial \theta} = \frac{1}{n} \sum_{i=1}^{n} \{(\frac{1}{1 + \mathrm{e}^{-y_i \theta^{\mathrm{T}} x_i}} - 1) y_i x_i\}, \tag{15.13}$$

将利用式 (15.13) 求取的梯度值代入梯度下降，更新模型参数 θ：

$$\theta = \theta - lr * \frac{\partial L}{\partial \theta}. \tag{15.14}$$

循环上面的计算过程，直到损失函数值 L 不再下降，或者达到迭代的最大次数则停止迭代。然而，上面的计算过程，包括参数 θ 和数据 (x, y) 都是在明文状态下计算的，在联邦学习场景中这种做法存在数据泄密的风险。基于 HE 的联邦学习，则要求在加密状态下进行参数求解，也就是说，通常传输的参数 θ 是一个加密后的值 $[[\theta]]$。损失函数式 (15.12) 可以改写为

$$L = \frac{1}{n} \sum_{i=1}^{n} \log(1 + \mathrm{e}^{-y_i [[\theta]]^{\mathrm{T}} x_i}) \tag{15.15}$$

尽管式 (15.15) 涉及对加密数据的指数运算和对数运算，但前面我们已经讲解过，Paillier 加密算法只支持加法同态和标量乘法同态，不支持乘法同态，更不支持复杂的指数和对数运算，因此，无法在加密的状态下求解式 (15.15)。

参考文献 [123] 提出了一种 Taylor 损失来近似原始对数损失的方法，即对原始的对数损失函数进行泰勒展开，通过多项式来近似对数损失函数。经过泰勒展开，损失函数转化为只有标量乘法和加法的运算，从而直接应用 Paillier 进行加密求解。对于函数 $f(x)$，其在 $x = 0$ 处的泰勒多项式展开可以表示为

$$f(x) = \sum_{i=0}^{\infty} \frac{f'(0)}{i!} x^i. \tag{15.16}$$

我们先来看对数损失函数 $f(z) = \log(1 + \mathrm{e}^{-z})$ 在 $z = 0$ 处的泰勒展开表达式：

$$\log(1 + \mathrm{e}^{-z}) \approx \log 2 - \frac{1}{2} z + \frac{1}{8} z^2 + O(z^2), \tag{15.17}$$

取其中的二阶多项式来近似对数损失函数，并将 $z = y[[\theta]]^\top x$ 代入上式，得到：

$$\log(1 + e^{-y\theta^\top x}) \approx \log 2 - \frac{1}{2} y\theta^\top x + \frac{1}{8}(\theta^\top x)^2, \tag{15.18}$$

其中的最后一项，由于 $y^2 = 1$，因此直接去掉 y，将式 (15.18) 代入式 (15.12)，得：

$$L = \frac{1}{n} \sum_{i=1}^{n} \{\log 2 - \frac{1}{2} y_i \theta^\top x_i + \frac{1}{8}(\theta^\top x_i)^2\}, \tag{15.19}$$

对式 (15.19) 求导，得到损失值 L 关于参数 θ 的梯度值：

$$\frac{\partial L}{\partial \theta} = \frac{1}{n} \sum_{i=1}^{n} (\frac{1}{4} \theta^\top x_i - \frac{1}{2} y_i) x_i, \tag{15.20}$$

式 (15.20) 对应的加密梯度为

$$[[\frac{\partial L}{\partial \theta}]] = \frac{1}{n} \sum_{i=1}^{n} (\frac{1}{4}[[\theta^\top]] x_i + \frac{1}{2}[[-1]] y_i) x_i. \tag{15.21}$$

与式 (15.15) 相比，式 (15.21) 仅涉及加法和数乘运算，因此 Paillier 算法适用于经过多项式近似之后的损失函数求解。

15.4.3 详细实现

下面我们使用同态加密的方案来实现横向联邦。复用第 3 章的横向联邦架构代码，数据集使用第 5 章介绍的乳腺癌数据集，模型采用逻辑回归模型。基于 Pailliar 同态加密算法的横向联邦实现，主要有下面的改动。

定义模型类： 前面提到，本节将 LR 作为联邦训练模型，但由于涉及数据加密和解密等操作，因此，我们首先自定义一个模型类 LR_Model（参见 models.py 文件）。

```
class LR_Model(object):
    def __init__ (self, public_key, w_size=None, w=None, encrypted=False):
        """
        w_size: 权重参数数量
        w: 是否直接传递已有权重，w和w_size只需要传递一个即可
        encrypted: 是明文还是加密的形式
        """
        self.public_key = public_key
        if w is not None:
            self.weights = w
        else:
```

```
                    limit = -1.0/w_size
                    self.weights = np.random.uniform(-0.5, 0.5, (w_size,))

            if encrypted==False:
                self.encrypt_weights = encrypt_vector(public_key, self.weights)
            else:
                self.encrypt_weights = self.weights

        def set_encrypt_weights(self, w):
            for id, e in enumerate(w):
                self.encrypt_weights[id] = e

        def set_raw_weights(self, w):
            for id, e in enumerate(w):
                self.weights[id] = e
```

在类中，我们定义了权重向量 weights 和加密的权重向量 encrypt_weights，还定义了两个类函数，分别用于更新加密权重向量的 set_encrypt_weights，以及更新明文权重向量的 set_raw_weights。

本地模型训练： 在本地的模型训练中，模型参数是在加密的状态下进行的。我们首先给出本地模型训练的算法模块：

```
def local_train(self, weights):
    original_w = weights
    self.local_model.set_encrypt_weights(weights)
    neg_one = self.public_key.encrypt(-1)
    for e in range(self.conf["local_epochs"]):
        idx = np.arange(self.data_x.shape[0])
        batch_idx = np.random.choice(idx, self.conf['batch_size'], replace=False)
        x = self.data_x[batch_idx]
        x = np.concatenate((x, np.ones((x.shape[0], 1))), axis=1)
        y = self.data_y[batch_idx].reshape((1, 1))

        batch_encrypted_grad = x.transpose() * (0.25 *
            x.dot(self.local_model.encrypt_weights) + 0.5 * y.transpose() * neg_one)
        encrypted_grad = batch_encrypted_grad.sum(axis=1) / y.shape[0]

        for j in range(len(self.local_model.encrypt_weights)):
            self.local_model.encrypt_weights[j] = self.conf["lr"] * encrypted_grad[j]

    weight_accumulators = []
    for j in range(len(self.local_model.encrypt_weights)):
        weight_accumulators.append(self.local_model.encrypt_weights[j] original_w[j])

    return weight_accumulators
```

算法开始时，先复制服务端下发的全局模型权重，并将本地模型的权重更新为全局模型权重：

```
original_w = weights
self.local_model.set_encrypt_weights(weights)
```

在本地训练的每一轮迭代中，都随机挑选 batch_size 大小的训练数据进行训练：

```
idx = np.arange(self.data_x.shape[0])
batch_idx = np.random.choice(idx, self.conf['batch_size'], replace=False)
x = self.data_x[batch_idx]
x = np.concatenate((x, np.ones((x.shape[0], 1))), axis=1)
y = self.data_y[batch_idx].reshape((-1, 1))
```

接下来，在加密状态下求取加密梯度。利用式 (15.21) 的梯度公式来求解，并利用梯度下降来更新模型参数：

```
batch_encrypted_grad = x.transpose() * (0.25 *
        x.dot(self.local_model.encrypt_weights) + 0.5 * y.transpose() * neg_one)
encrypted_grad = batch_encrypted_grad.sum(axis=1) / y.shape[0]
for j in range(len(self.local_model.encrypt_weights)):
    self.local_model.encrypt_weights[j] -= self.conf["lr"] * encrypted_grad[j]
```

这里尤其需要注意的是，在使用 Paillier 算法进行加密和解密运算时，会涉及大量的大素数幂运算，因此中间结果很可能发生越界，通常会出现下面的错误：

```
Traceback (most recent call last):
  File "main.py", line 86, in <module>
    diff = c.local_train(server.global_model.encrypt_weights)
  File "I:\federated_learning_in_action\chapter13_Attack-Defense\Homomorphic_Encryption\client.py", line 55, in local_train
    batch_encrypted_grad = x.transpose() * (0.25 * x.dot(self.local_model.encrypt_weights) + 0.5 * y.transpose() * neg_one)
  File "I:\federated_learning_in_action\chapter13_Attack-Defense\Homomorphic_Encryption\paillier.py", line 483, in __add__
    return self._add_encrypted(other)
  File "I:\federated_learning_in_action\chapter13_Attack-Defense\Homomorphic_Encryption\paillier.py", line 690, in _add_encrypted
    b = b.decrease_exponent_to(a.exponent)
  File "I:\federated_learning_in_action\chapter13_Attack-Defense\Homomorphic_Encryption\paillier.py", line 589, in decrease_exponent_to
    multiplied = self * pow(EncodedNumber.BASE, self.exponent - new_exp)
  File "I:\federated_learning_in_action\chapter13_Attack-Defense\Homomorphic_Encryption\paillier.py", line 503, in __mul__
    encoding = EncodedNumber.encode(self.public_key, other)
  File "I:\federated_learning_in_action\chapter13_Attack-Defense\Homomorphic_Encryption\encoding.py", line 193, in encode
    % (public_key.max_int, int_rep))
ValueError: Integer needs to be within +/- 4703060585336832154816117064786989685201049401435014055645083162485556819094593382462098113120231804183793291285984220315602423723037863043265587435560769187999392193596440334652056009643735361929537359634649278363994306416601399203548686910507711643538729857632535742373139669411007144926851695182919953513475 but got 89403456790138199604722663845989818254659812929569479250570632687774863780333981874477476419923599193611949076434633331582721525679739321972908612775692121132181114419045264006726864121646833708520871748762950132769522374065666416303156609093412569826517182953499810847375254246407221159402812975091881866493248156866992126041402465694266522743704115482557772626648955221254191950005685781209
```

一种有效的解决方法是，当加密迭代到达一定的轮数之后，重新加密加密数据：

```
if e > 0 and e%2 == 0:
    self.local_model.encrypt_weights =
        Server.re_encrypt(self.local_model.encrypt_weights)
```

生成公钥和私钥： 利用 Paillier 算法生成公钥和私钥，公钥主要用于对数据进行加密，而私钥用于对数据进行解密。公钥可以分发到各个参与方中，而私钥一般只能保留在可信的服务端，且不能将私钥泄露给客户端。

```
public_key, private_key = paillier.generate_paillier_keypair(n_length=1024)
```

对数据重新加密的过程同样在服务端进行。先利用 Paillier 生成的私钥解密，再利用公钥重新加密：

```
@staticmethod
def re_encrypt(w):
    return models.encrypt_vector(Server.public_key,
            models.decrypt_vector(Server.private_key, w))
```

本节完整的代码参见配套文件（见 GitHub）。图 15-9 展示了基于 Paillier 同态加密算法实现的横向联邦模型的性能。可以看到，虽然在求解梯度的时候使用的是近似的多项式泰勒损失函数，但是二阶近似的结果对模型性能的影响比较小，算法在经过 20 轮迭代后，达到了很好的性能。

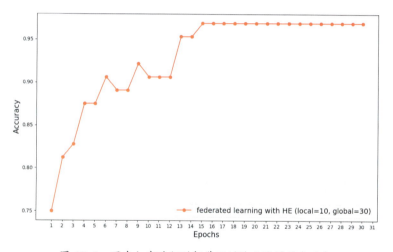

图 15-9 同态加密进行联邦学习训练后的模型准确率

第四部分
联邦学习进阶

CHAPTER 16
联邦学习系统的通信机制

联邦学习本质上可以看成一种基于数据隐私保护实现的分布式机器学习技术（Distributed Machine Learning，DML），并且，由于联邦学习的每一个参与方设备通常分布在不同的地理位置，因此联邦学习又可以看成一种地理分布式的机器学习（Geo-Distributed Machine Learning，GDML）。

在传统的分布式机器学习训练中，它的每一个节点通常位于同一个数据中心或者集群中，因此每一个节点面临的网络环境基本上是一致（同构）的。但联邦学习的每一个参与方来自不同的设备端，每一个设备的网络环境条件也各不相同，例如它们相互之间具有不同的网络带宽（可以是有线网络，也可以是无线网络）；即使同样是手机端设备，也可以有 3G、4G、5G 等不同的网络频率。网络的异构性导致联邦学习的通信问题比传统分布式机器学习系统的要复杂得多。本章将介绍联邦学习系统里常用的通信机制。

16.1 联邦学习系统架构

在介绍联邦学习系统的通信机制之前,我们先介绍设计一个联邦学习系统架构时常采用的设计模式。在第 1 章中我们曾提及,依据实际应用场景的不同,联邦学习的系统里可能有,也可能没有协调方(即中心服务器或者参数服务器),从而产生了不同的联邦学习架构,常见的包括带中心服务器的客户–服务器(Client-Server,C-S)架构、去中心化的对等网络(Peer-to-Peer,P2P)架构及环状网络(Ring)架构。

16.1.1 客户–服务器架构

图 16-1 展示了一种带有中心服务器的客户–服务器参考架构(C-S 架构)。在这个架构中,协调方就是一个聚合服务器(Aggregation Server,AS),也称为参数服务器(Parameter Server,PS)。

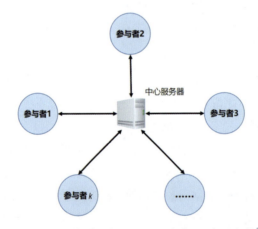

图 16-1　横向联邦学习架构示例:客户–服务器架构[285]

使用 C-S 架构构建的横向联邦学习系统,中心服务器负责将初始模型发送给各参与者(即数据拥有者,也称为客户端)$\{1, 2, \cdots, K\}$,其中,K 表示参与方的数量,通常 K 的值大于或等于 2。数据拥有者 $\{1, 2, \cdots, K\}$ 分别使用各自的本地数据集来更新初始模型,并将更新后的模型权重参数(或者梯度)发送给聚合服务器。之后,聚合服务器将从数据拥有者处接收到的模型参数,使用模型聚合的方法 [例如联邦平均(FedAvg)算法[200]] 得到全新的全局模型,服务器将结合后的全局模型重新发送给各参与方,进行下一轮的联邦训练。这一过程重复进行,直至模型收敛或达到最大迭代次数或达到最长训练时间为止。

在使用 C-S 架构构建的纵向联邦学习系统中,中心服务器扮演了一个可信第三方的角色，主要负责对训练过程中产生的中间数据进行加密、解密等工作，并将其结果分发到相应的客户端设备。

在 C-S 架构的设计场景中，联邦学习可以很方便地与其他密码学安全方案结合，例如同态加密[284]、差分隐私等，以进一步保障数据安全。因此，C-S 的架构设计模式也是当前设计联邦学习框架时经常采用的一种方案，具体来说，它具有下面的优点。

- 架构设计简单，通过中心节点管理联邦学习客户端设备。
- 对客户端的容错性较好，当少量客户端节点发生故障时，不会影响联邦学习的计算过程。

C-S 的中心化架构设计特点也带来了不少的问题，其中主要的问题包括下面两个。

- 该架构需要依赖可信的第三方中心服务端进行模型的聚合、参数的加密和解密等敏感性操作。在现实场景中，要找到一个让各参与方都可信的第三方服务端是比较困难的。
- 系统虽然对客户端的容错性较好，但如果中心服务器发生故障，将导致整个联邦学习系统无法正常运行。

正是由于 C-S 的架构设计存在的问题，在联邦学习场景下的去中心化架构设计也成为当前联邦学习系统设计领域研究的一个热点。

16.1.2 对等网络架构

联邦学习系统架构也可以被设计为对等网络（P2P）方式，即不需要协调方。这是一种去中心化的架构设计模式，如图 16-2 所示。

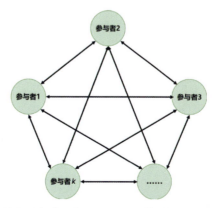

图 16-2 横向联邦学习架构示例：对等网络（P2P）架构[285]

这种对等网络架构设计与客户-服务器设计相比，能够更好地确保联邦学习系统的安全性。因为各方的数据传输不需要借助第三方进行，任意两个节点可以相互交互，为了实现数据的安全传输和数据的隐私保护，通常会结合安全多方计算（例如秘密共享、差分隐私等）来实现。这样，任意一个参与者即使获得了其他参与者发送过来的数据，也无法知道该参与者的原始真实数据。

显然，对等网络架构设计由于不需要可信的第三方进行中转交互，安全性相对较高。但由于采用了安全多方协议的隐私保护机制，往往需要更多的计算及传输更多的中间临时结果，从而增加额外的通信开销和性能消耗，并且这种设计在实现上也更加复杂（与 C-S 架构模式相比）。

16.1.3 环状架构

联邦学习系统架构也可以被设计为环状（Ring）结构，这同样是一种不需要协调方的去中心化设计，如图 16-3 所示。

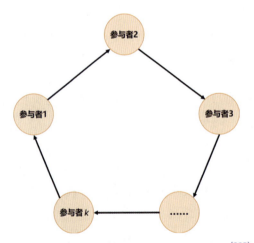

图 16-3 横向联邦学习架构示例：环状架构[285]

与对等网络结构类似，相比于 C-S 架构，环状架构设计同样能够确保联邦学习系统的安全性，因为参与方无须借助第三方协调者就可以直接通信，不会向第三方泄露任何信息。

这种环状结构的优点是，与 P2P 网络架构一样，能有效提高联邦学习系统的安全性，且每个设备只需要与其中两个设备进行通信，其中一个设备端作为输入，另一个设备端作为输出，因此，在系统设计上比 P2P 架构要简单，出现网络拥堵的概率较低。当前有一些专门针对环状结构的通信方式，例如 Ring AllReduce[41]，可以进一步提升其通信效率。

但与 P2P 架构相比，这种结构的每个参与方只能与某一个参与方进行通信，以一种环状的方式完成数据在各参与方之间的传输流动，这就限制了其使用场景。当前在联邦学习中使用环状架构的系统设计还比较少。一种适合于环状设计的场景是我们将第 18.1.1 节介绍的 Split Learning 中的前两种设计模式，每个参与者仅需要上一个参与者的结果数据作为输入，在本地计算完毕后，将其计算结果数据传输给下一个参与者作为输入。

16.2 网络通信协议简介

在分布式系统中，一个计算节点对应网络中的一台机器上的一个进程。计算节点是一个完整的、不可分的实体。所以，分布式系统里节点之间的通信就是进程之间的通信（Inter-Process Communication，IPC）。这里先简要介绍网络中进程之间通信的原理。限于本书的篇幅和写作目的，我们不在本书中对网络通信进行深入的讨论，读者可以查阅相关的书籍文献[263, 345]。

分布式的本质是多进程之间的协作，以便共同完成计算任务。要实现相互间的协作，自然需要进程间通信。联邦学习系统是一种地理分布式系统，通信机制是地理分布式系统中至关重要的组成部分。地理分布式系统中不同节点间的通信是基于网络协议的，例如基于广域网（Wide Area Network，WAN）和互联网（Internet）。如图 16-4 所示，常见的计算机通信网络的体系结构有两种：由开放系统互联（Open Systems Interconnection，OSI）标准定义的七层网络通信协议体系结构；由传输控制协议/互联网协议（Transmission Control Protocol/Internet Protocol，TCP/IP）簇定义的四层通信网络体系结构。

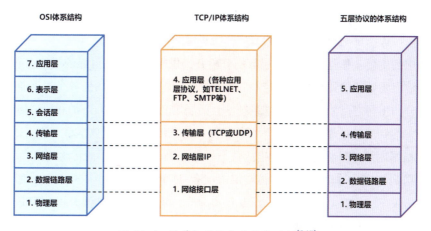

图 16-4　计算机网络体系结构示例[345]

虽然 OSI 模型概念清楚，理论完整，但它既复杂又不实用。因此，很少有实际系统实现了 OSI 体系结构。相反，TCP/IP 结构简单，得到了广泛的实际应用，例如广泛用于互联网。不过从实质上讲，TCP/IP 体系结构只有其最上面的三层，因为其最下面的网络接口层没有具体内容。TCP/IP 模型将软件通信过程抽象为四层，采取协议堆叠的方式，分别构建不同的通信协议。协议套组下的各种协议依其功能不同被分别划分到这四层之中，通常被视为简化的七层 OSI 模型。在实际工程应用中，我们通常采用折中的方法。例如，综合 OSI 和 TCP/IP 的优点，采用一种五层协议的通信网络体系结构（如图 16-4 中最右边的图所示）。

通常我们所说的 TCP/IP 协议是指 TCP/IP 协议族，即 TCP/IP 四层的所有协议集合。TCP/IP 协议族的特点是上下两头大而中间小：应用层和网络接口层都有多种协议，而中间的 IP 层协议很少，上层的各种协议都向下汇聚到一个 IP 协议中。TCP/IP 协议可以为各种各样的应用提供服务，同时允许 IP 协议在由各种各样的网络构成的互联网上运行。

使用 TCP/IP 协议进行网络编程，首先要解决的问题是如何唯一标识一个进程。在一台计算机上，我们可以通过进程 ID（Process ID，PID）唯一标识一个进程，但是在网络中这是行不通的。其实，TCP/IP 协议族已经帮我们解决了这个问题。在广域网环境下，网络层的 IP 地址（IP Address）可以唯一标识网络中的一台主机，而传输层的"协议类型 + 端口号"可以唯一标识主机中的一个应用程序（即一个进程）。这样，利用三元组（IP 地址，传输协议类型，端口号）就可以唯一标识网络中的每个进程了，网络中的进程通信就可以利用这个标志与其他进程进行交互了。

TCP/IP 体系结构的另一个重点是传输层。传输层接口的标准化十分重要，它为程序员提供了一个简单的但可以使用传输层提供的全部（消息传递）协议的原语集合。同时，标准化的接口还使得不同机器之间的应用程序移植变得容易。

传输层的主要工作是负责将上层数据分段并提供端到端的、可靠的或不可靠的传输。此外，传输层要处理端到端的差错控制和流量控制问题。传输层的任务是根据通信子网的特性，充分利用网络资源，在两个端系统的会话层之间提供建立、维护和取消传输连接的功能，负责端到端的可靠数据传输。在传输层，信息传送的协议数据单元称为段或报文。网络层只根据网络地址将源节点发出的数据包传送到目的节点，而传输层则负责将数据可靠地传送到相应的端口。常见的传输层协议有 TCP（Transmission Control Protocol，传输控制协议）、UDP（User Datagram Protocol，用户数据报协议）和 SCTP（Stream Control Transmission Protocol，流控制传输协议）。SCTP 一般用于多媒体数据传输。联邦学习通信系统里通常采用 TCP 作为传输层协议。

16.3 基于 socket 的通信机制

16.3.1 socket 介绍

套接字（socket）是指伯克利套接字（Berkeley socket），也称为 BSD（Berkeley Software Distribution）套接字（BSD socket）。它是一种应用程序接口（Application Programming Interface，API），主要用于实现进程间通信和计算机网络通信。socket 起源于 UNIX，可以看成一种特殊的文件。一些 socket 函数就是对其进行的操作（例如读、写、I/O、打开、关闭），我们在后面会对这些函数进行简要介绍。

socket 是应用层 TCP/IP 协议族通信的中间软件抽象层，如图 16–5 所示。它是一组通信接口。在设计模式中，socket 其实就是一个封装模式，它把复杂的 TCP/IP 协议族隐藏在 socket 接口后面。对用户来说，一组简单的接口就是全部让 socket 去组织数据，以符合指定的通信协议。但 socket 本质上并不是一个协议，它工作在 OSI 模型的会话层（第 5 层），是为了方便直接使用低层协议（一般是 TCP 或者 UDP）而存在的一个抽象层。最早的一套 socket API 是 Berkeley sockets，采用 C 语言实现。它也成为网络套接字的事实标准，大多数其他的编程语言使用与这套用 C 语言写成的应用程序接口类似的接口。

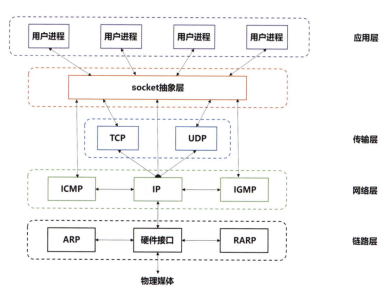

图 16–5　socket 在 TCP/IP 四层网络体系结构里的位置[345]

从概念上说，socket 是一种通信端点，对应于一个 IP 地址和一个端口号。如果应用程序要通过底层网络发送某些数据，可以把这些数据写入套接字，然后从套接字中读出数据。对应于每一种特定的传输协议，本地操作系统都要使用一个实际的通用端点，而套接字形成了位于实际通信端点之上的一个抽象层。

socket 是通信的基石，是支持 TCP/IP 协议的网络通信的基本操作单元。它是网络通信过程中端点的抽象表示，包含进行网络通信所必需的五种信息：连接使用的协议、本地主机的 IP 地址、本地进程的协议端口、远地主机的 IP 地址、远地进程的协议端口。下面我们将分别介绍 Python 中的几种实现 socket 编程的高级库。

16.3.2 基于 Python 内置 socket 库的实现

Python 内置了 BSD socket 的网络编程接口，实现了基本的 socket 网络通信功能，支持包括 UDP、TCP 等传输层协议，Python 的套接字包括服务端套接字和客户端套接字。一个简单的基于 TCP 协议的服务器端程序如下所示：

```python
import socket
def server(host, port):
    with socket.socket(socket.AF_INET, socket.SOCK_STREAM) as sock:
        sock.bind((host, port))
        sock.listen(1)
        conn, addr = sock.accept()
        with conn:
            print("connected by ", addr)
            while True:
                data = conn.recv(1024)
                if not data:
                    break
                conn.sendall(data)
```

- 首先调用 socket 接口创建一个空的套接字。socket() 函数一般有两个参数，第一个参数固定为 AF_INET，第二个参数表示要创建的套接字的类型。SOCK_DGRAM 表示创建的是 UDP 套接字；SOCK_STREAM 表示创建的是 TCP 套接字。
- 调用 bind 函数来绑定网络地址，然后开始监听。
- 设置一个 while 循环来接收与其相连的客户端发送的消息，通过 sendall 和 recv 函数分别进行发送和接收数据操作。

与之相对应的，我们构建一个基于 TCP 协议的客户端程序，如下所示。

```python
import socket
def client(host, port):
    with socket.socket(socket.AF_INET, socket.SOCK_STREAM) as sock:
        sock.connect((host, port ))
        sock.sendall(b"hello world")
        data = sock.recv(1024)
    print("Received ", repr(data))
```

客户端的实现首先同样使用 socket() 函数创建套接字对象，然后使用 connect 接口连接服务器，最后通过 sendall 和 recv 函数分别发送和接收数据。

如果读者想了解更多 socket 接口的使用，可以访问 Python 的官方文档查看（链接 16-1），这里不再详述。

16.3.3 基于 Python-SocketIO 的实现

Python-SocketIO 是一个基于事件、在客户端和服务端之间实现双向通信的 Python 开源库。一个简单的客户端程序设计如下所示：

```python
import socketio
sio = socketio.Client()

@sio.event
def connect():
    print("connection established")
@sio.event
def my_message(data):
    print("message received with ", data)
@sio.event
def disconnect():
    print("disconnected from server")

sio.connect("http://localhost:5000")
sio.wait()
```

基于 Python-SocketIO 实现的客户端程序具有下面一些特点。

- 利用 Python-SocketIO 编写的客户端程序能够连接到其他 Socket.IO 兼容服务端，即使该服务端并不是用 Python-SocketIO 包编写的。

- 使用由 Python 装饰器实现的基于事件的体系结构，该体系结构隐藏了协议的详细信息。

- 实现 HTTP 长轮询机制和 WebSocket 传输。

- 实现了重连机制。如果客户端断开连接，能够自动重新连接到服务器。

同理，我们实现的服务端程序如下所示，该程序需要托管在 Eventlet 服务器上执行：

```python
import eventlet, socketio

sio = socketio.Server()
app = socketio.WSGIApp(sio, static_files={'/':{'content_type':'text/html',
      "filename":"index.html"}})

@sio.event
def connect(sid, environ):
    print("connect ", sid)
@sio.event
def my_message(sid, data):
    print("message ", data)
@sio.event
def disconnect(sid):
    print("disconnect ", sid)

if __name__ == "__main__":
    eventlet.wsgi_server(eventlet.listen(('', 5000)), app)
```

基于 Python-SocketIO 实现的服务端程序具有下面一些特点。

- 利用 Python-SocketIO 编写的服务端程序能够连接到其他 Socket.IO 兼容客户端，即使该客户端并不是用 Python-SocketIO 包编写的。
- 由于采用的是异步调用方式，即使在硬件条件不太好的情况下也能支持大量客户端。
- 可以托管在任何 WSGI 和 ASGI Web 服务器上，包括 Gunicorn、Uvicorn、Eventlet 和 Gevent。例如，上面的代码块就是托管在 Eventlet 上的。
- 可以与以 Flask、Django 等框架编写的 WSGI 应用程序集成。
- 支持 HTTP 长轮询和 WebSocket 传输。
- 支持文本和二进制的消息发送和接收，支持 gzip 和 deflate HTTP 压缩。

如果读者想了解 Python-SocketIO 相关内容及编程范例，可以参考其官方网站（链接 16-2），这里不再详述。

16.3.4　基于 Flask-SocketIO 的实现

Flask 是一个使用 Python 编写的轻量级 Web 应用框架。Flask-SocketIO 是对 Flask 的扩展，能够实现客户端和服务器之间的低延迟双向通信。

Flask-SocketIO 模块实际上封装了 Flask 对 WebSocket 的支持，以 Flask-SocketIO 编写的服务器程序，可以与任意由 socketIO 编写的客户端兼容。在本书的 10.5.1 节，我们简要讲解了 Flask-SocketIO 的使用，包括如何使用 Flask-SocketIO 创建服务端和客户端程序，以及如何设计事件等。对于 Flask-SocketIO 模块的使用，读者可以参考 10.5.1 节的讲解，或者查阅 Flask-SocketIO 的官方文档（链接 16-3），这里不再详述。

16.4　基于 RPC 的通信机制

16.4.1　RPC 介绍

远程过程调用（Remote Procedure Call，RPC）是指不同机器中运行的进程之间的相互通信。某一机器上运行的进程在不知道底层通信细节的情况下，就像访问本地服务一样去调用远程机器上的服务。RPC 要解决的两个问题是：分布式系统中服务之间的调用问题；远程调用时，要能够像本地调用一样方便，让调用者感知不到远程调用的逻辑。RPC 可以通过 HTTP 来实现，也可以通过 socket 自己实现一套协议来实现。RPC 是介于应用层与传输层之间的用于实现进程之间通信的中间件[271]，如图 16-6 所示。

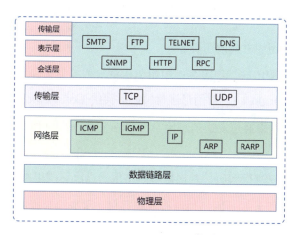

图 16-6　RPC 中间件[271]

RPC 既不是协议，也不是新技术，严格意义上应该称它为解决方案（概念）或技术实现框架。RPC 框架底层一般支持多种协议，例如 HTTP、TCP 等，甚至支持用户自定义的协议。

如图 16-7 所示是一个典型的 RPC 调用流程。一个完整的 RPC 架构包含四个核心组件，分别是客户端（Client）、服务端（Server）、客户端存根（Client Stub）、服务端存根（Server Stub）。这里先解析客户端存根和服务端存根的概念。

- 客户端存根：存放服务端的地址消息，将客户端的请求参数打包成网络消息，然后通过网络远程发送给服务方。
- 服务端存根：接收客户端发送过来的消息，将消息解包，并调用本地的方法。

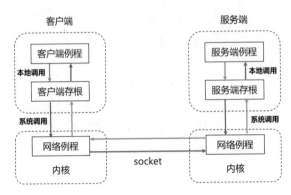

图 16-7 RPC 调用流程

观察图 16-7 的工作流程，RPC 的工作流程主要包括下面的步骤。

（1）客户端以本地调用的方式调用服务。

（2）客户端存根收到调用后，把服务调用相关信息组装成需要网络传输的消息体，并找到服务地址（host:port），对消息进行编码后交给 Connector 进行发送。

（3）Connector 通过网络通道发送消息给 Acceptor。Acceptor 收到消息后将其交给服务端存根。

（4）服务端存根对消息进行解码，并根据解码结果通过反射调用本地服务。

（5）服务端执行本地服务并返回结果给服务端存根。服务端存根对返回结果组装打包并编码后交给 Acceptor 进行发送。

（6）Acceptor 通过网络通道发送消息给 Connector。Connector 收到消息后将其交给客户端存根。客户端存根收到消息并进行解码后将其转交给客户端。

（7）客户端获取服务调用的最终结果。

RPC 负责以上第（2）到第（6）步。也就是说，RPC 的主要职责就是把这些步骤封装起来，使其对用户透明，让用户像调用本地服务一样去使用。在接下来的两节中，我们将分别介绍两种在联邦学习中常用的 RPC 实现方法。

16.4.2 基于 gRPC 的实现

gRPC（Google RPC）是 Google 开发的一款高性能、开源的 RPC 框架。gRPC 基于 Google 的 ProtoBuf 序列化协议进行开发，支持多种语言（例如 Golang、Python、Java 等），使用方便，具有很多良好的特性。

- 具有强大的接口定义语言（Interface Definition Language，IDL）。RPC 使用 ProtoBuf 定义服务。ProtoBuf 是由 Google 开发的一种数据序列化协议，性能出众，已经得到了广泛的应用。
- 支持多种语言。支持 C++、Java、Go、Python、Ruby、C#、Node.js、Android Java、Objective-C、PHP 等编程语言。
- 基于 HTTP/2 标准设计。双向流、消息头压缩、多路复用、服务端推送等特性，使得 gRPC 与其他框架相比在移动端设备上更加节省网络流量。

gRPC 的架构如图 16-8 所示。gRPC 的客户端和服务端能够在不同的环境下进行请求响应，并且 gPRC 的通信协议是使用 ProtoBuf 来编码的。

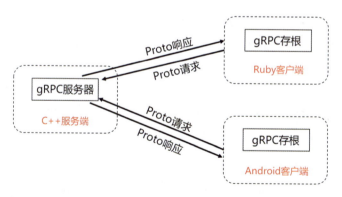

图 16-8　gRPC 架构（图片参考 gRPC 官方网站（链接 16-4））

ProtoBuf（Protocol Buffers）是一种轻便、高效的结构化数据存储格式，可以用于结构化数据序列化，很适合做数据存储或 RPC 数据交换格式[114]。与 XML 和 JSON 格式相比，ProtoBuf 更小、更快、更便捷。ProtoBuf 是跨语言的，并且自带一个编译器（protoc），只需要用 protoc 进行编译，就可以编译成 Java、Python、C++、C#、Go 等多种语言代码，然后直接使用，不需要再编写其他代码，自带有解析的代码。只需要将要被序列化的结构化数据定义一次（在 .proto 文件中定义），便可以通过特别生成的源代码（使用 ProtoBuf 提供的生成工具）轻松地使用不同的数据流完成对结构数据的读写操作，甚至可以更新 .proto 文件中对数据结构的定义而不会破坏依赖旧格式编译出来的程序。

要获得关于 gRPC 的使用方法和接口文档的资料，读者可以参考 Google 的官方网站（链接 16-4）。

16.4.3　基于 ICE 的实现

互联网通信引擎（Internet Communications Engine，ICE）是 ZeroC 公司的杰作（链接 16-5）。它继承了 CORBA 的血统，是新一代的面向对象的分布式系统中间件。ICE 具有稳定、高性能、跨平台、多语言支持等优点，为客户端和服务端程序的开发提供了便利，广泛应用于复杂且庞大的互联网分布式平台的构建中。ICE 的关键特性包括下面几点。

- 支持多种编程语言之间的 RPC 互通，即客户端和服务端可以使用不同的开发语言来开发。目前，ICE 平台支持客户端 API 的语言有 C++、.NET、Java、Python、Object-C、Ruby、PHP、JavaScript 等。在服务器端，可以使用 C、.NET、Java、Python 等来开发。

- 高性能的 RPC 调用及多平台支持。

- 支持传统的 RPC 调用、异步调用、One-Way 调用、批量发起请求，支持 TCP 通信、UDP 通信等。

- ICE 的这种跨语言开发主要通过与编程语言无关的中立语言 Slice（Specification Language fro ICE）来描述服务接口的实现，从而达到对象接口与其实现分离的目的[328]。Slice 之于 ICE 的作用类似于 ProtoBuf 之于 gRPC 的作用。Slice 与 ProtoBuf 的使用方式相似。

ICE 的整体设计架构如图 16–9 所示。ICE 连接通常允许单向发起请求，如果应用程序要求服务器对客户端进行回调，那么服务器通常会建立与该客户端的新连接，以便发送回调请求。

除了静态调用和调度（依赖于已经编译的 Slice 定义），ICE 还支持动态调用和调度，这意味着，程序在运行阶段才决定使用何种类型进行通信，而不是在编译阶段决定。此功能允许我们创建必须处理编译时未知的 Slice 类型的应用程序（例如路由器和协议桥）。

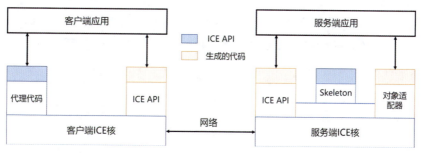

图 16-9　ICE 参考架构[309]

要使用 ICE 构建分布式应用，首先需要安装 ICE 组件。读者可以自行在 ZeroC 官方网站上根据操作系统平台和编程语言进行下载（链接 16-6）。这里以 Python 为例，我们可以使用 pip 来安装。在命令行中输入下面的命令即可。

```
pip install zeroc-ice
```

安装 ICE 开发环境后，要使用 ICE 来开发一个具体的分布式项目应用。我们先了解一个完整的 ICE 分布式应用是由哪些模块构成的。一个标准的 ICE 开发流程如图 16-10 所示，它主要由 Slice 文件定义、服务端组件开发和客户端组件开发三部分构成。图 16-10 展示的是一个跨语言的应用程序，其中服务端是在 C++ 环境下开发的，而客户端是在 Python 环境下开发的。

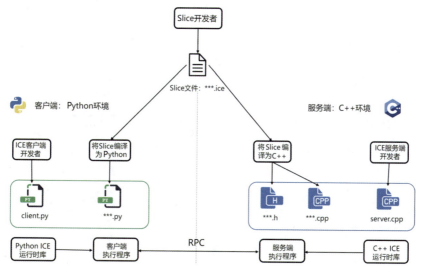

图 16-10　ICE 的开发流程

下面我们可以通过一个简单的案例直观理解 ICE 的开发过程。

- 定义 Slice 文件：我们定义一个 Slice 文件。该文件中定义了一个模块 Demo，模块 Demo 中定义了一个接口 Printer，接口 Printer 内部包含一个函数 printString。文件被命名为 Printer.ice。

```
module Demo
{
    interface Printer
    {
        void printString(string s);
    }
}
```

- 定义服务端程序：如图 16-10 所示，在这里使用 C++ 语言作为服务端开发语言。在开发服务端功能前，要将上一步定义的 Slice 文件编译，以供服务端文件调用。

```
slice2cpp Printer.ice
```

编译后将得到 Printer.h 和 Printer.cpp 两个源文件，其中 Printer.h 定义了 Slice 定义的接口头文件，如下所示。

```
namespace Demo
{
    class Printer : public virtual Ice::Object
    {
    public:
        virtual void printString(std::string, const Ice::Current&) = 0;
    };
}
```

我们看到，slice2cpp 命令将接口 Printer 定义为一个虚基类。这要求我们在编写服务端主程序时要创建一个子类来继承基类 Printer，并实现纯虚函数 printString。完整的服务端主代码如下所示。

```
#include <Ice/Ice.h>
#include <Printer.h>
using namespace std;
using namespace Demo;
# 继承虚基类Printer
class PrinterI : public Printer
{
    public:
        virtual void printString(string s, const Ice::Current&) override;
```

```cpp
};
# 继承虚函数printString
void PrinterI::printString(string s, const Ice::Current&)
{
    cout << s << endl;
}
# 服务端入口
int main(int argc, char* argv[])
{
    try
    {
        Ice::CommunicatorHolder ich(argc, argv);
        auto adapter = ich->createObjectAdapterWithEndpoints("SimplePrinterAdapter",
            "default -p 10000");        # 创建适配器
        auto servant = make_shared<PrinterI>();         # 创建PrinterI对象，命名为servant
        adapter->add(servant, Ice::stringToIdentity("SimplePrinter"));
                        # 将新创建的PrinterI对象添加到适配器adapter中
        adapter->activate();               # 激活适配器
        ich->waitForShutdown();            # 等待客户端请求
    }
    catch(const std::exception& e)
    {
        cerr << e.what() << endl;
        return 1;
    }
    return 0;
}
```

编写完成后，编译服务端的代码文件。在这里我们使用 C++ 11 编译器来编译。

```
c++ -I. -DICE_CPP11_MAPPING -c Printer.cpp Server.cpp
```

编译通过后，可以继续执行下面的代码，生成可执行程序 server，并运行 ./server 来启动服务端。

```
c++ -o server Printer.o Server.o -lIce++11
```

- 定义客户端程序：如图 16-10 所示，使用 Python 语言作为服务端开发语言。与服务端开发一样，我们首先需要将 Slice 文件编译为 Python 语言，如下所示。

```
slice2py Printer.ice
```

编译通过后，将在本地目录中生成一个 Demo 文件夹和 Printer_ice.py 文件，如图 16-11 所示。

这里的客户端功能是调用 Slice 提供的 printString 打印"Hello World"。完整的客户端代码如下所示。

图 16–11　用 slice2py 编译 ICE 文件后生成的新文件和目录示例

```python
import sys, Ice
import Demo

with Ice.initialize(sys.argv) as communicator:
    base = communicator.stringToProxy("SimplePrinter:default -p 10000")
    printer = Demo.PrinterPrx.checkedCast(base)
    if not printer:
        raise RuntimeError("Invalid proxy")

    printer.printString("Hello World!")
```

编写完成后，将文件保存并命名为 client.py。接下来，通过执行 python client.py 命令启动客户端即可。

限于本书的篇幅和写作目的，有关 ICE 的更多使用方法读者可以参考官方网站（链接 16-5）和官方文档（链接 16-7），以获得更多的资料。

16.5　基于 RMI 的通信机制

16.5.1　RMI 介绍

RMI（Remote Method Invocation），即远程方法调用，可以认为是 RPC 的 Java 版本，其流程示例如图 16–12 所示。

RMI 可以说是 RPC 的一种具体形式，其原理与 RPC 基本一致，唯一不同的是：RMI 是基于对象的，充分利用面向对象的思想去实现整个过程，其本质就是一种基于对象的 RPC 实现。RMI 使用的是 JRMP（Java Remote Messaging Protocol）。由于 JRMP 是专门为 Java 定制的通信协议，所以它是纯 Java 的分布式解决方案，在 JDK 1.2 中引入了 Java 体系。在应用比较小、性能要求不高的情况下，使用 RMI 更为方便快捷。随着 Python 语言的流行，现在已经有支持 Python 语言的 RMI 实现，例如 Pyro4 [80, 306]。

在面向对象的系统中，对远程方法调用使用这样一种机制可以在项目的统一性和对称性上获得很多优势，因为这样做可以复用在同一应用的不同对象或方法之间调用的模型。

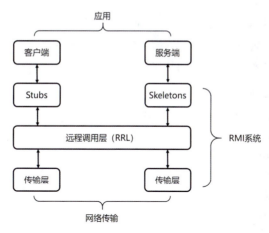

图 16-12　RMI 流程示例[306]

16.5.2　在 Python 环境下使用 RMI

前面我们提到，Pyro4 是一个用纯 Python 代码实现的分布式对象系统，与早年的 CORBA 系统有很强的相似性，不过它只支持 Python 的客户端和服务器端[80, 306]。

与 RPC 类似，使用 Pyro4 可以调用一个远程对象（存在于另一个进程中，甚至另一台机器上），就像调用本地对象一样（处于与调用者相同的进程）。

Pyro4 用客户端-服务器的方式来管理和分发对象。Pyro4 可以将客户端调用转换为远程对象调用。在调用过程中，有两个重要的角色，一个是客户端，另一个是服务客户端调用的服务器。Pyro4 以分布式的形式提供这种服务。

16.6　基于 MPI 的通信机制

16.6.1　MPI 简介

MPI 是一种用于编写并行程序的标准，包括跨语言的通信协议和语义说明[155, 100, 347]，支持进程间点对点的通信和广播通信。MPI 有 MPICH 和 OpenMPI 等一些具体的实现，提供 Fortran、C/C++ 的相应编程接口。MPI 的目标是高性能、大规模性和可移植性。MPI 在今天仍是高性能计算的主要模型。

16.6.2　在 Python 环境下使用 MPI

常见的 MPI 的具体实现并没有提供 Python 的编程接口，这就使得我们无法直接使用 Python 调用 MPI 实现高性能的计算。幸运的是，在 Python 环境下，我们可以使用开源库 mpi4py（MPI for Python）[76]。mpi4py 是一个构建在 MPI 上的 Python 库，主要使用 Cython 编写，能使得 Python 的数据结构方便地在多进程中传递[76]。mpi4py 是一个强大的库，实现了很多 MPI 标准中的接口，包括点对点通信、集合通信、阻塞/非阻塞通信、组间通信等，基本上，能用到的 MPI 接口都有相应的实现。mpi4py 对能被序列化的 Python 对象，以及具有单段缓冲区接口的 Python 对象（例如 numpy 数组及内置的 bytes/string/array 等），都有很好的支持，且具有极高的传输效率。同时，mpi4py 提供了 SWIG 和 F2PY。

mpi4py 提供让相关进程之间进行通信、同步等操作的 API，可以说是并行计算必备的基础库，适用于同一个数据中心的并行模型训练。

16.7 本章小结

在本章中，我们介绍了联邦学习系统里的通信机制，以及一些常用的实现方法，包括 socket、RPC、RMI 和 MPI 等。

RPC 一般用于后台节点间的通信，适用于相互之间数据传输量少且频繁的场景。RPC 是一种编程模式，能够把对服务器的调用抽象为过程调用，通常伴随着框架代码自动生成等功能，是联邦学习常用的通信机制[338, 252]。此外，RPC 可以通过 HTTP2 实现，例如著名的 gRPC。

socket 多用于客户端与后台的通信，也是实现进程间通信最常用的方法。socket 最大的优势是跨平台，因此它也是联邦学习常用的通信实现方法。

RMI 和 RPC 一样都是远程调用的方法。我们可以把 RMI 看作用 Java 语言实现了 RPC 协议。但 RPC 不支持对象通信，这也是 RMI 与 RPC 相比的优越之处。

MPI 主要用在数据中心的分布式系统中，以及基于计算机集群的分布式系统中。

除了本章描述的常用的通信机制，还有 RabbitMQ [18]、PulsarMQ [13]、ZeroMQ [19]、NCCL [220] 和 Gloo [98] 等通信机制。这些通信机制一般用于数据中心和计算机集群中的分布式计算和分布式机器学习[222, 266, 208, 196]。其中，基于消息队列的通信机制，例如 RabbitMQ [18]、PulsarMQ [13]、ZeroMQ [19] 等，也可用于地理分布式机器学习。

CHAPTER 17 联邦学习加速方法

效率是联邦学习在落地应用中的一个非常重要的考量因素:如何在保证模型性能不下降的前提下,有效提升联邦学习的训练效率,成为当前联邦学习的一个研究热点问题。本章介绍一些常见的联邦学习加速技巧。

联邦学习的模型训练涉及模型的本地迭代更新和模型参数的传输两大过程，因此，模型计算和通信传输成为影响联邦学习效率的两大因素。本章我们将探讨在联邦学习的场景下如何有效提升其训练效率。前面已经提到，联邦学习是分布式机器学习的一种实现形式，因此很多分布式机器学习的加速方案同样适用于联邦学习场景。图 17-1 从算法层面和通信层面总结了当前在分布式机器学习场景中常用的模型训练加速和优化的方法。更多有关传统分布式机器学习的性能和效率的优化方法，读者可以参考相应的文献[208, 196, 222, 266, 312]。

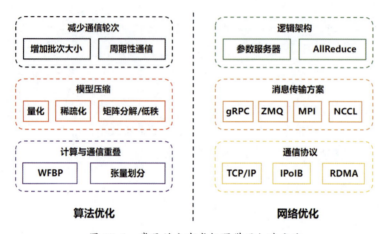

图 17-1 常见的分布式机器学习加速方法

图中，WFBP 表示 Wait-Free Backpropagation [311]；ZMQ 表示 ZeroMQ [19]，NCCL 表示 NVIDIA Collective Communications Library [220, 222]。

在计算和通信两大因素中，通信效率的优化显得比计算性能的优化复杂和困难得多，因为从计算机系统的角度看，边缘端设备的算力水平在不断提高，如今的深度学习训练往往采用 GPU 甚至 TPU 这样的高性能专用芯片。但网络通信，一方面受网络带宽的影响，另一方面由于联邦学习的客户端分布具有跨地域的特点，使得各客户端设备之间的通信延迟提高，设备间通信失败的风险比一般的分布式学习大。因此，当前联邦学习效率的优化趋势是将尽可能多的计算放在边缘端设备中进行，以尽可能减少各参与者（设备端）之间的数据传输。

17.1 同步参数更新的加速方法

同步的参数更新是指服务端会等待每一个客户端完成本地迭代并上传更新的模型参数，然后进行统一的聚合处理。针对同步更新策略，研究人员采用了多种方法来降低通信开销，这些方法主要利用模型聚合的容错性特点，适当降低通信的频度，从而减少通信开销，加速模型训练，常见的方法包括增加通信间隔、减少传输内容、非对称的推送和获取、计算和传输流水线操作[157]。

17.1.1 增加通信间隔

增加参与方与协调方之间的通信间隔是一种非常简单且行之有效的加速联邦学习模型训练的方法。具体做法是将通信的频度从原来本地模型每次更新后（即每个 SGD 更新步骤）都通信一次，变成本地模型多次更新后（即多个 SGD 更新步骤）才通信一次，如图 17-2 所示。

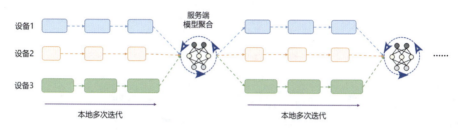

图 17-2　基于本地多轮迭代的参数更新示例[325]

对于联邦学习，参与方都是跨地域分布的，而设备端之间的通信是非常大的开销，所以，这种方法对于联邦学习加速非常有效。对于一个有几千万个参数的深度学习模型，如果本地迭代一轮需要花费几十毫秒，但与协调方通信却需要几秒，那么若不减少通信次数，即使继续减少模型训练的时间，也无法提升联邦模型训练的效率。我们通过增加本地计算的次数，并相应减少客户端与服务端之间的通信次数，减少通信时间在整个联邦学习训练中所占的比例，从而带来系统效率的明显提升。在极端情况下，我们甚至可以让所有的训练都在本地进行，只在算法结束时用一次通信将各个局部模型进行聚合，即只有单次聚合操作的联邦学习[115, 248]。

文献 [200] 在横向联邦学习的场景中，分别研究了客户端与服务端之间的全局通信次数（记为 r）和客户端本地的迭代次数（记为 e）对联邦学习性能的影响，实验结果也表明，增加本地的迭代次数 e 和减少全局通信次数 r，不仅不会降低全局模型的性能，还能有效缩短全局模型收敛的时间。对于纵向联邦学习，同样可以采用增加本地迭代次数、降低通信开销和通信耗时的策略。例如，参考文献 [288] 提出了联邦随机块坐标下降（Federated Stochastic Block Coordinate Descent，FedBCD）算法，可以显著减少纵向联邦学习模型训练过程的通信轮数，并显著加快纵向联邦模型训练过程，且模型的性能没有受到影响。

17.1.2 减少传输内容

在联邦学习的落地场景中，特别是医疗、视觉等领域，通常需要使用深度神经网络模型。考虑到当前的深度学习模型通常有数百万、数千万甚至上亿的参数量，表 17-1 列举了经典的 CNN 模型的大小和参数数量。

表 17-1 经典的 CNN 模型的大小和参数数量

模 型	模型大小	参数数量
AlexNet	大于 200MB	大于 6000 万
VGG16	大于 500MB	约为 1.4 亿
GoogLeNet	约为 50MB	大于 600 多万
Inception-v3	约为 100MB	大于 2000 万
ResNet-50	大于 100MB	大于 2500 万
ResNet-152	大于 200MB	大于 6000 万

因此，发送如此多的浮点数值将给协调方产生巨大的通信开销，并且这样的通信开销会随着参与方数量和迭代轮次的增加而增加。此外，如果联邦学习使用同态加密作为安全方案，那么加密后的密文数据在传输效率上将比明文数据慢。当存在大量参与方时，从参与方上传模型参数至协调方将成为联邦学习的一个巨大瓶颈。减少设备间传输的参数数据量，成为联邦学习提升性能的一个重要途径。

最早对联邦学习的效率进行较为全面的策略分析是在文献 [158] 中，作者提出了两种模型参数更新策略，以降低通信开销。

- 轮廓更新（Sketched updates）：参与方在本地正常更新模型参数 H，之后以编码的方式对参数 H 进行压缩并上传，服务端将压缩的模型参数进行解码，还原原始的模型参数 H。
- 结构更新（Structured updates）：在联邦模型训练过程中，参与方之间可以先限定要传输模型的结构，模型传输只按照限定的结构进行。设原始的网络结构为 H，约定的传输结构为 H'，一般来说，H' 是 H 的简化版本，传输 H' 要比直接传输 H 效率高。例如，低秩的矩阵分解策略（Low Rank）。假设模型参数可以用矩阵 H 表示，H 的大小是 $m \times n$ 维，我们通过矩阵分解的方式将矩阵 H 分解为两个小矩阵 A 和 B，且满足 $H = A \times B$，其中 A 的大小是 $m \times k$ 维，B 的大小是 $k \times n$ 维，A 的值固定，这样在模型更新时，用 $A \times B$ 替换 H。由于 A 固定，实际上只更新矩阵 B，更新完毕，上传的模型参数就是 B 而非 H，使得模型参数数据量的传输变为原来的 m/k。

结构化更新的另一种策略是掩码策略（Random Mask）。我们预先设置一个掩码矩阵 M。掩码矩阵是指只包含 0 或 1 的矩阵，M 的维度大小与原始模型 H 的维度大小是一致的。在上传模型参数时，只上传掩码矩阵中对应位置为 1 的元素。这种方案我们在 15.3.1 节介绍过，读者可以参考该节的实现过程。

由于模型结构在联邦学习中是共享的，所以我们可以使用模型参数的压缩技术来降低通信代价。深度学习的模型压缩策略都可以应用到联邦学习场景中。文献 [120] 是较早对深度学习模型的压缩进行全面论述的文章。在该文献中，作者提出了模型参数压缩的很多技巧：首先是网络剪枝，去除冗余的网络权重参数，只保留最重要的连接部分；其次是使用量化、权重共享等方案，压缩每一个权重值的位数表示，例如整型量化将一个浮点数参数用其整数值近似表示，将原来每一个参数的值从 8 字节降低到 4 字节；最后对权重参数进行编码，例如使用哈夫曼编码等，以进一步降低模型权重的大小。有关模型压缩的深入讲解，读者可以阅读相关的文献，包括知识蒸馏（Knowledge Distillation）[129, 245, 307, 292]、网络剪枝[210, 187, 276]，以及针对移动端设备的轻型网络 SqueezeNet[137]、MobileNets[132]、Shufflenet[313]、Xception[71] 等。

与模型参数压缩类似，如果联邦学习上传的是梯度信息，则我们可以使用梯度压缩来降低通信开销。一种知名的梯度压缩方法是深度梯度压缩方法（Deep Gradient Compression，DGC）[150]。DGC 包含四种压缩策略：动量修正、本地梯度截断、动量因子隐藏和预热训练。参考文献 [150] 中将 DGC 应用于图像分类、自动语音识别及自然语言处理等任务，实验结果展示了 DGC 能够在不降低模型精度的前提下达到 270 倍到 600 倍的梯度压缩比例。因此，DGC 可以用来降低梯度共享所需的网络带宽，使得在移动设备上的联邦学习训练变得更易于实现。参考文献 [33] 提出了一种 QSGD 策略，通过利用梯度的量化和编码来提升模型的训练效率。

其他提升联邦学习效率的策略包括：参考文献 [192] 提出了一种 CMFL 策略，向客户端提供有关模型更新的相关性信息，即每个客户端会检查本地模型的更新趋势是否与全局模型的趋势一致，并避免将与全局模型优化趋势不一致的客户端模型上传；参考文献 [134] 提出了一种 RPN 压缩方案，用来压缩 CNN 网络结构的模型传输，并在图像分类、目标检测和语义分割等数据集上取得了不错的效果。参考文献 [247] 提出了 FedSketchedSGD 算法，使每个客户端在发送自己的模型更新之前，用一种叫作 Count Sketch[74] 的数据结构对模型进行压缩，这种压缩方法不仅能够降低数据传输的成本，还能与动量（momentum）结合来加快算法收敛。

模型压缩除了能够有效减少参数传输量、提升联邦学习的训练效率，还能在一定程度上保护模型的原始参数不被泄露，提升模型的安全性（我们曾在 15.3 节指出）。

17.1.3 非对称的推送和获取

联邦学习的通信操作主要包括下面两点：向协调方推送（push）模型更新；从协调方获取（pull）最新的全局模型。可以对这两种操作采用不同的通信频度。Google 提出的第一代分布式深度学习系统 DistBelief[1] 就采用了这种非对称的推送和获取的做法[81]。

与增加通信间隔类似，调整推送和获取的时间间隔也可能给联邦模型训练带来一定的精度损失。幸运的是，在很多实际系统中，通过设置合理的通信间隔，可以将对模型性能的影响控制在最小范围内。这是因为参与方推送模型参数更新的目的是让协调方根据参与方的本地训练结果更新全局模型参数（例如求加权平均），而参与方获取全局模型参数的目的是获得协调方的最新全局模型参数，以校准参与方的本地模型。在训练过程中，如果某个参与方的本地模型参数发生的变化不太大，实际上没有必要频繁地把很小的更新发送到协调方。同样，也没有必要在每一步都对本地模型进行校准。通过调节推送间隔和获取间隔这两个参数，我们可以在系统性能和模型精度之间找到一个平衡点。

17.1.4 计算和传输重叠

除了减少通信次数的方法，还有一类方法巧妙地利用了计算和通信在时间上的重叠关系，通过在时间上将计算进程和通信进程重叠并行来实现，即流水线操作。流水线是计算机系统中常用的优化方法，通过将没有依赖关系的不同操作用流水线并行，获得加速。

在联邦学习模型训练过程中，可以将一次迭代分为计算和通信两个步骤。虽然相邻两次迭代之间存在依赖性，但可以利用机器学习的容错性，适当打破这种依赖关系，从而让两次迭代之间的计算和通信以流水线的方式重叠。图 17-3 给出了这种方法的示意图。

图 17-3 中有两个线程：模型训练线程完成计算的部分；通信线程完成网络通信的部分。系统中有两个模型缓存，假设是 buffer 1 和 buffer 2。本地训练过程基于 buffer 1 中的模型参数，产生本地模型的更新。在训练的同时，通信线程先将上轮训练线程产生的更新发送出去，然后获取一份当下最新的全局模型，保存在 buffer 2 中。当计算和传输的线程都完成一轮操作后，交换两个缓存中的内容。这样一来，buffer 2 中的新模型参数将被交换到本地训练线程中，作为下一轮训练迭代的初始值。与此同时，buffer 1 中新产生的本地更新将被交换给通信线程，并发送给协调方。进一步，通信线程可以不用等待其他参与方，即采用异步的方式，加快联邦模型训练过程。

---

[1]DistBelief 已经被整合进了 TensorFlow。

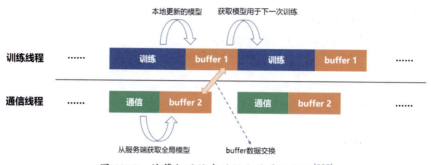

图 17-3　计算与通信在时间上重叠的示例[325]

如上所述，联邦模型的训练和网络通信在时间轴上是相互重叠的，从而减少了总体的时间开销。这种方法在工程实践中十分有效。与不带流水线的方法相比，虽然该方法会导致模型更新有所延迟，但在实践中，却能有效地提高系统的效率。

17.2　异步参数更新的加速方法

异步更新策略是指联邦系统中的每一个参与方完成本地模型训练迭代后，无须等待联邦学习系统中的其他参与方，就可以向服务端发送本地模型参数更新并请求当前的全局模型下发，以便继续进行后续训练。同时，服务端也会根据每一个客户端上传的最新模型参数进行聚合，而不需要考虑每一个参与方与服务端的通信次数是否相同。与同步更新相比，尽管异步更新策略的效率可以大大提高，但是，它会使得来自不同参与方的本地模型参数之间存在延迟的现象，给模型聚合的收敛性带来了一定的影响。

由于在联邦学习系统中各个参与方之间通常是不需要相互通信的，因此它们可以完全按照自己的速度进行本地的模型训练。当参与方完成一次本地的模型参数更新之后，直接将更新推送到协调方的全局模型，随后就可以进行下一次本地的模型参数更新了，如图 17-4 所示。

异步更新策略可能引发"延迟"问题，即各参与方的初始本地模型很可能不是当前最新的全局模型，这是因为全局模型不再由服务端进行统一的分发，每一个客户端都独立地从服务端申请获取全局模型，造成各个客户端获取的全局模型很可能不一致。异步更新导致的另一个问题就是模型的不稳定性，这主要是因为参与方之间的步调可能相差很大。例如，一个参与方速度很快，它已经在全局模型的基础上往前训练迭代了 100 次；另外一个参与方速度慢，它才在同一个全局模型的基础上往前训练了 1 次 [这在跨公司（机构）的联邦学习建模场景中经常出现]。当后者把一个陈旧的局部模型（或者其梯度）写入协调方时，很可能会减慢全局模型的收敛速率，更有甚者，可能会导致模型发散。

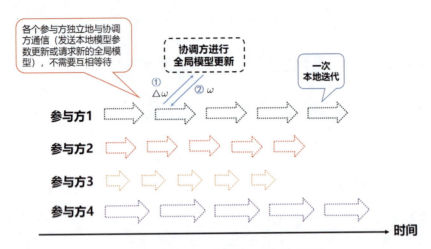

图 17-4　联邦学习异步参数更新示例[325]

同步参数更新和异步参数更新各有优缺点。同步方法容易受到速度较慢的参与方的拖累，而异步方法会带来"延迟"问题，从而导致训练过程的收敛性变差。为了在性能和效率上有更好的权衡，研究人员也提出了很多折中的解决方案，即介于同步和异步之间的新的通信方式，例如延时同步并行（Stale Synchronous Parallel，SSP）[130]、带延迟补偿的异步随机梯度下降算法[315]、基于集成压缩的异步更新方法[264]。

17.3　基于模型集成的加速方法

17.3.1　One-Shot 联邦学习

针对横向联邦学习（Horizontal Federated Learning，HFL），参考文献 [115] 提出了 One-Shot 联邦学习（单轮通信联邦学习）改进方案，即参与方与协调服务器之间只需要进行 1 轮通信就可以完成全局联邦学习模型的构建，如图 17-5 所示。One-Shot 联邦学习主要包括基于有监督的集成学习方法和基于半监督及知识蒸馏的方法。

1. 基于有监督的集成学习方法

联邦学习的一个参与者 k 在其本地完成模型训练之后，将其获得的模型 $\mathcal{M}_k$ 发送给协调者（即协调服务器）。在收到 K 个参与者发送的本地模型 $\{\mathcal{M}_1, \mathcal{M}_2, \cdots, \mathcal{M}_K\}$ 之后，协调服务器利用收到的本地模型来生成全局联邦模型。由于不同参与者的本地模型的质量可能会有很大的不同（源于不同参与者的训练数据的分布差异，以及训练数据量的差异），最佳的生成全局联邦模型的方法可能只需要考虑一部分参与者的本地模型，而非所有参与者的本地模型。参考文献 [115] 提出了以下几种策略。

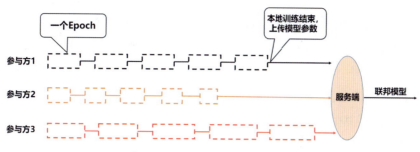

图 17-5 One-Shot 联邦学习示例

- 交叉验证（Cross Validation，CV）选择：设备只有在其本地验证数据上达到某些基准性能（例如 ROC 或 AUC）时，才共享其本地模型，并且基准由协调服务器预先确定。服务器从这 K 个本地模型集合中，挑选符合性能指标的前 N 个最佳模型（$N \leqslant K$）。

- 数据选择：参与者只有在拥有一定数量的本地培训数据时才共享其本地模型，并且该数据量由协调服务器预先确定。协调服务器将这些本地模型中的模型集成在一起，这些模型是在前 N 个最大的数据集上训练的。

- 随机选择：服务器从 K 个本地模型中随机选择 N 个本地模型（$N \leqslant K$），将这 N 个本地模型聚合为新的全局模型。

2. 基于半监督及知识蒸馏的方法

当联邦学习的参与者的数量很大时，将全局联邦模型 M_k 传递到每个设备（并执行推断）可能是不可行的。当协调服务器可以访问未标记的公共代理数据时，可以通过知识蒸馏（Knowledge Distillation，KD）将联邦模型 M_k 压缩为较小的模型 M_k^{KD}。在传统的知识蒸馏方法中，利用教师模型输出的带有概率标记的数据对学生模型进行训练[129, 227]，从而将教师模型中的知识转移到学生模型中。参考文献 [115] 提出了一种改进的方法，适用于支持向量机的二分类任务。特别是，通过最小化学生模型和教师模型对代理数据的预测中的差异来进行知识蒸馏。

协调服务器通过对学生模型 M_k^{KD} 进行集成获得全局联邦模型。当在设备之间共享本地模型时，会存在隐私泄露的风险（例如，对于 SVM 模型，需要共享本地支持向量），而知识蒸馏不仅有助于压缩模型，还可以实现隐私保护学习。

17.3.2 基于学习的联邦模型集成

针对纵向联邦学习（Vertical Federated Learning），参考文献 [133] 提出了一种基于学习的模型集成方法，称为特征分布的机器学习（Feature Distributed Machine Learning，FDML）。FDML 采用的是异步随机梯度下降算法。

上面所述的 FDML 系统对任何有监督的学习任务都有效，例如分类和回归。它要求每个参与方可以使用任意的模型，例如逻辑回归、因子分解机、SVM 和深度神经网络等，通过将数据输入每一个客户端模型中得到局部特征，进一步得到局部预测，将不同的局部预测汇总为最终预测。FDML 通过"超线性结构"进行集成，使用延时同步并行（Stale Synchronous Parallel，SSP）[130] 策略，并利用小批量随机梯度下降算法对整个模型进行端到端训练，即允许不同的参与者进行不同的迭代参数更新，直到有界延迟，如图 17-6 所示。

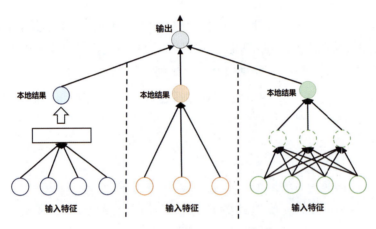

图 17-6 异步参数更新示例[133]

FDML 系统的优点是，在每次训练迭代期间，每个参与方都应使用自己的局部特征集的小批量更新来自己更新局部模型参数（局部网络），并且对于每个样本，只需共享其局部对协调服务器（或者在完全分散的情况下直接对其他方）的预测。由于一方的原始功能或本地模型参数没有转移到任何外部站点，FDML 系统保留了数据的局部性，并且更不容易遭受针对其他协作学习算法的模型反转攻击。

17.4　硬件加速

联邦学习是一种基于隐私保护的分布式训练方法。当使用同态加密作为其安全方案时，联邦学习的训练过程将涉及大量的数据加密和解密操作，属于计算密集型任务。这些加密和解密操作的计算量大、耗时长。图 17-7 展示了在明文和密文状态下，数据计算量与传输量的比较。可以看到，密文计算和传输的时间复杂度普遍是明文计算和传输的时间复杂度的 100 倍以上。

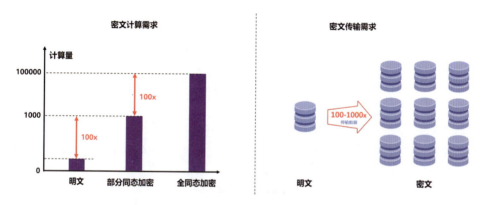

图 17-7　在明文和密文状态下，数据计算量与传输量的比较[342]

本节我们介绍如何使用硬件加速来降低加密和解密的时间复杂度。例如，可以采用图形处理器（Graphic Processing Unit，GPU）和现场可编程门阵列（Field Programmable Gate Array，FPGA）等硬件加速计算方案，以便优化联邦学习中各参与方的计算效率。

17.4.1　使用 GPU 加速计算

如今，GPU 的并行计算能力大大提升了深度神经网络的训练效率。使用 GPU 加速深度学习模型训练已经是比较常见的技术手段了。事实上，除了常规的模型训练，我们还可以通过 GPU 来加速数据的加密和解密操作。

同态加密计算，通常涉及大整数四则运算、大整数模幂运算等，并需要缓存大量的中间计算结果。联邦学习中的同态加密算法，例如 Paillier 算法和 RSA 算法，通常会将明文数据加密为一个 1024 位或 2048 位大整数，因此计算过程极为耗时，且会占用大量的内存空间。GPU 加速密文计算的策略主要包括下面三个。

- 基于分治思想做元素级并行：GPU 流处理器并不直接支持大整数运算。面对这一情况，可以基于分治思想做元素级并行。例如，对于大整数的乘法运算，通过递归将大整数乘法分解成可并行计算的小整数乘法，从而实现"化繁为简"，间接借助 GPU 提升大整数运算的能力。图 17-8 是两个大整数密文 a 和 b 的表示。

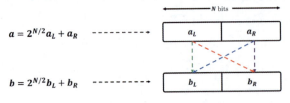

图 17-8　大整数密文 a 和 b 的表示

当我们要计算 $a \times b$ 时，首先写出其表达，形式如下所示。

$$a \times b = 2^N \times a_L \times b_L + 2^N(a_L \times b_R + a_R \times b_L) + a_R \times b_R, \quad (17.1)$$

其中 $a_L \times b_L$、$a_L \times b_R$、$a_R \times b_L$ 和 $a_R \times b_R$ 之间不存在依赖性，可以并行计算。进一步地，我们可以将 a_L、a_L、b_L 和 a_R 按图 17-9 的方式切分，通过递归将大整数分解成更多可并行计算的小整数相乘。

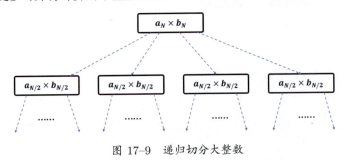

图 17-9　递归切分大整数

- 对于大整数的模幂运算（即求取形如 $a^b \bmod c$ 的数学表达式），GPU 做模幂等运算的代价极大，传统的朴素算法会先进行乘积运算，再进行取模运算。这一算法的缺点是中间乘积结果很大，算法复杂度是指数级的。针对这一问题，可以依靠平方乘算法的优势，并添加蒙哥马利模乘算法计算模乘，避免大量的取模运算，大幅度降低 GPU 的消耗。
- 联邦学习解密计算需要缓存很大的中间计算结果。可以借助中国剩余定理来减小中间计算结果。

星云 Clustar 和微众银行 AI 项目组对 GPU 在联邦学习中的应用进行了深入的探索[342]。利用前述的优化方案进行测试，结果表明，基于 GPU 所做的优化方案，使联邦学习的同态加密计算效率提升了 5.8 倍，同态解密效率提升了 5.93 倍，密态乘法效率提高了 31.4 倍，密态加法的效率提升了 419 倍[342]。

17.4.2 使用 FPGA 加速计算

现场可编程门阵列（Field Programmable Gate Array，FPGA）作为专用集成电路领域的一种半定制电路，既规避了全定制电路的不足，又克服了原有可编程逻辑器件门电路数有限的缺点。FPGA 以并行运算为主，以硬件描述语言实现。FPGA 是可编程重构的硬件，因此相比 GPU，具有更强大的可调控能力。不断增长的门资源和内存带宽也使得 FPGA 有更大的设计空间。

类似于 GPU 加速计算，我们可以通过使用 FPGA 加速多项式计算和大整数相乘。事实上，已经有很多文献证明，这种方法不仅对基于 Lattice 的同态加密，还对基于 Pallier 的同态加密有效[346, 72]。但是，基于 FPGA 的硬件计算加速也存在下面的一些缺点[333]：

- FPGA 平台的可重构时间成本较高。尽管 FPGA 在计算提速方面提供了许多便利，但是不同设计的重构所消耗的时间却不容忽视，通常需要几十分钟到几小时。FPGA 平台的重构过程分为两种类型：静态重构和动态重构。

  静态重构，又叫编译时重构，是指在任务运行之前配置硬件处理 1 个或多个系统功能的能力，并且在任务完成前将其锁定。

  动态重构是在上下文配置模式下进行的。在执行任务期间，硬件模块应该按照需要进行重构。但是，它非常容易引入延迟，从而增加运行时间。

- 需要硬件编程语言。FPGA 技术更新换代很快，而技术更新带来的性能提升不像技术进步那么直接。相对于成熟的系统而言，在 CPU 上，传统的编程采用高阶抽象编程语言（例如 C 语言），FPGA 可重构计算需要硬件编程语言（例如，通常使用的硬件编程语言 Verilog 和 VHDL，需要程序员花费大量时间才能掌握）。

未来，我们可以基于 FPGA 加速联邦学习的计算，特别是在以下几个方面进行计算优化[333]。

- 神经网络计算优化。现在的主流研究聚焦于矩阵运算的加速。神经网络其他部分的优化计算也值得研究，例如激活函数的计算。

- 访问优化。访问的优化需要进一步研究，寻找更高效的数据和指令访问方式。

- 数据优化。使用能够自然提升平台性能的更低位的数据。但是，大部分低位数据会使得权重和神经元的位宽一样，所以，应该探索更好的平衡态。
- 频度优化。大部分 FPGA 平台的运算频率在 100~300 兆赫兹（MHz），但 FPGA 平台理论上的运算频率可以更高。FPGA 的频率主要受限于片上静态随机存取存储器（Static Random-Access Memory，SRAM）和数字信号处理器（Digital Signal Processing，DSP）之间的线程。未来的研究需要找到是否有方式可以避免或解决该问题。
- FPGA 融合。如果规划和分配问题能够得到解决，那么多个 FPGA 组成的集群可以取得更好的结果。此外，当前没有太多研究针对此方向，所以非常值得进一步探索。
- 自动配置。为了解决 FPGA 平台上复杂的编程问题，如果做出类似于 NVIDIA 公司的 CUDA 这样用户友好的自动部署框架，应用范围肯定会被拓宽。

17.4.3　混合精度训练

除了上面描述的方法，还可以采用混合精度训练（Mixed-Precision Training）来加快神经网络模型的训练过程[206]。所谓混合精度训练，是指在训练神经网络的过程中，采用不同精度的浮点数进行不同神经网络操作的计算[207, 205]。例如，使用单精度 32 位的浮点数（32-bit float point，FP32）进行参数更新计算，使用半精度 16 位的浮点数（16-bit float point 16，FP16）进行卷积运算。混合精度训练一般会在内存中用 FP16 做储存和乘法加速计算，用 FP32 做累加避免舍入误差。它的优势就是可以使训练时间减少一半左右，从而显著提高模型训练的效率。该技术已经被广泛应用于深度学习模型的训练中，例如文字转语音系统、文本理解和深度强化学习等应用场景。当前的研究表明，很多深度学习模型采用该技术进行训练后，没有出现明显的准确度损失。

混合精度训练可以在保证精度的同时极大地提升训练速度。不过，目前混合精度训练仍然存在一些限制条件。

- 硬件设备需要支持 FP16 计算，且仅有少量的深度学习框架支持混合精度训练。
- 要求硬件设备需要具有 Tensor-Core 单元，而它仅存在于一些新架构的 GPU 卡上。例如，NVIDIA 在其 Volta 架构的 GPU 中引入了 Tensor-Core 这一特殊功能单元。

可以看出，混合精度训练的缺陷主要是：只能在支持 FP16 操作的一些特定类型的硬件上使用，而且存在量化误差，包括溢出误差和舍入误差[8, 10]。

对于溢出误差，如果是由于激活梯度的值太小而导致的向下溢出，可以通过损失放大来解决。所谓损失放大，是指在反向传播前将损失变化的值乘以一个整数值 $k(k>1)$，从而避免激活函数梯度值向下溢出；在反向传播后，再将权重梯度的值除以一个整数值 $k(k>1)$，恢复正常值。

舍入误差是指当梯度过小时，例如小于当前区间内的最小间隔时，本次梯度更新可能会失败。为了避免这种情况发生，在内存中可以用 FP16 格式储存并进行乘法运算，用 FP32 做累加。

相信随着硬件设备的发展，未来将有越来越多的硬件设备支持 FP16 运算。届时利用混合精度进行训练和推理将成为一个高效的解决方案，并由此进一步推动更多的深度学习框架支持该技术。

CHAPTER 18
联邦学习与其他前沿技术

在过去相当长的一段时间里,隐私保护机器学习都是学术界的研究热点,但在工业界却没有得到重视,这主要是由于:一方面,人们对数据的隐私安全意识比较薄弱;另一方面,从算法实现的角度,基于隐私保护的机器学习方案在效率上仍然很难满足工业界的实时性需求。随着近年来各国政府对数据安全法律法规的不断完善,数据的隐私问题已经开始得到包括大众用户、互联网公司在内的不同领域人群的极大重视。与此同时,得益于近年来硬件设备计算能力的不断增强、5G 等网络传输技术的不断突破与应用、算法理论的不断完善,涌现出了很多新型隐私保护技术方案。与过去的研究相比,这些新兴技术偏向于实际的工业落地应用。

在本书前面的各章节中,我们介绍了联邦学习的相关技术原理与案例实践。通过前面的章节,我们也看到联邦学习的潜力及其在工业界的巨大应用前景。本章我们将介绍几个与联邦学习密切相关的概念和技术方案,具体来说包括 Split Learning、区块链和边缘计算三个概念。我们将简要分析它们各自的原理,并详细讲解它们与联邦学习之间的关系,以及探讨它们未来与联邦学习相互结合的可行性。

18.1 联邦学习与 Split Learning

Split Learning（链接 18-1）是 2018 年由 MIT 研究人员提出的一种分布式模型训练方案，其核心思想是将网络的结构进行拆分，每个设备只保留一部分网络结构，所有设备的子网络结构构成一个完整的网络模型。在训练过程中，不同的设备只对本地的网络结构进行前向或反向计算，并将计算结果传递给下一个设备。多个设备端通过联合网络层的中间结果完成模型的训练，直到模型收敛为止[272, 273, 116]。本节我们将探讨 Split Learning 的技术原理及其与联邦学习之间的异同点。

18.1.1 Split Learning 设计模式

本节探讨 Split Learning 的实现原理和设计模式。我们可以将 Split Learning 的结构划分为下面三种形式。

- 图 18-1 展示了一个最简单的 Split Learning 设计方案，由两个参与方参与完成完整的网络训练，网络结构被拆分为两部分，Net = $(\text{Net}_C, \text{Net}_S)$。$\text{Net}_C$ 位于客户端，Net_S 位于服务端。Net_C 与 Net_S 的交界层称为 Cut layer。Cut layer 的输出称为 Smashed Data。

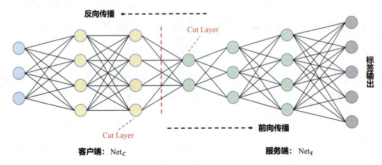

图 18-1　由两个参与方构成的 Split Learning 设计方案

在如图 18-1 所示的 Split Learning 场景中，训练数据 (X, Y) 都保留在客户端中。训练时客户端将输入特征数据 X 输入本地网络 Net_C，开始进行前向计算，一直到 Cut Layer 输出，输出结果设为 C_{out}。将 C_{out} 与标签 Y 一起传递给服务端，C_{out} 作为服务端本地网络 Net_S 的输入，继续在 Net_S 中进行剩余的前向运算，得到预测的标签输出 $\hat{Y}$。

将预测的标签输出 $\hat{Y}$ 与实际的标签 Y 代入损失函数 $\text{Loss}(\hat{Y}, Y)$，对损失函数 Loss 求导，并利用反向传播算法将梯度反向传递给上一层，求取每一层参数的梯度值，

直到 Net_S 的 Cut Layer 层。求取该层的梯度值，设为 $\hat{C}_{\text{out}}$，并反向传递给客户端网络 Net_C。客户端的网络 Net_C 以该梯度值 $\hat{C}_{\text{out}}$ 作为输入，完成剩余的反向传播运算。服务端和客户端利用梯度下降来更新网络的参数，从而完成一次迭代。循环进行这个过程，直到模型收敛为止。

- U 型改进设计：上述第一种方案的设计需要传输标签信息，带来了潜在的数据泄露风险。为此，参考文献 [273] 提出了如图 18–2 所示的改进方案。该方案如同一个 U 型的结构，与图 18–1 相比，该方案的标签信息不需要传递给服务端。该方案将网络结构拆分为三部分，$\text{Net} = \{\text{Net}_C^1, \text{Net}_C^2, \text{Net}_S\}$，其中 $\{\text{Net}_C^1, \text{Net}_C^2\}$ 均位于客户端，$\{\text{Net}_S\}$ 位于服务端。模型的训练流程与图 18–1 描述的过程基本一致，唯一的不同是，损失函数的计算放在客户端的 Net_C^2 网络中进行。

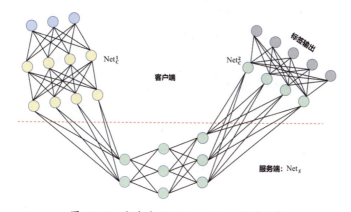

图 18–2　改进的 Split Learning 设计方案

- 多客户端方案：为了解决多机构之间联合建模的问题，参考文献 [273] 提出了一种多客户端参与的 Split Learning 设计方案，如图 18–3 所示。

参考文献 [273] 将这种方案设计应用于医疗领域，与前两种结构一样，每个设备端只保留部分网络结构：在前向传播过程中，每个设备的子网络结构利用本地数据前向计算，得到 Cut Layer 层的输出（即 Smashed Data），分别将其传输到服务端进行拼接后，在服务端完成剩余的计算。反向传播过程刚好相反，从服务端开始对损失函数求取梯度，不断往前传播，求取每个参数的梯度值，利用梯度下降完成一次迭代更新。

除了上面三种常见的设计模式，Split Learning 还衍生了很多其他的结构。例如，参考文献 [272] 提出了一种 NoPeek SplitNN 方案，通过减少同一设备端的本地数据之间及不同设备端的 Smashed Data 之间的距离相关性，进一步降低数据泄露的风险。想了解更多有关 Split Learning 的最新进展，读者可以访问 Split Learning 的项目地址进行查阅。

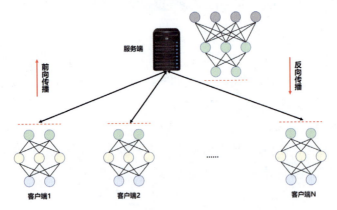

图 18-3　多客户端参与的 Split Learning 设计方案

18.1.2　Split Learning 与联邦学习的异同

通过 18.1.1 节的介绍，我们不难发现，Split Learning 与联邦学习一样，都属于分布式训练的一种实现，它们之间存在着很多相同点。

- Split Learning 与联邦学习在训练过程中都保证了本地数据不离开本地设备，因此，两者都能有效降低数据隐私泄露的风险。
- 在模型训练过程中，设备与设备之间的传输数据可以与其他安全机制（例如差分隐私、同态加密等技术）结合，进一步提升模型的安全性，降低本地数据被攻击的风险。

Split Learning 与联邦学习也有一定区别：Split Learning 设计的核心理念是将网络结构进行分割，每个设备端保留一部分子网络结构，通过设备间的相互协同完成完整的网络训练，每个参与方并不知道完整的网络结构信息；而联邦学习强调在数据层面上的切分，包括样本维度和特征维度的切分，并以此为依据，将联邦学习划分为横向联邦学习、纵向联邦学习和联邦迁移学习三大类型。

事实上，Split Learning 的设计思想与纵向联邦学习的设计思想更为接近，如图 18-3 所示的多客户端设计就相当于将数据纵向切分后的纵向联邦学习模式，参考文献 [148] 也将 Split Learning 归类为基于数据特征维度切分的联邦学习。从这个角度看，联邦学习的概念与应用范围更广，我们可以把 Split Learning 看成纵向联邦学习的一种特殊实现形式。

除此之外，由于联邦学习和 Split Learning 都具有在数据不出本地的前提下进行模型训练的特点，当前也有文献对两者的性能效率进行了对比：参考文献 [259] 对联邦学习与 Split Learning 之间在不同参数配置下（客户端数量、模型大小）的通信效率进行了对比；参考文献 [104] 在 IoT 场景下，针对不同的数据分布、不同的模型结构，对联邦学习与 Split Learning 的模型性能进行了比较。读者可以自行查阅了解详细的实验结果。

18.2 联邦学习与区块链

在 2008 年，一个化名为 Satoshi Nakamoto（中文译名为中本聪）的神秘人士发表了一篇名为《比特币：一种点对点的电子现金系统》的文章[214]，在文中第一次提出了区块链（Blockchain）的概念。简单来说，区块链是一个分布式的共享账本和数据库，具有去中心化、不可篡改、全程留痕、可以追溯、集体维护、公开透明等特点，在数字货币、金融资产的交易结算、数字政务、存证防伪数据服务等领域具有广阔前景[334]。

本节我们将探讨区块链技术与联邦学习的关系和异同点，分析区块链如何更好地与联邦学习相结合，构建更为稳定、安全的联邦学习网络。本书不是介绍区块链的专业书籍，因此不会对区块链的技术细节进行深入的讲解。如果读者想了解更多有关区块链的技术细节及应用，可以查阅相关的文献和书籍[327, 341]。

18.2.1 区块链技术原理

2016 年，中国工信部发布的《中国区块链技术和应用发展白皮书》[336] 对区块链给出了专业的解析：狭义来讲，区块链是一种按照时间顺序将数据区块以顺序相连的方式组合成的一种链式数据结构，并以密码学方式保证的不可篡改和不可伪造的分布式账本；从广义上讲，区块链技术是利用块链式数据结构来验证与存储数据、利用分布式节点共识算法来生成和更新数据、利用密码学的方式保证数据传输和访问的安全、利用由自动化脚本代码组成的智能合约来编程和操作数据的一种全新的分布式基础架构与计算范式。

简单来说，区块链是以区块（block）作为基本的数据存储单元，并按照时间顺序首尾相连而形成的一种链表结构，如图 18-4 所示。

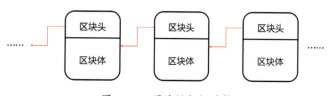

图 18-4　区块链数据结构

观察图 18-4，我们不难发现，每个区块由两部分构成，分别是区块头和区块体（也称为区块主体）。我们来简要分析其主要构成。

- 区块头：记录了当前区块的元信息，包含父区块的散列值（每个区块正是通过父区块的散列值来链接父区块的）、时间戳、默克尔树根（Merkle tree root）[204] 等信息。一个典型的区块头包含的字段如表 18-1 所示。

表 18-1 区块头包含字段

字段名称	解释	大小
Version	版本号	4 字节
Previous Block Hash	父区块散列值	32 字节
Time	记录对该块头进行散列处理的 UNIX 时间	4 字节
Merkle tree root	本区块中的所有交易数据将以默克尔树的形式存储（下面讲解）	32 字节
Bits	该区块工作量证明算法的难度目标	4 字节
Nonce	用于工作量证明算法的计数器	4 字节

- 区块体：区块体包括当前区块经过验证的、在创建过程中生成的所有交易记录，这些交易记录以一种 Merkle 树结构来存储，如图 18-5 所示。

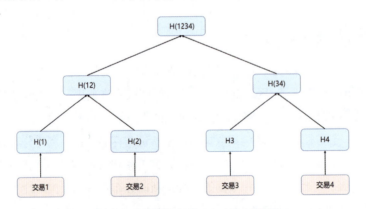

图 18-5 交易数据的 Merkle 树示例

Merkle 树是一棵二叉树，这里的每片叶子就是一笔交易记录。Merkle 树被用来归纳一个区块中的所有交易，Merkle 树根被记录在区块头中。Merkle 树同时生成了整个交易集合的数字指纹，并提供了一种高效验证区块中是否存在某一交易记录的途径。

区块链的核心技术主要包括散列运算、数字签名、P2P 网络、共识算法和智能合约等，这些技术保障了区块链具有去中心化、不可篡改、可追溯等特点。下面我们分别简要讨论这些技术方案。

- 散列运算：散列运算可以用数学公式表达为 $h = H(m)$，是指将任意长度的输入 m 通过一定的计算 H，生成一个固定长度的字符串 h，这个字符串 h 就是输入信息 m 的散列值。一个优秀的散列算法具有正向快速、输入敏感、逆向困难、强抗碰撞性等特点。

  散列运算的特点保证了区块链的不可篡改性。因为每个区块头都包含了父区块的散列值，所以，如果父区块的交易信息被修改了，那么其散列值就会发生改变，这样这个父区块后面的所有区块都需要修改指向父区块的散列值，计算量非常大。

  当前在区块链中常用的散列算法包括：MD 系列散列算法，例如 MD2、MD4 和 MD5；SHA（Secure Hash Algorithm，安全散列）散列算法，包括 SHA-1、SHA-224、SHA-256、SHA-384、SHA-512；SM3 杂凑算法。

- 数字签名：数字验证是区块链中用来识别交易发起人的身份，防止交易信息在传输过程中被篡改的手段。数字签名包括签名和验证两种运算，如图 18-6 所示。

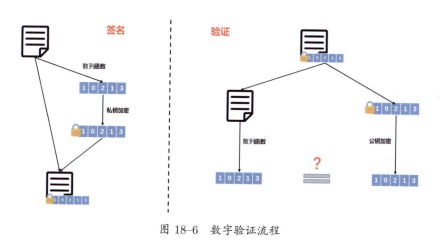

图 18-6　数字验证流程

签名：是指将数据经过散列函数处理得到散列值，然后利用私钥进行加密。加密的散列值称为签名。

验证：验证方一定要持有发送方的加密算法的公钥。验证方接收到数据后，利用公钥对签名信息进行解密，得到摘要值，设为 A；将原始数据代入相同的散列函数，得到摘要值，设为 B。如果 $A = B$，那么验证通过；否则，验证不通过。

在区块链网络中，每个节点都会有一对相同的公私钥对。当某个节点需要和其他节点进行交易时，该节点会先对交易的内容进行散列运算，并利用私钥对其进行加密，生成签名，将签名添加到交易数据中发送给其他交易方；交易的另一方接收到数据后，利用前述的验证方案对签名进行验证，只有验证通过，才能进入下一步的交易操作。

- P2P 网络：传统的 C/S 架构模式通过一个中心化的服务器节点来响应多个客户端的请求服务，这种存在中心服务节点的特点显然不符合区块链的去中心化的需求。而对等计算网络（Peer-to-Peer Networking，P2P 网络）打破了中心化的设计模式，将所有的参与节点都对等看待，与区块链的去中心化设计思想完美结合。

  P2P 网络应用于区块链系统中，所有的节点共同维护账本数据。当一个节点需要发送交易信息到其他节点时，它不需要将数据发送给所有节点，只需要将交易数据发送给一定数量的相邻节点。这些相邻节点收到交易数据，验证通过后，再按照一定的规则转发到其他的相邻节点，从而达到全网发送的目的。

- 共识算法：在区块链中，一个核心问题是如何确保每个节点的账本跟其他节点的账本保持一致。区块链系统具有去中心化的特点，所有节点都对等参与记录数据，但由于每个节点自身的状态、所处的网络环境均不相同，消息的传输存在延迟等因素，因此，如何确保区块链系统的账本记录一致，即共识问题，是关系区块链正确性和安全性的关键。

  《区块链技术及应用》[327] 一书将当前区块链系统中常用的共识算法分为四大类：工作量证明（Proof of Work，PoW）类共识算法[142]、Po* 凭证类共识算法、拜占庭容错（Byzantine Fault Tolerance，BFT）类共识算法[60, 59]、与可信执行环境（Trusted Execution Environment，TEE）相结合的共识算法。鉴于本书的篇幅，我们不在这里详细讨论每种类型的共识算法，读者可以查询相关的文献来深入了解不同的共识算法的原理。

- 智能合约：智能合约的概念最早于 1994 年由密码学专家 Nick Szabo 提出，它是指满足参与方事先约定的条件后就能自动执行的一段计算机程序。虽然智能合约的概念很早就提出了，概念也很简单，但一直没有得到广泛的关注，主要原因是缺乏一个良好的运行智能合约的平台，例如如何确保智能合约一定会被执行、如何确保智能合约不会被篡改等。

  区块链的去中心化和不可篡改等特点完美地解决了上面的问题，使智能合约一旦在区块链上部署，所有的参与节点都会按照约定的逻辑来执行。如果某个节点修改了合约逻辑，那么执行结果就没有办法通过其他节点的校验，从而被判断为修改无效。

此外，在区块链中引入智能合约，也使得区块链的应用场景得到了大幅的扩展，从过去的单一加密货币应用，扩展到更多的应用场合，包括金融、政务、供应链等。

自提出区块链的概念以来，其技术也在不断完善。我们可以将其发展划分为三个不同的阶段。

- 区块链 1.0：以比特币为代表的区块链 1.0 时代[214]。区块链 1.0 主要由数字货币和支付行为组成，目的是实现去中心化的数字货币和支付平台。
- 区块链 2.0：2013 年，Vitalik Buterin 提出了以太坊（Ethereum）[57]，在区块链平台中引入智能合约，标志着区块链 2.0 的诞生。智能合约的引入使得区块链的应用扩展到金融领域，不再局限于加密货币的应用。
- 区块链 3.0：伴随可扩展性和效率的提高，区块链应用范围将超越金融范畴，拓展到身份认证、公证、审计、域名、物流、医疗、能源、签证等多个领域，区块链平台成为未来社会的一种底层协议。

18.2.2　联邦学习与区块链的异同点

从本质上来说，区块链是一种分布式的数据库，通过利用加密算法、共识机制等技术构造的信任机制，使其存储的数据安全可靠且防篡改。联邦学习不仅保护了数据隐私的安全，还利用这些数据在可信、安全的环境下构建了机器学习模型。联邦学习与区块链的相同点主要如下。

- 都是分布式结构，每个参与方在其中一个节点中进行数据操作，不同节点之间相互独立。
- 都强调参与节点的地位对等。
- 不管是联邦学习还是区块链，通过明文数据进行运算或交易，都存在数据隐私泄露的风险。因此，在联邦学习和区块链场景中，数据的操作都需要与密码学的安全机制，例如同态加密、安全多方、零知识证明等技术相结合，以保护用户的数据隐私。

虽然两者存在一定的相同点，但联邦学习与区块链的本质并不相同，这些不同点如下。

- 本质的不同：联邦学习的核心是数据不能够被移动或复制到其他节点上，每个节点都不知道其他节点的数据。区块链则相反，为了保证数据的一致性，形成多方共识，需要把数据复制到不同的节点上，形成统一的账本，所有节点都保留一份相同的账本数据。
- **所属范畴不同**：区块链是一个分布式账本，属于数据结构的范畴；联邦学习是一种分布式的机器学习模型训练方法，属于机器学习的范畴。
- **解决的问题不同**：联邦学习要解决由于小数据、数据割裂、数据孤岛而形成的训练样本数量不足、质量低的问题，在保护数据隐私安全的前提下联合各参与方构建高质量的机器学习模型；区块链的目标是希望构建一个去中心化、防篡改、公开透明的可信计算平台。

通过上面的描述，我们不难发现，区块链可以与联邦学习优势互补、强强联合。图 18-7 展示了两者结合的一个联邦学习架构。下面我们列举几个区块链赋能联邦学习的例子。

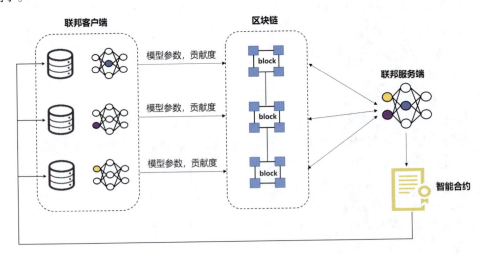

图 18-7 与区块链结合的联邦学习架构

- **区块链赋能联邦学习激励机制**：为了使联邦学习能成为一种可持续的发展模式，需要恰当地激励数据持有者分享其数据集，对模型贡献大的参与方进行奖励，从而保证联邦学习的良性生态且可持续发展。要激励参与者，首先需要评估每个参与者的贡献。本书第 14 章介绍了一种基于区块链实现的联邦学习激励机制。此外，参考文献 [212, 156, 186] 等也提出了不同的方案，利用区块链技术实现联邦学习的激励机制。
- **区块链实现联邦学习利益的自动分配**：借助区块链的共识机制和智能合约，可以将利用激励机制计算得到的收益自动分配给各参与方。

- **区块链提升联邦学习防御能力**：利用区块链记录不可篡改的特点，提升联邦学习的防御能力。联邦学习当前面临的一个难题是对抗攻击问题，例如本地数据的篡改、模型参数的篡改等，都会导致模型性能的下降。而当前的方案，例如通过异常检测等发现异常的数据或客户端，均很难有效解决这个问题。

  结合区块链的不可篡改性，可以将每个参与方的数据和模型参数都存储在区块链中。这样，只要有一方的数据或参数被篡改，其信息就会被判定为无效。

- **区块链帮助追踪联邦学习的攻击来源**：区块链可以帮助联邦学习识别并抵御潜在的攻击。还可以结合区块链的可追溯特点，对发起恶意攻击的参与方进行追溯和惩罚。

18.3 联邦学习与边缘计算

近年来，随着物联网的不断发展，用于提升物联网智能化的边缘计算（Edge Computing）技术得到了迅速的普及，在智能交通、智慧城市和智能家居等领域得到了广泛的应用。

但事实上，边缘计算技术并不是一个新的名词。我们今天所熟知的边缘计算可以追溯到 20 世纪 90 年代末。当时 Akamai（阿卡迈公司）推出了其内容分发网络（Content Delivery Network，CDN）[86]，旨在解决网络拥塞问题。与 Cloudflare[1]一样，Akamai 和边缘服务器一起运营边缘网络，以将内容交付到更接近请求源的位置[118]。

作为分布式机器学习的一种实现，边缘计算与联邦学习存在着千丝万缕的联系，相互之间有很多技术交叉点。本节我们将详细讲解边缘计算与联邦学习的异同点，并探讨如何借助边缘计算技术赋能联邦学习，提升联邦学习的架构和性能。

18.3.1 边缘计算综述

边缘计算从云计算发展而来，它将原来位于云平台的功能（计算、存储等）向更靠近用户终端设备的地方下沉。这些更靠近终端设备的网络设备称为边缘网络，它们融合了网络传输、计算、存储、应用等能力，为用户提供更实时的响应速度、更安全的服务请求，并有效减少数据传输带来的带宽消耗[257]，如图 18-8 所示。

从图 18-8 可以看出，边缘端网络位于终端数据源与云端服务器之间，更靠近终端用户。边缘计算的提出具有非常重要的现实意义，具体如下。

- **更高效的处理效率**：随着当前社交网络的快速发展，特别是短视频应用（例如快

---

[1]Cloudflare 是一家总部位于旧金山的 IT 公司，以向客户提供基于反向代理的内容分发网络及分布式域名解析服务（Distributed Domain Name Server）为主要业务。

手、抖音等）的普及，制作并上传图片、视频等多媒体数据变得非常频繁。但视频类的数据剪辑计算量相当大，并且上传数据会占用大量的网络带宽，如果在云端进行统一的处理，会造成一定的延迟。使用边缘计算，数据的处理更接近数据源，可以做到实时或更快速的数据处理和分析。

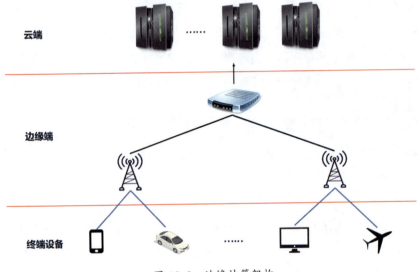

图 18-8　边缘计算架构

- 更低的成本：企业将数据放置在边缘计算设备中进行处理，所花费的成本比在云和数据中心网络上的花费要少。

- 降低发生故障的概率：云计算的中心化设计模式，使得其一旦宕机，数据将无法访问。为了减少对云中心服务器的依赖，我们可以将部分功能放置在边缘端设备中进行。这样，即使部分设备发生故障，也能确保其他设备正常运行。

- 保护数据隐私，提升数据的安全性：由于边缘设备能够在本地收集和处理数据，因此，数据，尤其是敏感信息，不需要经由网络传输到云端。这样，即使云中心服务端遭到网络攻击，影响也不会很严重。

由于边缘计算所具有的优势，各大科技巨头纷纷在边缘计算领域布局。亚马逊在 2017 年发布了 AWS Greengrass（链接 18-2），正式进军边缘计算领域，这是一款将云功能扩展到本地设备的软件，实现了边缘计算与 AWS Cloud 的无缝连接。微软在 2018 年推出的 Azure IoT edge 边缘计算服务（链接 18-3），使得用户能够直接在 IoT 设备中部署和执行 Azure 服务。Google 在 2018 年发布了两款新产品，意在帮助改善边缘联网设备的开发，它们分别是硬件芯片 Edge TPU（链接 18-4）和软件堆栈 Cloud IoT Edge（链接 18-5）。

除此之外，近年来，华为、思科、百度、IBM 等公司纷纷推出各自的边缘端产品，布局边缘计算[118]。当前，边缘计算已经在包括交通运输、医疗保健、能源和电网控制、金融业和零售业等领域得到了广泛的应用。

18.3.2 联邦学习与边缘计算的异同点

从 18.3.1 节的综述分析中我们不难看出，边缘计算与联邦学习有很多相似之处。首先，它们都是分布式机器学习的一种实现形式。事实上，我们可以将联邦学习看成边缘计算的一种特殊形式，即边缘端就是终端用户，终端用户除了作为数据源收集数据，还直接作为数据处理设备，在本地对数据进行处理。终端设备具有存储、计算和传输等功能，如图 18-9 所示（以横向联邦架构为例）。

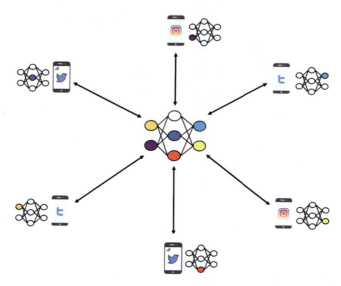

图 18-9　传统的横向联邦学习架构

在本书的第 17 章中我们分析了，效率问题是当前联邦学习落地应用的一个重要瓶颈，特别是对参数量大的模型传输，由于网络的不稳定性，很容易在训练过程中出现断线或数据传输失败的现象。为此，在第 17 章我们也介绍了很多联邦学习的加速方案。本节将介绍一种基于边缘计算实现的分层联邦学习架构方案[177]，如图 18-10 所示。

在该方案中，将相互之间距离比较近的客户端设备按群划分，在同一个群的设备附近部署一个边缘端设备，组成一个联邦子网络，各个联邦子网络再构成一个全局的联邦网络，如图 18-11 所示。

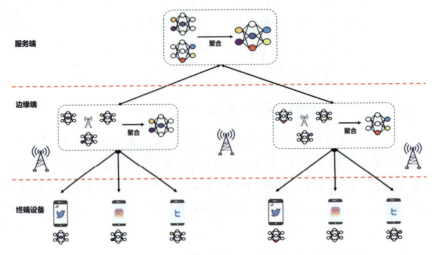

图 18-10　基于边缘计算实现的分层联邦学习架构方案（1）

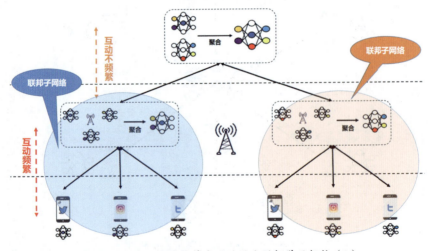

图 18-11　基于边缘计算实现的层次联邦学习架构（2）

与图 18-10 相比，图 18-11 的分层方案充分利用边缘计算的优势来优化联邦学习。具体来说，它具有下面的优势。

- 同一个联邦子网络中的设备，节点与节点之间的距离变得更短，可以有效减少由于传输距离过长而导致的网络失败问题，并且使得联邦训练的速度更快。
- 分层的联邦结构可以设置不同的模型更新频率。联邦子网络（即终端设备与边缘端）之间的模型训练和更新会比较频繁，这是因为它们彼此之间的距离都比较短，受到网络环境影响的因素较少。边缘端与服务端的模型聚合，不需要太频繁。

- 一般来说，地点相近的设备，其数据的分布相对比较均衡。因此，联邦子网络的模型训练受到非独立同分布（Non IID）的影响更小，其模型效果也比对全部设备进行联邦训练的效果要好。

第五部分
回顾与展望

CHAPTER 19
总结与展望

本章我们对本书进行总结,包括当前的理论研究进展、落地应用和标准建设,以及对联邦学习未来的展望。

随着近年来各国法律法规对隐私数据的监管越来越严格，加之各公司部门之间固有的数据割裂问题，各行各业都面临着数据隐私和数据孤岛的困境。如何找到一种有效的手段，既能够保护用户的数据隐私，又能够联合各参与方数据提升模型的训练效果，成了当前人工智能领域的热点研究问题。

在 2018 年，微众银行 AI 团队对原有的联邦学习概念[200]进行扩展，首次将联邦学习归为三大类，即横向联邦学习、纵向联邦学习和联邦迁移学习[285]，不但极大丰富了联邦学习的理论、扩展了原有联邦学习的概念和适用场景，也为联邦学习的落地应用奠定了理论基础。在此之后，联邦学习的研究得到了高速的发展，图 19-1 展示了近年来在 ArXiv 上与联邦学习相关的论文发表数量趋势：自 2018 年开始，有关联邦学习论文的数量出现了大规模的增长；进入 2020 年后，仅前 7 个月发表的论文数量就已经超过过去四年的总和，在一定程度上反映出当前联邦学习的火热程度。

参考文献 [148, 176, 219, 168] 等对当前的联邦学习研究进展做了比较全面的综述。本章我们将概括总结联邦学习当前的进展，包括联邦学习的标准建设、联邦学习的理论研究进展和联邦学习的落地应用概况。最后，我们将联邦学习未来的发展和研究方向做一个展望。

图 19-1　联邦学习相关论文数量的增长趋势（只统计在 ArXiv 上，有"Federated Learning"关键字的文章数量，实际的论文数量会更多）

19.1 联邦学习进展总结

19.1.1 联邦学习标准建设

伴随着联邦学习的发展进行的是联邦学习相关标准的建设立项。本节我们来总结当前国内外的联邦学习标准建设情况。

- 国际标准建设：2018 年 10 月，微众银行 AI 团队向 IEEE 标准协会提交了关于建立联邦学习标准的提案——*Guide for Architectural Framework and Application of Federated Machine Learning*（联邦学习基础架构与应用标准），该提案于 2018 年 12 月获批，代号为 P3652.1，是国际上首个针对人工智能协同技术框架订立标准的项目（链接 19-1）。
在该标准审批通过后，微众银行还成立了专门的联合机器学习工作组（链接 19-2），目的是不断完善联邦学习的标准草案。微众银行作为标准工作组的发起单位和召集单位，在接近两年的时间里，先后吸纳了创新工场、京东、中国电信、腾讯云、华为、小米、华大基因、第四范式、星云 Clustar、Intel、VMware、CETC BigData、Swiss Re、Squirrel AI Learning、Eduworks 等三十余家海内外头部企业和研究机构共同参与。截至本书完稿，已经完成了五次标准工作组会议，对标准制定进行讨论及审定。IEEE 联邦学习正式标准已经于 2020 年 9 月正式出台。

- 国内标准建设：2019 年 6 月 29 日，在北京举办的第二十三届中国国际软件博览会人工智能开源软件论坛上，中国人工智能开源软件发展联盟（AIOSS）重磅发布了包括《信息技术服务联邦学习参考架构》在内的四项团体标准及《中国人工智能开源软件应用案例集》。这个由微众银行起草的标准也成了我国第一个关于联邦学习的团体规范标准。

- 其他标准建设：除了上述提到的标准，微众银行还积极参与与联邦学习相关的其他标准建设工作，例如与中国人民银行合作的《多方安全计算金融应用技术规范》标准建设，以及与中国信通院合作的《数据流通联邦学习技术工具》标准建设等。

- 联邦学习白皮书：2020 年 4 月，由微众银行牵头组织编写的《联邦学习白皮书》2.0 版本正式发布[339]。该白皮书联合了包括电子商务与电子支付国家工程实验室（中国银联）、鹏城实验室、平安科技、腾讯研究院、中国信通院云大所、招商金融科技等多家企业和机构，对联邦学习技术及应用进行了系统化阐述，是对 2019 年发布的 1.0 版本[337] 的升级和完善。2.0 版本白皮书在场景应用、理论研究等方面进行了全面升级。

19.1.2 理论研究总结

近年来，联邦学习的理论研究快速发展，研究方向也呈现出多元化的趋势，从隐私安全到性能效率、从系统设计到案例应用、从对抗攻击到公平性激励等都有涉及。本节我们分别对这些进展做一个总结。

（1）提升通信性能，提高联邦学习训练效率：在第 16 章中，我们详细分析了联邦学习的通信机制。与传统的分布式机器学习不同，联邦学习的训练环境通常更为复杂。这种复杂性一方面体现在客户端设备的多样性上，另一方面体现在网络环境的不稳定性上。复杂和多样性使得联邦学习的训练过程容易出现诸如设备掉线、网络断开等故障。同时，如果联邦训练模型是较为复杂的深度学习模型，其参数量通常非常大，联邦学习在每一轮迭代过程中需要传输大量的参数。这些因素都使得通信的性能成为联邦学习落地应用的一个重要瓶颈。

参考文献 [157, 134, 133, 115] 以及本书第 17 章提出了很多有效的方案来缓解这个问题，这些方案概括来说包括：

- 减少不必要的参数传输。由于模型的不同，参数对模型的整体贡献也不相同，可以每次只传输贡献度高的参数，从而减少网络带宽。这种方案需要对贡献度有一个衡量指标，通常的做法是人为设定阈值。
- 对模型或梯度进行压缩。这种方案的思路与深度学习模型的模型压缩类似[120]，通过诸如量化、稀疏化、二值化等策略，减少传输的比特数，从而减少网络带宽。
- 减少全局的训练次数。通过增加客户端本地的训练次数，减少客户端和服务端之间的传输次数。这种方案主要考虑到当前边缘端设备的处理器性能不断加强，可以将更多的计算任务放在边缘端进行，减少客户端与服务端之间的通信。
- 异步的更新机制。由于联邦学习中每个参与方的设备都不相同，如果采用同步更新策略，每轮的全局迭代都将受限于计算性能最差的客户端设备。异步更新策略能有效解决这个问题，但需要解决延迟和模型的不一致性问题。
- 上面的方案都是从算法的角度出发的。联邦学习是一种基于隐私保护的机器学习方法，涉及数据的加密和解密操作。这类计算密集型的操作可以借助硬件来加速实现，当前包括 NVIDIA GPU 和 FPGA 等都有专门针对加密/解密的加速方案。我们在 17.4 节中也对当前的硬件加速方案进行了很好的总结，读者可以参考查阅。

（2）提升安全性，保障隐私数据安全：联邦学习提出的初衷是在保护数据隐私安全的前提下，联合各参与方进行模型训练，因此，安全性是联邦学习首先要考虑的问题。联邦学习的安全性威胁主要来自两个方面：一是来自外部的威胁，例如针对联邦学习客户端或服务端的外部攻击、传输过程中可能存在的信息泄露等，通过获取中间数据，还原原始的真实数据；二是来自内部的威胁，也就是当参与联邦学习训练的客户端或服务端是一个恶意的参与方时，它会通过篡改模型的参数或数据、加入后门等策略达到攻击的效果。

针对来自外部的攻击，业界比较成熟的防御方案包括采用同态加密、安全多方计算、差分隐私等隐私保护技术。采用这些技术，即使攻击者窃取了中间数据，也无法或很难还原原始的真实数据。

更有挑战性的工作是针对来自内部的攻击行为的防御，这也是当前业界比较关注的方向。当前的策略包括：

- 异常检测。异常检测既包括对异常模型的检测[47]，也包括对异常客户端的检测[167]。
- 采用更随机的挑选策略。联邦学习在每一轮迭代过程中，都会挑选一部分客户端设备而不是全部参与下一轮训练。这样做可以最大限度避免异常客户端频繁参与训练，即使恶意的客户端在某一轮被挑选参与训练，也可以在后面的模型聚合中消除大部分异常模型带来的影响。

本书的第 2 章和第 15 章分别从理论和实战的角度，对联邦学习的攻防策略做了很好的总结。读者可以查阅这两章来加深对联邦学习的安全性机制的理解。

（3）模型公平性和收敛性：联邦学习与传统分布式机器学习的一个不同点在于，每个参与方本地的训练数据都是独立提供的。这种独立性带来的后果，一方面是各参与方的数据分布不同，即数据通常是非独立同分布（Non-IID）的；另一方面是各参与方提供的数据量大小不等，例如参与方 A 提供了 100 万份训练样本，而参与方 B 仅提供了 1 万份训练样本。所有这些情形都加大了联邦学习模型训练的难度，这些难度既包括如何保证模型训练收敛，也包括如何保证模型的公平性。模型的公平性和收敛性进一步影响了联邦学习生态的可持续发展。

对于数据分布不均衡导致的模型收敛性问题，参考文献 [173] 对 Non-IID 场景下的收敛性做了详细的论证。此外，针对 Non-IID 场景，参考文献 [275, 115] 等也提出了很多新的优化方法来加速模型的收敛。缓解 Non-IID 的另一种策略是通过对多方的客户端数据分布进行学习，得到一个生成模型，然后将其发送到各参与方，让各参与方生成更多分布均匀的数据[143, 314]。

对于数据分布不均匀导致的模型公平性问题，参考文献 [209, 170] 等提出了新的联邦学习训练方法，使得联邦模型在保证模型收敛的基础上，兼顾各参与方的贡献度。同时，为了激励各参与方持续为联邦学习社区做出贡献，很多激励机制的相关方案也被用于解决此类问题[295, 151, 147]。

（4）联邦学习架构：联邦学习的构建，参与方至少有两台设备，多则上亿台设备，并且这些参与方（或者设备）通常处于一个异构的环境中。这种异构性，一方面体现在参与方之间的设备异构上，即客户端设备可以是 PC、手机、边缘设备等，而不同设备的性能差异很大；另一方面体现在网络环境的异构（3G、4G、5G 网络）上，不同的网络环境会导致参数的传输效率存在差异，进而出现同步问题。因此，设计一个健壮的联邦学习框架并不是一项简单的工作。在本书的第二部分，我们对当前市面上常见的联邦学习平台框架做了详细的分析与对比。参考文献 [185, 49, 249, 198] 等对联邦学习架构设计存在的问题和设计关键点做了深入的分析。构建一个通用且优秀的联邦学习框架，通常需要考虑以下几个方面。

- 容错性。参与方设备在运行过程中受到设备、网络环境、硬件等因素影响，某个参与方可能在训练过程中出现故障而退出，因此，如何保证整个联邦学习集群在部分组件（一个或多个）发生故障时仍能正常运作，是联邦学习平台设计的一个难点。
- 健壮性。联邦学习平台需要考虑不同客户端设备的性能差异，能够保证不同性能的设备在训练过程中有效地协调工作。
- 易用性。易用性主要体现在两个方面：一是对客户来说，联邦学习环境的部署是否简单高效；二是对开发人员来说，使用联邦学习平台进行业务开发是否方便，以及是否有详细的文档可以快速查阅等。

19.1.3　落地应用进展总结

除了在理论上的突破，联邦学习的落地应用在近两年也取得了越来越多的进展。在本书的第三部分，我们分别详细讲解了微众银行利用联邦学习，在不同领域的落地应用案例实践。本节我们对其他公司和机构的联邦学习应用进展进行总结。

• 医疗：由于数据的私密性和行业的特殊性，医疗领域成为联邦学习落地的一个理想环境。在第 12 章，我们详细介绍了微众银行在医疗领域的案例应用。除此之外，

NVIDIA 在 2019 年的北美放射学会（Radiological Society of North America）上推出了 Clara 联邦学习平台[172]，在利用联邦学习技术训练机器学习模型的同时，确保患者的资料保留在原来的医院中。NVIDIA 将联邦学习的计算放置在 EGX 平台中运行，利用 GPU 对计算进行加速，如图 19-2 所示（链接 19-3）。

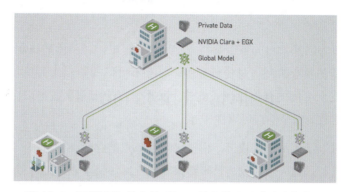

图 19-2　NVIDIA 推出的 Clara 联邦学习医疗平台架构图

Intel 公司最近与宾夕法尼亚大学和 19 家机构合作，利用联邦学习技术对医疗图片进行处理[238]。在该合作项目中，Intel 利用其生产的 Xeon 处理器和 SGX（Software Guard Extensions）技术提供技术支持。参考文献 [242] 对联邦学习技术在未来对医疗领域的影响也做了很好的综述。

- 个性化服务：个性化推荐服务和计算广告是当前互联网公司的主要营收点。传统的个性化服务一般是收集的用户数据越多，推荐结果就越精准。但正如第 9 章提到的，随着法律监管越来越严格，个性化服务已经成为受数据隐私法案影响最严重的其中一个领域。前面我们提到了微众银行在联邦推荐上的应用。此外，华为诺亚方舟实验室提出了采用联邦元学习[65]提升个性化效果的方法，华为欧洲研究中心在 2019 年提出了基于联邦协同过滤实现的隐私保护推荐系统[35]。

- 移动终端输入法：联邦学习最早的应用场景是 Google 利用联邦学习技术在 Android 端设备中提升 GBoard 输入法模型[121, 286, 68]，这也是横向联邦学习在移动端的早期应用（链接 19-4）。在这个案例中，系统将利用分散在各移动终端的用户数据来训练一个递归神经网络模型，并预测每个用户的下一个可能输入的关键字，如图 19-3 所示。

- 区块链：区块链凭借其匿名、不可篡改、分布式等特征，在多个不可信的参与方之间提供了一种安全可靠的解决方案[20]。当前区块链技术已经在众多前沿领域取得了广泛的应用。区块链的本质是一种分布式账本，其最大的特征是由传统的中心化方案变为分布式网络结构，通过非对称加密等密码学技术确保链上数据的安全，同时，通过共识机制、智能合约等，在多个不可信的分布式参与方之间保证链上数据的可靠性。

近年来，越来越多的文献[156, 213, 117, 195]开始将区块链与联邦学习相结合，用来弥补各自的不足。

区块链可以为联邦学习的各个参与方（用户）提供一种可信的机制，通过区块链尤其是联盟链的授权机制、身份管理等，将互不可信的用户作为参与方整合到一起，建立一个安全可信的合作机制。此外，联邦学习的模型参数可以存储在区块链中，保证模型参数的安全性与可靠性[61]。

联邦学习可以反作用于区块链。由于区块链节点的存储能力有限，利用联邦学习对原始数据进行处理，然后仅将计算结果存储在区块链节点中，可以大大降低存储资源的开销。

总体来说，与理论进展相比，当前联邦学习的落地应用尚在起步阶段。但凭借联邦学习在隐私保护领域的优势，以及合作共赢的商业模型，联邦学习将具有广阔的商业价值。相信在不久的将来，基于联邦学习的商业化产品会变得更加普及。

图 19-3 Google 利用联邦学习技术预测输入的关键字

19.2 未来展望

联邦学习作为一门新兴的计算机学科，在近年来取得了快速的发展。在 19.1 节我们已经对其当前的状况，包括标准建设、理论研究和落地应用做了详细的综述。联邦学习作为一门跨领域的人工智能学科，融合了包括密码学、博弈论、机器学习、对抗学习等领域的知识。然而，随着联邦学习的不断普及，其在现实中也出现了许多新的问题和挑战。因此，联邦学习的理论体系也在不断完善的过程中。本节我们将结合在实际落地应用中遇到的问题，讲解未来联邦学习在产品应用层面遇到的亟待解决的几个问题，以及可能的发展趋势[339]。

19.2.1 联邦学习的可解析性

模型的可解析性是当前人工智能的研究热点。伴随着人工智能算法理论的不断突破，人们已经不再满足于效果上的提升，对模型的效果和输出原因产生了浓厚的兴趣。特别是在将算法模型落地到工业界时，我们需要向客户解析产生这个结果的原因。当前有很多文献[211, 88]都对可解析性研究进行了很好的综述。此外，在 2020 年 7 月，由微众银行牵头的可解析性 AI 标准（XAI）在 IEEE 标准协会上正式立项通过（链接 19-5），并在 2020 年 7 月 24 日成功召开了第一次工作组会议。

在联邦学习场景下，可解析性面向的对象群体包括四个，分别是**客户**、**开发人员**、**监管和立法机构人员**，以及**参与方**。其中，**客户**和**开发人员**是在通用的机器学习场景下都需要面对的解析对象群体，**监管和立法机构人员**则是联邦学习场景下特有的解析对象群体，这是因为联邦学习是在保护用户数据隐私的前提下进行的模型训练方案。如何向监管机构解析联邦学习是可以保护隐私的，已经成为联邦学习在工业界落地的一个重要因素。

我们首先来看通用场景下的可解析性。面向**客户**和**开发人员**两个群体，可解析性主要包括模型结构的可解析性和模型结果输出的可解析性两个方面。

（1）模型结构的可解析性：即通过可视化、参数分析等方式让用户理解复杂的内部模型结构，通过对比实验解释模型的运行原理。当前在模型结构解析性上，特别是针对以深度学习模型为核心的 CV、NLP 问题，已经有了不少经典的工作：在 CV 领域，对特征图和卷积核进行可视化[308]，通过热力图展示类激活图（Class Activation Mapping，CAM）[258, 260, 317, 251] 等；在 NLP 领域，利用 LSTM 中的 cell state 信息去理解序列中长距离依赖性[152]，以及通过 Attention 热力图描述单词与单词之间的相关性；对于高维空间的特征数据，可以借助 TSNE[194]、PCA 等降维方法，将高维特征映射到二维或三维空间中，在低维空间中通过距离来描述高维特征之间的相关性等。图 19-4 展示了一些常用的模型可解析性技巧。

（2）模型结果的可解析性：一个典型的机器学习流程包括模型训练和模型推断两个阶段，如图 19-5 所示。为了使结果的输出可解析，当前一般采取的策略包括两种：

- 训练的模型采用可解析的模型，主要包括线性模型、决策树模型、朴素贝叶斯模型和 K 近邻算法。

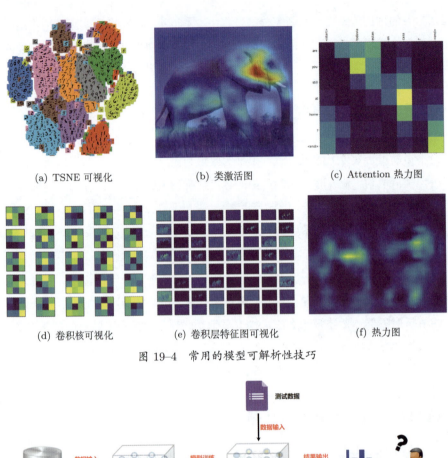

(a) TSNE 可视化　　(b) 类激活图　　(c) Attention 热力图

(d) 卷积核可视化　　(e) 卷积层特征图可视化　　(f) 热力图

图 19-4　常用的模型可解析性技巧

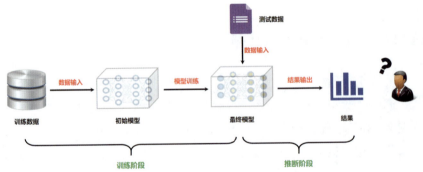

图 19-5　模型训练和模型推断

- 采用模型无关（Model Agnostic）的可解析性策略。第一种方案提到的可解析性模型虽然有较好的解析性，但模型一般比较简单，无法处理更复杂的特征关系，而模型无关的可解析性策略将解释与机器学习模型分离。模型无关的解释方法相对于可解析性模型的最大优势在于其灵活性，能应用到任意的模型上，方案包括部分依赖图[125]、个体条件期望[111]、累积局部效应[37]、特征交互、置换特征重要、局部可解释模型无关解析（Local interpretable model-agnostic explanations，LIME）[241]、Shapley 值、SHAP[190] 等。

上面我们描述了面向客户和开发人员群体的可解析性方案。联邦学习场景下的解析对象，包括**监管和立法机构人员**和**参与方**，当前的研究方向在起步阶段。下面列举几个联邦学习在落地应用时监管人员会特别关心的问题，也可作为联邦学习可解析性在未来的研究方向。

- 模型的隐私损失解析：在本书的 2.4 节，我们探讨了几种不同的安全机制在性能效率上的比较。对于不同的安全机制，例如差分隐私，通常来说模型的效率与隐私性成反比，即隐私性越强，模型训练的效率就越低。因此，在联邦学习的落地应用中，通常需要在模型效率、模型准确度和数据的隐私损失之间取一个平衡点。为此，我们需要一个可解析的机制，一方面向**监管和立法机构人员**解析当前的安全方案会在多大程度上泄露数据的隐私、这个隐私泄露是否符合法律法规的要求，另一方面**客户和开发人员**可以据此做出决策，设置不同的参数和安全方案，从而在性能、效率和隐私性上有一个较好的平衡。
- 联邦学习的公平性解析：参与联邦学习训练的参与方至少有两个，每个参与方都期望自身的数据和模型能够对联邦社区做出贡献。但联邦学习在训练过程中，由于客户端相互之间的独立性，每个客户端只能得到全局的模型，而通过全局模型很难知道自身的贡献度，因此，如果能够在不泄露隐私的前提下，将每个参与方对全局模型的贡献以某种方式展示出来，就能提高每个参与方的积极性，促进联邦学习生态的发展。

19.2.2 联邦学习的安全性

联邦学习作为一种新兴的隐私保护机器学习技术，安全性是其落地应用的关键。在 19.1 节我们提到，当前的联邦学习攻击可以分为两种，即外部攻击和内部攻击。对于外部攻击的防御，借助同态加密、安全多方等手段能够极大降低信息泄露的风险，外部攻击者即使窃取到中间数据，也很难还原原始的真实数据。与外部攻击相比，内部攻击的防御要困难得多，也是今后联邦学习安全性的研究重点。内部的攻击可以分为对服务端的攻击和对客户端的攻击。

- 服务端：被恶意操控的服务器可以在所有迭代中检查发送到服务器的所有消息（包括梯度更新），从而篡改全局模型的聚合过程。因此，相比于客户端的攻击，服务端攻击造成的后果要严重得多。当前的方案一般需要服务端是可信的第三方，但这不能完全避免服务端遭受攻击。针对这一情况，业界在未来主要有两个研究方向：一是去掉中心服务端，实现去中心化的联邦学习；二是与区块链结合，利用区块链的匿名和可信机制，为各参与方构建一个安全可信的第三方环境。在第 14 章，我们提供了一个将区块链与联邦学习相结合的公平激励分配方案，同样具有借鉴意义。

- 客户端：当一个客户端是恶意的客户端时，它的攻击行为可以是篡改训练数据、篡改本地模型的参数、在训练中留下后门。一般来说，前两种攻击可以利用异常检测来捕获异常的客户端行为，后门攻击的防御则困难得多。我们在 15.1 节实战演示了一个后门攻击的案例。由于后门攻击只对某一特征产生误判，不会影响主任务性能[40]，因此很难察觉。

除了模型训练阶段的安全性，模型在推断阶段的攻击也是引人关注的问题——攻击者在推断阶段通过构造特定输入样本以完成欺骗目标系统的行为。典型的方法是：通过增加特定的噪声，使得到的图片与原始图片在人眼看起来几乎没有差别，但机器会得到错误的结果。逃逸攻击不是联邦学习特有的，几乎所有机器学习模型都有可能遇到。传统的机器学习可以通过对抗性训练来缓解这一问题，然而，对抗性训练通常只会提高对训练中包含的对抗性样本这种特定类型样本的健壮性，训练后的模型依然容易受到其他形式的对抗性噪声的影响。同时，通过对抗训练来减少逃逸攻击的方法，在联邦学习中可能存在以下问题：一是对抗性训练主要是针对独立同分布数据开发的，而在非独立同分布环境中，它的表现有待验证；二是无法在训练前检查训练数据的联邦学习中，较难设置适当的扰动范数界限。因此，如何在联邦学习中解决逃逸攻击仍然是一个难题。

除了恶意的攻击，与传统的中心化机器学习相比，联邦学习也可能受到非人为因素造成的故障的影响。虽然非恶意的故障安全问题通常比恶意攻击的破坏性小，但它们可能更常见，并且与恶意攻击具有共同的根源和复杂性。因此，未来在安全方面的研究，不仅包括防范恶意攻击，也包括减少非恶意的故障造成的隐私安全影响。

19.2.3 联邦学习的公平性激励机制

联邦学习作为一种新的模型训练范式，其本质是在保护数据隐私安全的前提下，联合各方的数据协同训练模型。因此，要想使联邦学习模型取得好的效果，需要各参与方持续提供高质量的训练数据，同时让更多的参与方加入联邦生态，实现"共同富裕"。这就是联邦学习的可持续发展问题。要实现联邦学习的可持续发展，就要通过鼓励联邦生态中的参与方多做贡献，并且能够根据对模型的贡献度分配来激励参与者——这就是联邦学习的公平性激励机制问题。

一个好的激励机制，不仅能激励当前用户提供更多的高质量数据，也能激励更多的企业用户加入联邦生态。激励机制需要有效衡量不同参与方的贡献程度，从而根据贡献程度公平地分配奖励，以进一步提高用户或组织的贡献热情，形成一个良好的正循环。一个联邦学习下的有效奖惩及分配机制的设计，对联邦学习的落地应用起着至关重要的作用。

激励机制通常与博弈论等数学知识关系密切，当前的研究仍在起步阶段，在今后的发展中有很大的研究价值和应用空间。

19.2.4 联邦学习的模型收敛性和性能效率

如果说安全性是联邦学习的初衷和核心，那么效率性能和模型的有效收敛则是联邦学习是否能大规模应用到工业界的关键。

从效率的角度来说，一个完整的联邦学习流程包括数据的采集、联邦训练、联邦模型评估和部署，在这个过程中，联邦训练是整个联邦学习过程的核心。在联邦训练过程中，联邦客户端与联邦服务端需要进行大量的数据传输，并且会涉及数据的加密/解密，耗时会非常长。虽然我们已经介绍了当前加速联邦学习训练的一些技巧，但仍然有很多需要提升的地方。

- 有限资源下的参数调节：在联邦学习中，除了具有与深度学习或传统机器学习相似的优化函数选择，例如学习率、批量大小、正则化等，还需要考虑聚合规则、每个迭代中选择的客户端数量、本地每轮的迭代数量等参数选择。联邦学习参与方的设备性能千差万别，一些参与方可能仅拥有有限的计算、存储、网络资源。因此，传统深度学习中帮助调节模型性能的方法，诸如 AutoML、NAS 等，由于占用的资源较多，将直接降低通信和计算的效率，无法直接在联邦学习中应用。在有限资源下的超参数调节是联邦学习中一个极具挑战和有意义的研究方向。

- 有限的通信带宽及设备的不可靠性：在靠近终端设备的节点，或者互联网中靠近终端的端方用户，相比数据中心或数据中心链路上的核心节点，通常拥有较低的网络带宽及通信效率。同时，这种网络连接可能有较高的花费，或者无法保证完全稳定在线。例如，一个终端手机可能仅在电量充足并连接至无线网络的情况下接入联邦学习训练。这引发了学者对减少联邦学习通信带宽的研究：在梯度、模型传播、局部计算等部分均有数据压缩的空间；将联邦平均与稀疏化，或者和量化模型更新结合的方法，已经被证明在对训练精度影响较小的情况下显著降低了通信成本。然而，目前还不清楚是否可以进一步降低通信成本，以及这些方法或它们的组合是否能够在联邦学习中提供通信效率和模型准确性之间的最佳平衡。

从模型收敛性的角度看，当前的落地应用场景，各参与方的数据主要是在数据分布比较均匀的前提下进行的。但在真实的场景中，有很多亟待解决的问题需要进一步研究。

- 非独立同分布的数据：中心化机器学习可以获取全部样本或过去已产生的全部样本，从而完成全局最优的模型训练。在联邦学习中，由于数据无法超出本地的限制，传统的中心化机器学习中大量调参的方法，例如随机化数据顺序（data shuffle）无法被直接应用。与中心化的机器学习训练过程相比，这种数据分布造成的影响将降低训练模型效果。未来的几个研究方向包括对目标函数进行改进、对优化函数进行改进等。
- 特殊数据的处理：联邦学习是一个动态的场景，各参与方可以不断引入新的训练数据。但是在很多时候，引入的新数据可能与之前所有参与方使用的数据完全不同，从而被误判为异常数据。对这种特殊数据的处理，当前联邦学习还没有一个很好的解决方案，是今后的一个研究重点。

参考文献 / Bibliography

[1] 中华人民共和国民法通则, Apr. 1986.

[2] Python cryptography toolkit (pycrypto), Oct. 2013.

[3] 中华人民共和国网络安全法, Nov. 2016.

[4] 《数据确权暂行管理办法》及《数据交易结算制度》发布, 2017.

[5] GDPR 实施后最大罚单：法国罚款 Google 5700 万美元, Jan. 2019.

[6] How google, facebook, amazon, and apple faced EU tech antitrust rules?, Jun. 2019.

[7] Python differential privacy library, Sep. 2019.

[8] 唯快不破：基于 apex 的混合精度加速, Aug. 2019.

[9] 本地化差分隐私（local differential privacy）浅析, Sep. 2019.

[10] 混合精度训练 -pytorch, Nov. 2019.

[11] 爱尔兰隐私监管机构结束了对 Facebook 是否遵守欧盟数据保护法的调查, Oct. 2019.

[12] 联邦学习（隐私计算）, Oct. 2019.

[13] Apache pulsar, Aug. 2020.

[14] MPyC for secure multiparty computation in python, May 2020.

[15] Pycryptodome: Python package of low-level cryptographic primitives, May 2020.

[16] A python 3 library for partially homomorphic encryption, May 2020.

[17] Python crypto libraries, May 2020.

[18] Rabbitmq, Sep. 2020.

[19] Zeromq: An open-source universal messaging library, Mar. 2020.

[20] 人工智能特别是联邦学习用于提高区块链技术的安全性之探讨, Mar. 2020.

[21] 多方安全计算 -不经意间传输, Jan. 2020.

[22] 多方安全计算 -混淆电路, Jan. 2020.

[23] 多方安全计算 -秘密共享, Jan. 2020.

[24] 差分隐私, Jan. 2020.

[25] 隐私计算分类, Jan. 2020.

[26] DLA Piper (2020-03-07). Data protection laws of the world: Full handbook.

[27] EU Commission (2020-03-07). The official GDPR website.

[28] Martin Abadi, Andy Chu, Ian Goodfellow, H Brendan McMahan, Ilya Mironov, Kunal Talwar, and Li Zhang. Deep learning with differential privacy. In *Proceedings of the 2016 ACM SIGSAC Conference on Computer and Communications Security*, pages 308–318, 2016.

[29] ABADI M, CHU A, GOODFELLOW I, et al. Deep learning with differential privacy. In *In Proc. of the 2016 ACM SIGSAC Conference on Computer and Communications Security*, 2016.

[30] ACAR A, AKSU H, ULUAGAC A S, et al. A survey on homomorphic encryption schemes: Theory and implementation. *ACM Computing Surveys*, 51(4):1–35, Jul. 2018.

[31] Julius Adebayo, Justin Gilmer, Michael Muelly, Ian Goodfellow, Moritz Hardt, and Been Kim. Sanity checks for saliency maps. In *Advances in Neural Information Processing Systems*, pages 9505–9515, 2018.

[32] AI HLEG. Ethics guidelines for trustworthy AI. Technical report, High-Level Expert Group on Artificial Intelligence, the European Commission, 2019.

[33] Dan Alistarh, Demjan Grubic, Jerry Li, Ryota Tomioka, and Milan Vojnovic. Qsgd: Communication-efficient sgd via gradient quantization and encoding. In *Advances in Neural Information Processing Systems*, pages 1709–1720, 2017.

[34] Jacob Alperin-Sheriff and Chris Peikert. Faster bootstrapping with polynomial error. In *Annual Cryptology Conference*, pages 297–314. Springer, 2014.

[35] Muhammad Ammad-ud-din, Elena Ivannikova, Suleiman A. Khan, Were Oyomno, Qiang Fu, Kuan Eeik Tan, and Adrian Flanagan. Federated collaborative filtering for privacy-preserving personalized recommendation system. *CoRR*, abs/1901.09888, 2019.

[36] Yoshinori Aono, Takuya Hayashi, Lihua Wang, Shiho Moriai, et al. Privacy-preserving deep learning via additively homomorphic encryption. *IEEE Transactions on Information Forensics and Security*, 13(5):1333–1345, May 2018.

[37] Daniel W. Apley and Jingyu Zhu. Visualizing the effects of predictor variables in black box

supervised learning models. *Journal of the Royal Statistical Society: Series B (Statistical Methodology)*, Jun 2020.

[38] Diego Ardila, Atilla Kiraly, Sujeeth Bharadwaj, Bokyung Choi, Joshua Reicher, Lily Peng, Daniel Tse, Mozziyar Etemadi, Wenxing Ye, Greg Corrado, David Naidich, and Shravya Shetty. End-to-end lung cancer screening with three-dimensional deep learning on low-dose chest computed tomography. *Nature Medicine*, 25:1, 06 2019.

[39] ARMKNECHT F, BOYD C, CARR C, et al. A guide to fully homomorphic encryption, 2015.

[40] Eugene Bagdasaryan, Andreas Veit, Yiqing Hua, Deborah Estrin, and Vitaly Shmatikov. How to backdoor federated learning. *CoRR*, abs/1807.00459, 2018.

[41] Baidu. Baidu ring allreduce.

[42] Raef Bassily, Adam D. Smith, and Abhradeep Thakurta. Private empirical risk minimization, revisited. *CoRR*, abs/1405.7085, 2014.

[43] Björn Bebensee. Local differential privacy: A tutorial. Jul. 2019.

[44] BEIMEL A. Secret-sharing schemes: A survey. In *In Proc. of the International Conference on Coding and Cryptology*, 2011.

[45] Mihir Bellare, Viet Tung Hoang, and Phillip Rogaway. Foundations of garbled circuits. In *Proceedings of the 2012 ACM conference on Computer and communications security*, pages 784–796, 2012.

[46] BELLARE M, MICALI S. Non-interactive oblivious transfer and applications. In *In Proc. of Advances in Cryptology (CRYPTO'89)*, 1990.

[47] Arjun Nitin Bhagoji, Supriyo Chakraborty, Prateek Mittal, and Seraphin B. Calo. Analyzing federated learning through an adversarial lens. *CoRR*, abs/1811.12470, 2018.

[48] Alexey Bochkovskiy, Chien-Yao Wang, and Hong-Yuan Mark Liao. Yolov4: Optimal speed and accuracy of object detection, 2020.

[49] Keith Bonawitz, Hubert Eichner, Wolfgang Grieskamp, Dzmitry Huba, Alex Ingerman, Vladimir Ivanov, Chloé Kiddon, Jakub Konecný, Stefano Mazzocchi, H. Brendan McMahan, Timon Van Overveldt, David Petrou, Daniel Ramage, and Jason Roselander. Towards federated learning at scale: System design. *CoRR*, abs/1902.01046, 2019.

[50] Keith Bonawitz, Vladimir Ivanov, Ben Kreuter, Antonio Marcedone, H. Brendan McMahan, Sarvar Patel, Daniel Ramage, Aaron Segal, and Karn Seth. Practical secure aggrega-

tion for privacy-preserving machine learning. In *Proceedings of ACM SIGSAC Conference on Computer and Communications Security CCS*, pages 1175–1191, 2017.

[51] BONAWITZ K, IVANOV V, KREUTER B, et al. Practical secure aggregation for privacy-preserving machine learning. In *In Proc. of the ACM SIGSAC Conference on Computer and Communications Security (CCS'17)*, Nov. 2017.

[52] BONEH D, GOH E J, NISSIM K. Evaluating 2-DNF formulas on ciphertexts. In *In Proc. of Theory of Cryptography Conference*, 2005.

[53] Zvika Brakerski and Vinod Vaikuntanathan. Efficient fully homomorphic encryption from (standard) lwe. *SIAM Journal on Computing*, 43(2):831–871, 2014.

[54] BRAKERSKI Z, GENTRY C, VAIKUNTANATHAN V. Fully homomorphic encryption without bootstrapping. *IACR Cryptology ePrint Archive*, 2011:1–27, 2011.

[55] BRAKERSKI Z, VAIKUNTANATHAN V. Efficient fully homomorphic encryption from (standard) LWE. In *In Proc. of the 52nd IEEE Annual Symposium on Foundations of Computer Science*, 2011.

[56] Joost Broekens and Willem-Paul Brinkman. Affectbutton: A method for reliable and valid affective self-report. *International Journal of Human-Computer Studies*, 71(6):641–667, 2013.

[57] Vitalik Buterin. A next-generation smart contract and decentralized application platform. 2015.

[58] Clare Bycroft, Colin Freeman, Desislava Petkova, Gavin Band, Lloyd T Elliott, Kevin Sharp, Allan Motyer, Damjan Vukcevic, Olivier Delaneau, Jared O'Connell, et al. The uk biobank resource with deep phenotyping and genomic data. *Nature*, 562(7726):203–209, 2018.

[59] Miguel Castro and Barbara Liskov. Practical byzantine fault tolerance and proactive recovery. *ACM Transactions on Computer Systems (TOCS)*, 20(4):398–461, 2002.

[60] Miguel Castro, Barbara Liskov, et al. Practical byzantine fault tolerance. In *OSDI*, volume 99, pages 173–186, 1999.

[61] CCCF 专题. 区块链前沿技术：性能、安全、应用, Feb. 2020.

[62] Di Chai, Leye Wang, Kai Chen, and Qiang Yang. Secure federated matrix factorization. *CoRR*, abs/1906.05108, 2019.

[63] CHAUDHURI K, MONTELEONI C, SARWATE A D. Differentially private empirical risk minimization. *Journal of Machine Learning Research*, Dec.:1069–1109, Mar. 2011.

[64] Nitesh V Chawla, Kevin W Bowyer, Lawrence O Hall, and W Philip Kegelmeyer. Smote: synthetic minority over-sampling technique. *Journal of artificial intelligence research*, 16:321–357, 2002.

[65] Fei Chen, Zhenhua Dong, Zhenguo Li, and Xiuqiang He. Federated meta-learning for recommendation. *CoRR*, abs/1802.07876, 2018.

[66] Guo Chen, Amy K. Glasmeier, Min Zhang, and Yang Shao. Urbanization and income inequality in post-reform china: A causal analysis based on time series data. *PLoS One*, 11(7):e0158826, 2016.

[67] Hao Chen, Kim Laine, and Peter Rindal. Fast private set intersection from homomorphic encryption. In *CCS '17 Proceedings of the 2017 ACM SIGSAC Conference on Computer and Communications Security*, pages 1243–1255. ACM New York, NY, USA ?2017, October 2017.

[68] Mingqing Chen, Rajiv Mathews, Tom Ouyang, and Françoise Beaufays. Federated learning of out-of-vocabulary words. *CoRR*, abs/1903.10635, 2019.

[69] Yiqiang Chen, Jindong Wang, Chaohui Yu, Wen Gao, and Xin Qin. FedHealth: A Federated Transfer Learning Framework for Wearable Healthcare. 2019.

[70] Kewei Cheng, Tao Fan, Yilun Jin, Yang Liu, Tianjian Chen, and Qiang Yang. Secureboost: A lossless federated learning framework. *CoRR*, abs/1901.08755, 2019.

[71] François Chollet. Xception: Deep learning with depthwise separable convolutions. *CoRR*, abs/1610.02357, 2016.

[72] Maire O'Neill Ciara Moore and et. al. Elizabeth O'Sullivan. Practical homomorphic encryption: A survey. In *In Proc. of IEEE International Symposium on Circuits and Systems (ISCAS'14)*, 2014.

[73] European Commision. European data strategy, 2020.

[74] Graham Cormode and Shan Muthukrishnan. An improved data stream summary: the count-min sketch and its applications. *Journal of Algorithms*, 55(1):58–75, 2005.

[75] Paul Covington, Jay Adams, and Emre Sargin. Deep neural networks for youtube recommendations. In *Proceedings of the 10th ACM conference on recommender systems*, pages 191–198, 2016.

[76] Lisandro Dalcin. The mpi for python project, Dec. 2019.

[77] DAMGARD I, PASTRO V, SMART N P, et al. Multiparty computation from somewhat homomorphic encryption. In *In Proc. of Advances in Cryptology (CRYPTO'12)*, 2012.

[78]   Stefano Mazzocchi Daniel Ramage. Federated analytics: Collaborative data science without data collection, May 2020.

[79]   John Rydning David Reinsel, John Gantz. Data age 2025: the digitization of the world from edge to core. Nov 2018.

[80]   Irmen de Jong. Pyro – python remote objects, Jan. 2020.

[81]   DEAN J, CORRADO G, MONGA R, et al. Large scale distributed deep networks. In *In Proc. of the 25th International Conference on Neural Information Processing Systems (NIPS'12)*, Dec. 2012.

[82]   J. Deng, W. Dong, R. Socher, L. Li, Kai Li, and Li Fei-Fei. Imagenet: A large-scale hierarchical image database. In *2009 IEEE Conference on Computer Vision and Pattern Recognition*, pages 248–255, June 2009.

[83]   Misha Denil, Babak Shakibi, Laurent Dinh, Marc'Aurelio Ranzato, and Nando de Freitas. Predicting parameters in deep learning. *CoRR*, abs/1306.0543, 2013.

[84]   Jacob Devlin, Ming-Wei Chang, Kenton Lee, and Kristina Toutanova. BERT: pre-training of deep bidirectional transformers for language understanding.

[85]   DIJK M V, GENTRY C, HALEVI S, et al. Fully homomorphic encryption over the integers. In *In Proc. of Annual International Conference on the Theory and Applications of Cryptographic Techniques*, 2010.

[86]   John Dilley, Bruce Maggs, Jay Parikh, Harald Prokop, Ramesh Sitaraman, and Bill Weihl. Globally distributed content delivery. *IEEE Internet Computing*, 6(5):50–58, 2002.

[87]   Anhai Doan, Raghu Ramakrishnan, and Alon Y. Halevy. Crowdsourcing systems on the world-wide web. *Communications of the ACM*, 54(4):86–96, 2011.

[88]   Finale Doshi-Velez and Been Kim. Towards a rigorous science of interpretable machine learning. *arXiv preprint arXiv:1702.08608*, 2017.

[89]   Léo Ducas and Daniele Micciancio. Fhew: bootstrapping homomorphic encryption in less than a second. In *Annual International Conference on the Theory and Applications of Cryptographic Techniques*, pages 617–640. Springer, 2015.

[90]   Cynthia Dwork, Krishnaram Kenthapadi, Frank McSherry, Ilya Mironov, and Moni Naor. Our data, ourselves: Privacy via distributed noise generation. In *Annual International Conference on the Theory and Applications of Cryptographic Techniques*, pages 486–503. Springer, 2006.

[91] Cynthia Dwork, Frank McSherry, Kobbi Nissim, and Adam Smith. Calibrating noise to sensitivity in private data analysis. In *Theory of cryptography conference*, pages 265–284. Springer, 2006.

[92] DWORK C. Differential privacy: A survey of results. In *In Proc. of the 5th International Conference on Theory and Applications of Models of Computation (TAMC'08)*, Apr. 2008.

[93] DWORK C. A firm foundation for private data analysis. *Communications of the ACM*, 54(1):86–95, 2011.

[94] DWORK C, FELDMAN V, HARDT M, et al. Preserving statistical validity in adaptive data analysi.

[95] DWORK C, ROTH A. The algorithmic foundations of differential privacy. *Foundations and Trends in Theoretical Computer Science*, 9(3):211–407, 2014.

[96] ELGAMAL T. A public key cryptosystem and a signature scheme based on discrete logarithms. *IEEE Transactions on Information Theory*, 31(4):469–472, 1985.

[97] Ittay Eyal and Emin Gün Sirer. Majority is not enough: Bitcoin mining is vulnerable. *Commun. ACM*, 61(7):95–102, June 2018.

[98] Facebook. Gloo: Collective communications library with various primitives for multi-machine training, Mar. 2020.

[99] Xiuyi Fan and Francesca Toni. On computing explanations in argumentation. In *AAAI*, pages 1496–1502, 2015.

[100] MPI Forum. MPI documents, Dec. 2019.

[101] Matt Fredrikson, Somesh Jha, and Thomas Ristenpart. Model inversion attacks that exploit confidence information and basic countermeasures. In *Proceedings of the 22nd ACM SIGSAC Conference on Computer and Communications Security*, pages 1322–1333, 2015.

[102] Clement Fung, Chris JM Yoon, and Ivan Beschastnikh. Mitigating sybils in federated learning poisoning. *arXiv preprint arXiv:1808.04866*, 2018.

[103] Xinting Gao, Stephen Lin, and Tien Yin Wong. Automatic feature learning to grade nuclear cataracts based on deep learning. *IEEE Transactions on Biomedical Engineering*, 62(11):2693–2701, 2015.

[104] Yansong Gao, Minki Kim, Sharif Abuadbba, Yeonjae Kim, Chandra Thapa, Kyuyeon Kim, Seyit A Camtepe, Hyoungshick Kim, and Surya Nepal. End-to-end evaluation of federated learning and split learning for internet of things. *arXiv preprint arXiv:2003.13376*, 2020.

[105] Craig Gentry, Amit Sahai, and Brent Waters. Homomorphic encryption from learning with errors: Conceptually-simpler, asymptotically-faster, attribute-based. In *Annual Cryptology Conference*, pages 75–92. Springer, 2013.

[106] GENTRY C. Fully homomorphic encryption using ideal lattices. In *In Proc. of the forty-first annual ACM symposium on Theory of computing*, Jun. 2009.

[107] Ross B. Girshick. Fast R-CNN. *CoRR*, abs/1504.08083, 2015.

[108] Ross B. Girshick, Jeff Donahue, Trevor Darrell, and Jitendra Malik. Rich feature hierarchies for accurate object detection and semantic segmentation. *CoRR*, abs/1311.2524, 2013.

[109] Oded Goldreich, Silvio Micali, and Avi Wigderson. How to play any mental game, or a completeness theorem for protocols with honest majority. In *Providing Sound Foundations for Cryptography: On the Work of Shafi Goldwasser and Silvio Micali*, pages 307–328. 2019.

[110] GOLDREICH O, MICALI S, WIGDERSON A. How to play any mental game. In *In Proc. of the nineteenth annual ACM symposium on Theory of computing*, 1987.

[111] Alex Goldstein, Adam Kapelner, Justin Bleich, and Emil Pitkin. Peeking inside the black box: Visualizing statistical learning with plots of individual conditional expectation. *Journal of Computational and Graphical Statistics*, 24(1):44–65, Jan 2015.

[112] Carlos A. Gomez-Uribe and Neil Hunt. The netflix recommender system: Algorithms, business value, and innovation. *ACM Trans. Manage. Inf. Syst.*, 6(4), December 2016.

[113] GOODFELLOW I, COURVILLE A, BENGIO Y. *Deep Learning*. MIT Press, Apr. 2016.

[114] Google. Protocol buffers, Jan. 2020.

[115] Neel Guha, Ameet Talwalkar, and Virginia Smith. One-shot federated learning. Mar. 2019.

[116] Otkrist Gupta and Ramesh Raskar. Distributed learning of deep neural network over multiple agents. *Journal of Network and Computer Applications*, 116:1–8, 2018.

[117] Muhammad Habib ur Rehman, Khaled Salah, Ernesto Damiani, and Davor Svetinovic. Towards blockchain-based reputation-aware federated learning. 02 2020.

[118] Eric Hamilton. What is Edge Computing: The Network Edge Explained, 2018.

[119] Hui Han, Wen-Yuan Wang, and Bing-Huan Mao. Borderline-smote: a new over-sampling method in imbalanced data sets learning. In *International conference on intelligent computing*, pages 878–887. Springer, 2005.

[120] Song Han, Huizi Mao, and William J Dally. Deep compression: Compressing deep neural networks with pruning, trained quantization and huffman coding. *arXiv preprint arXiv: 1510.00149*, 2015.

[121] Andrew Hard, Kanishka Rao, Rajiv Mathews, Françoise Beaufays, Sean Augenstein, Hubert Eichner, Chloé Kiddon, and Daniel Ramage. Federated learning for mobile keyboard prediction. *CoRR*, abs/1811.03604, 2018.

[122] Andrew Hard, Kanishka Rao, Rajiv Mathews, Swaroop Ramaswamy, Françoise Beaufays, Sean Augenstein, Hubert Eichner, Chloé Kiddon, and Daniel Ramage. Federated learning for mobile keyboard prediction. *arXiv preprint arXiv:1811.03604*, 2018.

[123] Stephen Hardy, Wilko Henecka, Hamish Ivey-Law, Richard Nock, Giorgio Patrini, Guillaume Smith, and Brian Thorne. Private federated learning on vertically partitioned data via entity resolution and additively homomorphic encryption. *CoRR*, abs/1711.10677, 2017.

[124] HARDY S, HENECKA W, IVEY-LAW H, et al. Private federated learning on vertically partitioned data via entity resolution and additively homomorphic encryption.

[125] Trevor Hastie, Robert Tibshirani, and Jerome Friedman. *The Elements of Statistical Learning*. Springer Series in Statistics. Springer New York Inc., New York, NY, USA, 2001.

[126] Haibo He, Yang Bai, Edwardo A Garcia, and Shutao Li. Adasyn: Adaptive synthetic sampling approach for imbalanced learning. In *2008 IEEE international joint conference on neural networks (IEEE world congress on computational intelligence)*, pages 1322–1328. IEEE, 2008.

[127] Kaiming He, Xiangyu Zhang, Shaoqing Ren, and Jian Sun. Deep residual learning for image recognition. *CoRR*, abs/1512.03385, 2015.

[128] Kaiming He, Xiangyu Zhang, Shaoqing Ren, and Jian Sun. Delving deep into rectifiers: Surpassing human-level performance on imagenet classification. *CoRR*, abs/1502.01852, 2015.

[129] Geoffrey Hinton, Oriol Vinyals, and Jeff Dean. Distilling the knowledge in a neural network. Mar. 2015.

[130] Qirong Ho, James Cipar, Henggang Cui, Jin Kyu Kim, Seunghak Lee, Phillip B. Gibbons, Garth A. Gibson, Gregory R. Ganger, and Eric P. Xing. More effective distributed ml via a stale synchronous parallel parameter server. In *In Proc. of the 26th International*

Conference on Neural Information Processing Systems (NIPS'13), 2013.

[131] Sepp Hochreiter and Jürgen Schmidhuber. Long short-term memory. *Neural Computation*, 9(8):1735–1780, 1997.

[132] Andrew G. Howard, Menglong Zhu, Bo Chen, Dmitry Kalenichenko, Weijun Wang, Tobias Weyand, Marco Andreetto, and Hartwig Adam. Mobilenets: Efficient convolutional neural networks for mobile vision applications. *CoRR*, abs/1704.04861, 2017.

[133] Yaochen Hu, Di Niu, and Jianming Yang. Stochastic distributed optimization for machine learning from decentralized features. May 2019.

[134] Anbu Huang, Yuanyuan Chen, Yang Liu, Tianjian Chen, and Qiang Yang. RPN: A residual pooling network for efficient federated learning. *CoRR*, abs/2001.08600, 2020.

[135] Li Huang, Yifeng Yin, Zeng Fu, Shifa Zhang, Hao Deng, and Dianbo Liu. LoAdaBoost: Loss-Based AdaBoost Federated Machine Learning on medical Data. pages 1–12, 2018.

[136] Yan Huang, David Evans, Jonathan Katz, and Lior Malka. Faster secure two-party computation using garbled circuits. In *USENIX Security Symposium*, volume 201, pages 331–335, 2011.

[137] Forrest N Iandola, Song Han, Matthew W Moskewicz, Khalid Ashraf, William J Dally, and Kurt Keutzer. Squeezenet: Alexnet-level accuracy with 50x fewer parameters and< 0.5 mb model size. *arXiv preprint arXiv:1602.07360*, 2016.

[138] Radu Tudor Ionescu and Marius Popescu. Knowledge transfer between computer vision and text mining.

[139] ISHAI Y, PASKIN A. Evaluating branching programs on encrypted data. In *In Proc. of Theory of Cryptography*, pages 575–594, 2007.

[140] ISHAI Y, PRABHAKARAN M, SAHAI A. Founding cryptography on oblivious transfer – efficiently. In *In Proc. of Advances in Cryptology (CRYPTO'08)*, 2008.

[141] Raj Jain, Dah-Ming Chiu, and W. Hawe. A quantitative measure of fairness and discrimination for resource allocation in shared computer systems. *CoRR*, cs.NI/9809099, 1998.

[142] Markus Jakobsson and Ari Juels. Proofs of work and bread pudding protocols. In *Secure information networks*, pages 258–272. Springer, 1999.

[143] Eunjeong Jeong, Seungeun Oh, Hyesung Kim, Jihong Park, Mehdi Bennis, and Seong-Lyun Kim. Communication-efficient on-device machine learning: Federated distillation and augmentation under non-iid private data. *CoRR*, abs/1811.11479, 2018.

[144] Ruoxi Jia, David Dao, Boxin Wang, Frances Ann Hubis, Nick Hynes, Nezihe Merve Gürel, Bo Li, Ce Zhang, Dawn Song, and Costas J. Spanos. Towards efficient data valuation based on the shapley value. In *Proceedings of the 22nd International Conference on Artificial Intelligence and Statistics AISTATS 2019*, pages 1167–1176, 2019.

[145] Qinghe Jing, Weiyan Wang, Junxue Zhang, Han Tian, and Kai Chen. Quantifying the performance of federated transfer learning. *arXiv preprint arXiv:1912.12795*, 2019.

[146] Ce Ju, Ruihui Zhao, Jichao Sun, Xiguang Wei, Bo Zhao, Yang Liu, Hongshan Li, Tianjian Chen, Xinwei Zhang, Dashan Gao, Ben Tan, Han Yu, and Yuan Jin. Privacy-preserving technology to help millions of people: Federated prediction model for stroke prevention, 2020.

[147] Z. Liu H. Yu Y. Liu & Q. Yang K. L. Ng, Z. Chen. A multi-player game for studying federated learning incentive schemes. In *The 29th International Joint Conference on Artificial Intelligence (IJCAI'20)*, 2020.

[148] Peter Kairouz, H. Brendan McMahan, Brendan Avent, and et al. Advances and open problems in federated learning. Dec. 2019.

[149] KAIROUZ P, MCMAHAN H B, AVENT B, et al. Advances and open problems in federated learning.

[150] KAMP M, ADILOVA L, SICKING J, et al. Efficient decentralized deep learning by dynamic model averaging. In *In Proc. of Machine Learning and Knowledge Discovery in Databases (KDD'18)*, Sep. 2018.

[151] Jiawen Kang, Zehui Xiong, Dusit Niyato, Han Yu, Ying-Chang Liang, and Dong In Kim. Incentive design for efficient federated learning in mobile networks: A contract theory approach. *CoRR*, abs/1905.07479, 2019.

[152] Andrej Karpathy, Justin Johnson, and Li Fei-Fei. Visualizing and understanding recurrent networks. *arXiv preprint arXiv:1506.02078*, 2015.

[153] AYOOSH KATHURIA. PyTorch 101: Understanding Hooks.

[154] KELLER M, ORSINI E, SCHOLL P. Mascot: Faster malicious arithmetic secure computation with oblivious transfer. In *In Proc. of the 2016 ACM SIGSAC Conference on Computer and Communications Security (CSS'16)*, Oct. 2016.

[155] Wes Kendall. MPI tutorial, Mar. 2019.

[156] Hyesung Kim, Jihong Park, Mehdi Bennis, and Seong-Lyun Kim. On-device federated learning via blockchain and its latency analysis. *CoRR*, abs/1808.03949, 2018.

[157] Jakub Konecný, H. Brendan McMahan, Felix X. Yu, Peter Richtárik, Ananda Theertha Suresh, and Dave Bacon. Federated learning: Strategies for improving communication efficiency. *CoRR*, abs/1610.05492, 2016.

[158] KONECNY J, MCMAHAN H B, YU F X, et al. Federated learning: Strategies for improving communication efficiency.

[159] Yehuda Koren, Robert Bell, and Chris Volinsky. Matrix factorization techniques for recommender systems. *Computer*, 42(8):30–37, 2009.

[160] Alex Krizhevsky, Ilya Sutskever, and Geoffrey E Hinton. Imagenet classification with deep convolutional neural networks. In F. Pereira, C. J. C. Burges, L. Bottou, and K. Q. Weinberger, editors, *Advances in Neural Information Processing Systems 25*, pages 1097–1105. Curran Associates, Inc., 2012.

[161] Junghye Lee, Jimeng Sun, Fei Wang, Shuang Wang, Chi Hyuck Jun, and Xiaoqian Jiang. Privacy-preserving patient similarity learning in a federated environment: Development and analysis. *Journal of Medical Internet Research*, 20(4):1–27, 2018.

[162] Boyang Li, Han Yu, Zhiqi Shen, Lizhen Cui, and Victor R. Lesser. An evolutionary framework for multi-agent organizations. In *WI-IAT*, pages 35–38, 2015.

[163] Boyang Li, Han Yu, Zhiqi Shen, and Chunyan Miao. Evolutionary organizational search. In *AAMAS*, pages 1329–1330, 2009.

[164] Hao Li, Asim Kadav, Igor Durdanovic, Hanan Samet, and Hans Peter Graf. Pruning filters for efficient convnets. *CoRR*, abs/1608.08710, 2016.

[165] Hongyu Li, Dan Meng, and Xiaolin Li. Knowledge federation: Hierarchy and unification. *arXiv preprint arXiv:2002.01647*, 2020.

[166] Qinbin Li, Zeyi Wen, and Bingsheng He. Practical federated gradient boosting decision trees. In *AAAI*, pages 4642–4649, 2020.

[167] Suyi Li, Yong Cheng, Wei Wang, Yang Liu, and Tianjian Chen. Learning to detect malicious clients for robust federated learning, 2020.

[168] Tian Li, Anit Kumar Sahu, Ameet Talwalkar, and Virginia Smith. Federated learning: Challenges, methods, and future directions, 2019.

[169] Tian Li, Anit Kumar Sahu, Manzil Zaheer, Maziar Sanjabi, Ameet Talwalkar, and Virginia Smith. Federated optimization in heterogeneous networks. *arXiv preprint arXiv:1812.06127*, 2018.

[170] Tian Li, Maziar Sanjabi, Ahmad Beirami, and Virginia Smith. Fair resource allocation in federated learning. In *International Conference on Learning Representations*, 2020.

[171] Wenqi Li, Fausto Milletarì, Daguang Xu, Nicola Rieke, Jonny Hancox, Wentao Zhu, Maximilian Baust, Yan Cheng, Sébastien Ourselin, M Jorge Cardoso, et al. Privacy-preserving federated brain tumour segmentation. In *International Workshop on Machine Learning in Medical Imaging*, pages 133–141. Springer, 2019.

[172] Wenqi Li, Fausto Milletarì, Daguang Xu, Nicola Rieke, Jonny Hancox, Wentao Zhu, Maximilian Baust, Yan Cheng, Sébastien Ourselin, M. Jorge Cardoso, and Andrew Feng. Privacy-Preserving Federated Brain Tumour Segmentation. pages 133–141, 2019.

[173] Xiang Li, Kaixuan Huang, Wenhao Yang, Shusen Wang, and Zhihua Zhang. On the convergence of fedavg on non-iid data. In *International Conference on Learning Representations*, 2020.

[174] Fangzhou Liao, Ming Liang, Zhe Li, Xiaolin Hu, and Sen Song. Evaluate the malignancy of pulmonary nodules using the 3-d deep leaky noisy-or network. *IEEE transactions on neural networks and learning systems*, 30(11):3484–3495, 2019.

[175] IBM Differential Privacy Library, Dec. 2019.

[176] Wei Yang Bryan Lim, Nguyen Cong Luong, Dinh Thai Hoang, Yutao Jiao, Ying-Chang Liang, Qiang Yang, Dusit Niyato, and Chunyan Miao. Federated learning in mobile edge networks: A comprehensive survey, 2019.

[177] Wei Yang Bryan Lim, Nguyen Cong Luong, Dinh Thai Hoang, Yutao Jiao, Ying-Chang Liang, Qiang Yang, Dusit Niyato, and Chunyan Miao. Federated learning in mobile edge networks: A comprehensive survey. *IEEE Communications Surveys & Tutorials*, page 1–1, 2020.

[178] Han Lin, Jinghua Hou, Han Yu, Zhiqi Shen, and Chunyan Miao. An agent-based game platform for exercising people's prospective memory. In *WI-IAT*, pages 235–236, 2015.

[179] LINDELL Y, HAZAY C. *Efficient secure two-party protocols.* Springer, 2010.

[180] Dianbo Liu, Dmitriy Dligach, and Timothy Miller. Two-stage Federated Phenotyping and Patient Representation Learning. 2019.

[181] Dianbo Liu, Timothy Miller, Raheel Sayeed, and Kenneth D. Mandl. FADL:Federated-Autonomous Deep Learning for Distributed Electronic Health Record. 2018.

[182] Wei Liu, Dragomir Anguelov, Dumitru Erhan, Christian Szegedy, Scott E. Reed, Cheng-Yang Fu, and Alexander C. Berg. SSD: single shot multibox detector. *CoRR*, abs/

1512.02325, 2015.

[183] Xu-Ying Liu, Jianxin Wu, and Zhi-Hua Zhou. Exploratory undersampling for class-imbalance learning. *IEEE Transactions on Systems, Man, and Cybernetics, Part B (Cybernetics)*, 39(2):539–550, 2008.

[184] Y. Liu, Q. Yang, T. Chen, and et al. Federated learning and transfer learning for privacy, security and confidentiality. *The Thirty-Third AAAI Conference on Artificial Intelligence (AAAI-19)*, Jan. 2019.

[185] Yang Liu, Anbu Huang, Yun Luo, He Huang, Youzhi Liu, Yuanyuan Chen, Lican Feng, Tianjian Chen, Han Yu, and Qiang Yang. Fedvision: An online visual object detection platform powered by federated learning. *CoRR*, abs/2001.06202, 2020.

[186] Yuan Liu, Shuai Sun, Zhengpeng Ai, Shuangfeng Zhang, Zelei Liu, and Han Yu. Fedcoin: A peer-to-peer payment system for federated learning, 2020.

[187] Zhuang Liu, Jianguo Li, Zhiqiang Shen, Gao Huang, Shoumeng Yan, and Changshui Zhang. Learning efficient convolutional networks through network slimming. *CoRR*, abs/1708.06519, 2017.

[188] LIU Y, CHEN T, YANG Q. Secure federated transfer learning.

[189] Adriana López-Alt, Eran Tromer, and Vinod Vaikuntanathan. On-the-fly multiparty computation on the cloud via multikey fully homomorphic encryption. In *Proceedings of the forty-fourth annual ACM symposium on Theory of computing*, pages 1219–1234, 2012.

[190] Scott M Lundberg and Su-In Lee. A unified approach to interpreting model predictions. In *Advances in neural information processing systems*, pages 4765–4774, 2017.

[191] Jiahuan Luo, Xueyang Wu, Yun Luo, Anbu Huang, Yunfeng Huang, Yang Liu, and Qiang Yang. Real-world image datasets for federated learning. *arXiv preprint arXiv:1910.11089*, 2019.

[192] Luping, Wang and Wei, Wang and Bo, Li. CMFL: Mitigating communication overhead for federated learning. In *In Proc. of the 39th IEEE International Conference on Distributed Computing Systems (ICDCS'19)*, Jul. 2019.

[193] LYUBASHEVSKY V, PEIKERT C, REGEV O. On ideal lattices and learning with errors over rings. In *In Proc. of Annual International Conference on the Theory and Applications of Cryptographic Techniques*, 2010.

[194] Laurens van der Maaten and Geoffrey Hinton. Visualizing data using t-sne. *Journal of machine learning research*, 9(Nov):2579–2605, 2008.

[195] U. Majeed and C. S. Hong. Flchain: Federated learning via mec-enabled blockchain network. In *2019 20th Asia-Pacific Network Operations and Management Symposium (APNOMS)*, pages 1–4, 2019.

[196] Ruben Mayer and Hans-Arno Jacobsen. Scalable deep learning on distributed infrastructures: Challenges, techniques and tools. Sep. 2019.

[197] H. Brendan McMahan and Galen Andrew. A general approach to adding differential privacy to iterative training procedures. *CoRR*, abs/1812.06210, 2018.

[198] H. Brendan McMahan, Eider Moore, Daniel Ramage, and Blaise Agüera y Arcas. Federated learning of deep networks using model averaging. *CoRR*, abs/1602.05629, 2016.

[199] H. Brendan McMahan, Daniel Ramage, Kunal Talwar, and Li Zhang. Learning differentially private language models without losing accuracy. *CoRR*, abs/1710.06963, 2017.

[200] MCMAHAN H B, MOORE E, RAMAGE D, et al. Communication-efficient learning of deep networks from decentralized data.

[201] Frank McSherry and Kunal Talwar. Mechanism design via differential privacy. In *48th Annual IEEE Symposium on Foundations of Computer Science (FOCS'07)*, pages 94–103. IEEE, 2007.

[202] Frank D McSherry. Privacy integrated queries: an extensible platform for privacy-preserving data analysis. In *Proceedings of the 2009 ACM SIGMOD International Conference on Management of data*, pages 19–30, 2009.

[203] Luca Melis, Congzheng Song, Emiliano De Cristofaro, and Vitaly Shmatikov. Inference attacks against collaborative learning. *CoRR*, abs/1805.04049, 2018.

[204] Ralph Merkle. A digital signature based on a conventional encryption function. volume 293, pages 369–378, 08 1987.

[205] Paulius Micikevicius. Mixed-precision training of deep neural networks, Oct. 2017.

[206] Paulius Micikevicius, Sharan Narang, Jonah Alben, Gregory Diamos, Erich Elsen, David Garcia, Boris Ginsburg, Michael Houston, Oleksii Kuchaiev, Ganesh Venkatesh, et al. Mixed precision training. *arXiv preprint arXiv:1710.03740*, 2017.

[207] Paulius Micikevicius, Sharan Narang, Jonah Alben, Gregory F. Diamos, Erich Elsen, David García, Boris Ginsburg, Michael Houston, Oleksii Kuchaiev, Ganesh Venkatesh, and Hao Wu. Mixed precision training. Feb. 2018.

[208] Sparsh Mittal and Shraiysh Vaishay. A survey of techniques for optimizing deep learning on GPUs. *Journal of Systems Architecture*, 99, Oct. 2019.

[209] Mehryar Mohri, Gary Sivek, and Ananda Theertha Suresh. Agnostic federated learning. *CoRR*, abs/1902.00146, 2019.

[210] Pavlo Molchanov, Stephen Tyree, Tero Karras, Timo Aila, and Jan Kautz. Pruning convolutional neural networks for resource efficient transfer learning. *CoRR*, abs/1611.06440, 2016.

[211] Christoph Molnar. *Interpretable Machine Learning*. Lulu. com, 2020.

[212] Anudit Nagar. Privacy-preserving blockchain based federated learning with differential data sharing. *arXiv preprint arXiv:1912.04859*, 2019.

[213] Anudit Nagar. Privacy-preserving blockchain based federated learning with differential data sharing, 2019.

[214] Satoshi Nakamoto. Bitcoin: A peer-to-peer electronic cash system. Technical report, Manubot, 2019.

[215] NAOR M, PINKAS B. Efficient oblivious transfer protocols. In *In Proc. of the 12th annual ACM-SIAM symposium on Discrete algorithms*, 2001.

[216] Maxim Naumov, Dheevatsa Mudigere, Hao-Jun Michael Shi, Jianyu Huang, Narayanan Sundaraman, Jongsoo Park, Xiaodong Wang, Udit Gupta, Carole-Jean Wu, Alisson G. Azzolini, Dmytro Dzhulgakov, Andrey Mallevich, Ilia Cherniavskii, Yinghai Lu, Raghuraman Krishnamoorthi, Ansha Yu, Volodymyr Kondratenko, Stephanie Pereira, Xianjie Chen, Wenlin Chen, Vijay Rao, Bill Jia, Liang Xiong, and Misha Smelyanskiy. Deep learning recommendation model for personalization and recommendation systems. *CoRR*, abs/1906.00091, 2019.

[217] Michael J. Neely. *Stochastic Network Optimization with Application to Communication and Queueing Systems*. Morgan and Claypool Publishers, 2010.

[218] Dong Nie, Han Zhang, Ehsan Adeli, Luyan Liu, and Dinggang Shen. 3d deep learning for multi-modal imaging-guided survival time prediction of brain tumor patients. In *International conference on medical image computing and computer-assisted intervention*, pages 212–220. Springer, 2016.

[219] Solmaz Niknam, Harpreet S. Dhillon, and Jeffery H. Reed. Federated learning for wireless communications: Motivation, opportunities and challenges, 2019.

[220] NVIDIA. Nvidia collective communications library (NCCL): Multi-GPU and multi-node collective communication primitives, Mar. 2020.

[221] Office of Management and OMB Budget. Final Federal Data Strategy & 2020 Action Plan, 2020.

[222] Shuo Ouyang, Dezun Dong, Yemao Xu, and Liquan Xiao. Communication optimization strategies for distributed deep learning: A survey. Mar. 2020.

[223] Pascal Paillier. Public-key cryptosystems based on composite degree residuosity classes. In Jacques Stern, editor, *Advances in Cryptology — EUROCRYPT '99*, pages 223–238, Berlin, Heidelberg, 1999. Springer Berlin Heidelberg.

[224] PAILLIER P. Public-key cryptosystems based on composite degree residuosity classe. In *In Proc. of International Conference on the Theory and Applications of Cryptographic Techniques*, 1999.

[225] Zhengxiang Pan, Han Yu, Chunyan Miao, and Cyril Leung. Efficient collaborative crowdsourcing. In *AAAI*, pages 4248–4249, 2016.

[226] Nicolas Papernot, Martín Abadi, Ulfar Erlingsson, Ian Goodfellow, and Kunal Talwar. Semi-supervised knowledge transfer for deep learning from private training data.

[227] Jihong Park, Shiqiang Wang, Anis Elgabli, and et. al. Seungeun Oh. Distilling on-device intelligence at the network edge. Aug. 2019.

[228] Adam Paszke, Sam Gross, Soumith Chintala, Gregory Chanan, Edward Yang, Zachary DeVito, Zeming Lin, Alban Desmaison, Luca Antiga, and Adam Lerer. Automatic differentiation in pytorch. 2017.

[229] Adam Paszke, Sam Gross, Francisco Massa, Adam Lerer, James Bradbury, Gregory Chanan, Trevor Killeen, Zeming Lin, Natalia Gimelshein, Luca Antiga, Alban Desmaison, Andreas Kopf, Edward Yang, Zachary DeVito, Martin Raison, Alykhan Tejani, Sasank Chilamkurthy, Benoit Steiner, Lu Fang, Junjie Bai, and Soumith Chintala. Pytorch: An imperative style, high-performance deep learning library. In H. Wallach, H. Larochelle, A. Beygelzimer, F. d'Alché-Buc, E. Fox, and R. Garnett, editors, *Advances in Neural Information Processing Systems 32*, pages 8026–8037. Curran Associates, Inc., 2019.

[230] Adrien Payan and Giovanni Montana. Predicting alzheimer's disease: a neuroimaging study with 3d convolutional neural networks. *CoRR*, abs/1502.02506, 2015.

[231] Krishna Pillutla, Sham M Kakade, and Zaid Harchaoui. Robust aggregation for federated learning. *arXiv preprint arXiv:1912.13445*, 2019.

[232] Samira Pouyanfar, Saad Sadiq, Yilin Yan, Haiman Tian, Yudong Tao, Maria Presa Reyes, Mei-Ling Shyu, Shu-Ching Chen, and SS Iyengar. A survey on deep learning: Algorithms,

techniques, and applications. *ACM Computing Surveys*, 51(5):1–36, Sep. 2019.

[233] Michael O Rabin. How to exchange secrets with oblivious transfer. *Technical Report (Harvard University)*, 2005.

[234] Tal Rabin and Michael Ben-Or. Verifiable secret sharing and multiparty protocols with honest majority. In *In Proc. of the 21st Annual ACM Symposium on Theory of Computing (STOC'89)*, 1989.

[235] Joseph Redmon, Santosh Kumar Divvala, Ross B. Girshick, and Ali Farhadi. You only look once: Unified, real-time object detection. *CoRR*, abs/1506.02640, 2015.

[236] Joseph Redmon and Ali Farhadi. YOLO9000: better, faster, stronger. *CoRR*, abs/1612.08242, 2016.

[237] Joseph Redmon and Ali Farhadi. Yolov3: An incremental improvement. *CoRR*, abs/1804.02767, 2018.

[238] Tony Reina, Micah J Sheller, Brandon Edwards, Jason Martin, and Spyridon Bakas. Federated learning for medical imaging. 2020.

[239] Shaoqing Ren, Kaiming He, Ross Girshick, and Jian Sun. Faster r-cnn: Towards real-time object detection with region proposal networks. *IEEE Transactions on Pattern Analysis and Machine Intelligence*, 39(6):1137–1149, Jun 2017.

[240] Shaoqing Ren, Kaiming He, Ross Girshick, and Jian Sun. Faster R-CNN: Towards Real-Time Object Detection with Region Proposal Networks. *IEEE Transactions on Pattern Analysis and Machine Intelligence*, 39(6):1137–1149, 2017.

[241] Marco Tulio Ribeiro, Sameer Singh, and Carlos Guestrin. Model-agnostic interpretability of machine learning. *arXiv preprint arXiv:1606.05386*, 2016.

[242] Nicola Rieke, Jonny Hancox, Wenqi Li, Fausto Milletari, Holger Roth, Shadi Albarqouni, Spyridon Bakas, Mathieu N. Galtier, Bennett Landman, Klaus Maier-Hein, Sebastien Ourselin, Micah Sheller, Ronald M. Summers, Andrew Trask, Daguang Xu, Maximilian Baust, and M. Jorge Cardoso. The future of digital health with federated learning, 2020.

[243] Ronald L Rivest, Len Adleman, Michael L Dertouzos, et al. On data banks and privacy homomorphisms. *Foundations of secure computation*, 4(Nov.):169–180, 1978.

[244] Ronald L Rivest, Adi Shamir, and Leonard Adleman. A method for obtaining digital signatures and public-key cryptosystems. *Communications of the ACM*, 21(2):120–126, 1978.

[245] Adriana Romero, Nicolas Ballas, Samira Ebrahimi Kahou, Antoine Chassang, Carlo Gatta, and Yoshua Bengio. Fitnets: Hints for thin deep nets. *arXiv preprint arXiv:1412.6550*, 2014.

[246] Olaf Ronneberger, Philipp Fischer, and Thomas Brox. U-net: Convolutional networks for biomedical image segmentation. *Lecture Notes in Computer Science (including subseries Lecture Notes in Artificial Intelligence and Lecture Notes in Bioinformatics)*, 9351:234–241, 2015.

[247] Daniel Rothchild, Ashwinee Panda, Enayat Ullah, Nikita Ivkin, Ion Stoica, Vladimir Braverman, Joseph Gonzalez, and Raman Arora. Fetchsgd: Communication-efficient federated learning with sketching. *arXiv preprint arXiv:2007.07682*, 2020.

[248] Keith Hall Ryan McDonald and Gideon Mann. Distributed training strategies for the structured perceptron. In *In Proc. of Annual Conference of the North American Chapter of the Association for Computational Linguistics*, Jun. 2010.

[249] Theo Ryffel, Andrew Trask, Morten Dahl, Bobby Wagner, Jason Mancuso, Daniel Rueckert, and Jonathan Passerat-Palmbach. A generic framework for privacy preserving deep learning. *CoRR*, abs/1811.04017, 2018.

[250] Seher Tutdere, Osmanbey Uzunkol. Construction of arithmetic secret sharing schemes by using torsion limits.

[251] Ramprasaath R. Selvaraju, Abhishek Das, Ramakrishna Vedantam, Michael Cogswell, Devi Parikh, and Dhruv Batra. Grad-cam: Why did you say that? visual explanations from deep networks via gradient-based localization. *CoRR*, abs/1610.02391, 2016.

[252] Mayank Shah, Oct. 2019.

[253] Adi Shamir. How to share a secret. *Commun. ACM*, 22(11):612–613, November 1979.

[254] Alireza Shamsoshoara. Overview of blakley's secret sharing scheme. *CoRR*, abs/1901.02802, 2019.

[255] Lloyd S. Shapley. Notes on the n-person game – ii: The value of an n-person game. 1951.

[256] Zhiqi Shen, Han Yu, Chunyan Miao, and Jianshu Weng. Trust-based web service selection in virtual communities. *Web Intelligence and Agent Systems*, 9(3):227–238, 2011.

[257] Weisong Shi, Jie Cao, Quan Zhang, Youhuizi Li, and Lanyu Xu. Edge computing: Vision and challenges. *IEEE Internet of Things Journal*, 3:637–646, 2016.

[258] Karen Simonyan, Andrea Vedaldi, and Andrew Zisserman. Deep inside convolutional

networks: Visualising image classification models and saliency maps. *arXiv preprint arXiv: 1312.6034*, 2013.

[259] Abhishek Singh, Praneeth Vepakomma, Otkrist Gupta, and Ramesh Raskar. Detailed comparison of communication efficiency of split learning and federated learning. *arXiv preprint arXiv:1909.09145*, 2019.

[260] Jost Tobias Springenberg, Alexey Dosovitskiy, Thomas Brox, and Martin Riedmiller. Striving for simplicity: The all convolutional net. *arXiv preprint arXiv:1412.6806*, 2014.

[261] Sarath Sreedharan, Tathagata Chakraborti, and Subbarao Kambhampati. Balancing explicability and explanation in human-aware planning. Technical report, AAAI Technical Report FS-17-01, 2017.

[262] Nitish Srivastava, Geoffrey Hinton, Alex Krizhevsky, Ilya Sutskever, and Ruslan Salakhutdinov. Dropout: A simple way to prevent neural networks from overfitting. *J. Mach. Learn. Res.*, 15(1):1929–1958, January 2014.

[263] W Richard Stevens, Bill Fenner, and Andrew M Rudoff. *UNIX Network Programming Volume 1*. SMIT-SMU, 2018.

[264] Shizhao Sun, Wei Chen, Jiang Bian, Xiaoguang Liu, and Tie-Yan Liu. Ensemble-compression: A new method for parallel training of deep neural networks. Jul. 2017.

[265] Ziteng Sun, Peter Kairouz, Ananda Theertha Suresh, and H. Brendan McMahan. Can you really backdoor federated learning?, 2019.

[266] Zhenheng Tang, Shaohuai Shi, Xiaowen Chu, Wei Wang, and Bo Li. Communication-efficient distributed deep learning: A comprehensive survey. Mar. 2020.

[267] Michael Tradewell, Joshua Dean, Nikolaos Papanikolopoulos, Niranjan Sathianathen, Christopher Weight, Nicholas Heller, and Vassilios Morellas. A balance cascade of deep neural networks for ct renal segmentation, 2018.

[268] Trask A W. *Grokking Deep Learning*. Manning Publications, Jan. 2019.

[269] Wen-Guey Tzeng. Efficient 1-out-of-n oblivious transfer schemes with universally usable parameters. *IEEE Trans. Comput.*, 53(2):232–240, February 2004.

[270] Mark JJP Van Grinsven, Bram van Ginneken, Carel B Hoyng, Thomas Theelen, and Clara I Sánchez. Fast convolutional neural network training using selective data sampling: Application to hemorrhage detection in color fundus images. *IEEE transactions on medical imaging*, 35(5):1273–1284, 2016.

[271] Maarten van Steen and Andrew S. Tanenbaum. *Distributed Systems (3rd edition)*. CreateSpace Independent Publishing Platform, 2017.

[272] Praneeth Vepakomma, Otkrist Gupta, Abhimanyu Dubey, and Ramesh Raskar. Reducing leakage in distributed deep learning for sensitive health data. *arXiv preprint arXiv: 1812.00564*, 2019.

[273] Praneeth Vepakomma, Otkrist Gupta, Tristan Swedish, and Ramesh Raskar. Split learning for health: Distributed deep learning without sharing raw patient data. *arXiv preprint arXiv:1812.00564*, 2018.

[274] Daoshun Wang, Lei Zhang, Ning Ma, and Xiaobo Li. Two secret sharing schemes based on boolean operation. *Pattern Recognition*, 40(Oct.):2776–2785, Oct. 2007.

[275] Hongyi Wang, Mikhail Yurochkin, Yuekai Sun, Dimitris Papailiopoulos, and Yasaman Khazaeni. Federated learning with matched averaging. In *International Conference on Learning Representations*, 2020.

[276] Yulong Wang, Xiaolu Zhang, Lingxi Xie, Jun Zhou, Hang Su, Bo Zhang, and Xiaolin Hu. Pruning from scratch.

[277] Stanley L Warner. Randomized response: A survey technique for eliminating evasive answer bias. *Journal of the American Statistical Association*, 60(309):63–69, 1965.

[278] Xiguang Wei, Quan Li, Yang Liu, Han Yu, Tianjian Chen, and Qiang Yang. Multi-agent visualization for explaining federated learning. In *IJCAI*, pages 6572–6574, 2019.

[279] William Grant Hatcher , Wei Yu. A survey of deep learning: Platforms, applications and emerging research trends. *IEEE Access*, 6:24411–24432, Apr. 2018.

[280] Xi Wu, Arun Kumar, Kamalika Chaudhuri, Somesh Jha, and Jeffrey F. Naughton. Differentially private stochastic gradient descent for in-rdbms analytics. *CoRR*, abs/1606.04722, 2016.

[281] Chulin Xie, Keli Huang, Pin-Yu Chen, and Bo Li. Dba: Distributed backdoor attacks against federated learning. In *International Conference on Learning Representations*, 2020.

[282] Yu Xie and Xiang Zhou. Income inequality in today's China. *Proceedings of the National Academy of Sciences USA*, 111(19):6928–6933, 2014.

[283] Yakoubov, Sophia. A gentle introduction to Yao's garbled circuits.

[284] Q. Yang, Y. Liu, Y. Cheng, and et al. *Federated Learning*. Morgan & Claypool Publishers, Dec. 2019.

[285] Qiang Yang, Yang Liu, Tianjian Chen, and Yongxin Tong. Federated machine learning: Concept and applications. *ACM Transactions on Intelligent Systems and Technology*, 10(2):12:1–12:19, 2019.

[286] Timothy Yang, Galen Andrew, Hubert Eichner, Haicheng Sun, Wei Li, Nicholas Kong, Daniel Ramage, and Françoise Beaufays. Applied federated learning: Improving google keyboard query suggestions. *CoRR*, abs/1812.02903, 2018.

[287] X. Jin Yang. China's rapid urbanization. *Science*, 342(6156):310, 2013.

[288] Yang Liu, Yan Kang, Xinwei Zhang, Liping Li, Yong Cheng, Tianjian Chen, Mingyi Hong, Qiang Yang. A Communication Efficient Vertical Federated Learning Framework. Dec. 2019.

[289] Andrew C Yao. Protocols for secure computations. In *In Proc. of the 23rd Annual Symposium on Foundations of Computer Science*, 1982.

[290] Andrew Chi-Chih Yao. How to generate and exchange secrets. In *27th Annual Symposium on Foundations of Computer Science (sfcs 1986)*, pages 162–167. IEEE, 1986.

[291] Quanming Yao, Xiawei Guo, James Kwok, Weiwei Tu, Yuqiang Chen, Wenyuan Dai, and Qiang Yang. Privacy-Preserving Stacking with Application to Cross-organizational Diabetes Prediction. pages 4114–4120, 2019.

[292] Junho Yim, Donggyu Joo, Jihoon Bae, and Junmo Kim. A gift from knowledge distillation: Fast optimization, network minimization and transfer learning. In *Proceedings of the IEEE Conference on Computer Vision and Pattern Recognition*, pages 4133–4141, 2017.

[293] Han Yu, Yang Liu, Xiguang Wei, Chuyu Zheng, Tianjian Chen, Qiang Yang, and Xiong Peng. Fair and explainable dynamic engagement of crowd workers. In *IJCAI*, pages 6575–6577, 2019.

[294] Han Yu, Zelei Liu, Yang Liu, Tianjian Chen, Mingshu Cong, Xi Weng, Dusit Niyato, and Qiang Yang. A fairness-aware incentive scheme for federated learning. In *Proceedings of the AAAI/ACM Conference on AI, Ethics, and Society*, pages 393–399, 2020.

[295] Han Yu, Zelei Liu, Yang Liu, Tianjian Chen, Mingshu Cong, Xi Weng, Dusit Niyato, and Qiang Yang. A fairness-aware incentive scheme for federated learning. In *Proceedings of the AAAI/ACM Conference on AI, Ethics, and Society*, AIES '20, page 393–399, New York, NY, USA, 2020. Association for Computing Machinery.

[296] Han Yu, Chunyan Miao, Bo An, Cyril Leung, and Victor R. Lesser. A reputation management model for resource constrained trustee agents. In *IJCAI*, pages 418–424, 2013.

[297] Han Yu, Chunyan Miao, Yiqiang Chen, Simon Fauvel, Xiaoming Li, and Victor R. Lesser. Algorithmic management for improving collective productivity in crowdsourcing. *Scientific Reports*, 7(12541):doi:10.1038/s41598-017-12757-x, 2017.

[298] Han Yu, Chunyan Miao, Cyril Leung, Yiqiang Chen, Simon Fauvel, Victor R. Lesser, and Qiang Yang. Mitigating herding in hierarchical crowdsourcing networks. *Scientific Reports*, 6(4):doi:10.1038/s41598-016-0011-6, 2016.

[299] Han Yu, Chunyan Miao, Zhiqi Shen, Cyril Leung, Yiqiang Chen, and Qiang Yang. Efficient task sub-delegation for crowdsourcing. In *AAAI*, pages 1305–1311, 2015.

[300] Han Yu, Chunyan Miao, Yongqing Zheng, Lizhen Cui, Simon Fauvel, and Cyril Leung. Ethically aligned opportunistic scheduling for productive laziness. In *AIES*, 2019.

[301] Han Yu, Zhiqi Shen, Lizhen Cui, Yongqing Zheng, and Victor R. Lesser. Ethically aligned sacrifice coordination to enhance social welfare. In *AAMAS*, pages 2300–2302, 2019.

[302] Han Yu, Zhiqi Shen, Simon Fauvel, and Lizhen Cui. Efficient scheduling in crowdsourcing based on workers' mood. In *ICA*, pages 121–126, 2017.

[303] Han Yu, Zhiqi Shen, and Chunyan Miao. Intelligent software agent design tool using goal net methodology. In *IAT*, pages 43–46, 2007.

[304] Han Yu, Zhiqi Shen, Chunyan Miao, Cyril Leung, Victor R. Lesser, and Qiang Yang. Building ethics into artificial intelligence. In *IJCAI*, pages 5527–5533, 2018.

[305] Han Yu, Zhiqi Shen, Chunyan Miao, and Ah-Hwee Tan. A simple curious agent to help people be curious. In *AAMAS*, pages 1159–1160, 2011.

[306] Giancarlo Zaccone. *Python Parallel Programming Cookbook*. Packt Publishing Ltd., Aug. 2015.

[307] Sergey Zagoruyko and Nikos Komodakis. Paying more attention to attention: Improving the performance of convolutional neural networks via attention transfer. *CoRR*, abs/1612.03928, 2016.

[308] Matthew D Zeiler and Rob Fergus. Visualizing and understanding convolutional networks. In *European conference on computer vision*, pages 818–833. Springer, 2014.

[309] ZeroC. Documentation for Ice 3.7, Jan. 2020.

[310] Chao Zhang, Xing Sun, Kang Dang, Ke Li, X. J. Guo, Jia Min Chang, Zong-Qiao Yu, Fei-Yue Huang, Yun sheng Wu, Zhu Liang, Zaiyi Liu, Xuegong Zhang, Xing lin Gao, Shao hong Huang, Jie Qin, Wei neng Feng, Tao Zhou, Yan bin Zhang, Wei jun Fang, Ming fang

Zhao, Xue ning Yang, Qing Zhou, Yi-Long Wu, and Wen-Zhao Zhong. Toward an expert level of lung cancer detection and classification using a deep convolutional neural network. *The oncologist*, 2019.

[311] Hao Zhang, Zeyu Zheng, Shizhen Xu, Wei Dai, Qirong Ho, Xiaodan Liang, Zhiting Hu, Jinliang Wei, Pengtao Xie, and Eric P. Xing. Poseidon: An efficient communication architecture for distributed deep learning on GPU clusters. Jun. 2017.

[312] Wei Zhang, Xiaodong Cui, Abdullah Kayi, and et. al. Improving efficiency in large-scale decentralized distributed training. Feb. 2020.

[313] Xiangyu Zhang, Xinyu Zhou, Mengxiao Lin, and Jian Sun. Shufflenet: An extremely efficient convolutional neural network for mobile devices. In *Proceedings of the IEEE conference on computer vision and pattern recognition*, pages 6848–6856, 2018.

[314] Yue Zhao, Meng Li, Liangzhen Lai, Naveen Suda, Damon Civin, and Vikas Chandra. Federated learning with non-iid data. *CoRR*, abs/1806.00582, 2018.

[315] Shuxin Zheng, Qi Meng, Taifeng Wang, Wei Chen, Nenghai Yu, Zhiming Ma, and Tie-Yan Liu. Asynchronous stochastic gradient descent with delay compensation for distributed deep learning. Feb. 2020.

[316] Yongqing Zheng, Han Yu, Lizhen Cui, Chunyan Miao, Cyril Leung, and Qiang Yang. SmartHS: An AI platform for improving government service provision. In *IAAI*, pages 7704–7711, 2018.

[317] Bolei Zhou, Aditya Khosla, Àgata Lapedriza, Aude Oliva, and Antonio Torralba. Learning deep features for discriminative localization. *CoRR*, abs/1512.04150, 2015.

[318] Ligeng Zhu, Zhijian Liu, and Song Han. Deep leakage from gradients. In *Advances in Neural Information Processing Systems*, pages 14774–14784, 2019.

[319] Ligeng Zhu, Zhijian Liu, and Song Han. Deep leakage from gradients. In H. Wallach, H. Larochelle, A. Beygelzimer, F. d'Alché-Buc, E. Fox, and R. Garnett, editors, *Advances in Neural Information Processing Systems 32*, pages 14774–14784. Curran Associates, Inc., 2019.

[320] Wentao Zhu, Chaochun Liu, Wei Fan, and Xiaohui Xie. Deeplung: Deep 3d dual path nets for automated pulmonary nodule detection and classification. *CoRR*, abs/1801.09555, 2018.

[321] Yin Zhu, Yuqiang Chen, Zhongqi Lu, Sinno Jialin Pan, Gui-Rong Xue, Yong Yu, and Qiang Yang. Heterogeneous transfer learning for image classification. In *Twenty-Fifth*

AAAI Conference on Artificial Intelligence, 2011.

[322] 中国人民银行. 互联网金融从业机构反洗钱和反恐怖融资管理办法（试行）, 2018.

[323] 中国信通院. 美欧发布数据战略对我国的启示, 2020.

[324] 中国银行保险监督管理委员会. 银行业金融机构反洗钱和反恐怖融资管理办法, 2019.

[325] 刘铁岩, 陈薇, 王太峰, 高飞. 分布式机器学习：算法、理论与实践. 机械工业出版社, Oct. 2018.

[326] 北京大学医院. 脑卒中概述, 2018.

[327] 华为区块链技术开发团队. 区块链技术及应用, 2019.

[328] 吴治辉. *ZeroC Ice* 权威指南. 电子工业出版社, Jun. 2015.

[329] 周清华, 范亚光, 王颖, 乔友林, 王贵齐, 黄云超, 王新允, 吴宁, 张国桢, 郑向鹏, 步宏. 中国肺部结节分类、诊断与治疗指南 (2016 年版). 中国肺癌杂志, 12 2016.

[330] 国务院. 国务院关于印发促进大数据发展行动纲要的通知, 2015.

[331] 国家互联网信息办公室. 区块链信息服务管理规定, 2019.

[332] 国家卫生健康委员会. 国家健康医疗大数据标准、安全和服务管理办法（试行）, 2018.

[333] 姜悦, 李亚洲. 基于 FPGA 的深度学习加速器综述：挑战与机遇, Jan. 2019.

[334] 学习时报. 区块链技术的五大应用场景, 2019.

[335] 工业和信息化部. 《大数据产业发展规划（2016-2020 年）》, 2017.

[336] 工业和信息化部信息化和软件服务业司. 中国区块链技术和应用发展白皮书, 2016.

[337] 微众银行. 联邦学习白皮书 v1.0, Sep. 2018.

[338] 微众银行 AI 团队. Federated AI Technology Enabler (FATE).

[339] 微众银行, 电子商务与电子支付国家工程实验室（中国银联）, 鹏城实验室, 平安科技, 腾讯研究院, 中国信通院云大所, 招商金融科技. 联邦学习白皮书 v2.0, Apr. 2020.

[340] 未央网. 2020 年保险业技术发展趋势.

[341] 汤道生, 徐思彦, 孟岩, 曹建峰. 产业区块链：中国核心技术自主创新的重要突破口, 2020.

[342] 胡水海, 黄启军. GPU 在联邦机器学习中的探索, Dec. 2019.

[343] 腾讯公司. 腾讯微信软件许可及服务协议.

[344] 腾讯技术工程. 腾讯 AngelFL 联邦学习平台揭秘. Mar. 2020.

[345] 谢希仁. 计算机网络（第 7 版）. 电子工业出版社, 2017.

[346] 谢星, 黄新明, 孙玲, 韩赛飞. 大整数乘法器的 FPGA 设计与实现.

[347] 都志辉. 高级能计算并行编程技术 –MPI 并行程序设计. 清华大学出版社, Jan. 2001.

杨强教授领衔的微众银行AI团队&博文视点学院联合奉献

联邦学习
理论与应用全解视频专栏

Part 01 联邦学习概述
◎ 杨强教授在"第三届世界人工智能大会（WAIC）2020云端峰会"上的精彩分享

Part 02 联邦学习前沿技术
◎ 杨强教授亲授：
联邦学习前沿与应用价值讨论

Part 03 联邦学习在金融和计算机视觉领域的应用
◎ 杨强教授带你认识联邦学习与四大应用场景
◎ "AI驱动小微企业银行业务的数字化转型"主题演讲

Part 04 联邦学习技术介绍、应用和FATE开源框架
◎《联邦学习技术介绍、应用和FATE开源框架》课程全6讲
◎ "FATE：联邦学习技术落地与应用实践"主题演讲

加博文君为好友
回复"联邦学习"
免费获取专栏观看地址